発掘テレビ秘話

昭和編

加藤義彦
KATO Yoshihiko

論創社

はじめに

もう半世紀ほど前のことになる。今では死語だが、同世代の多くがそうだったように、私も幼いころは熱心な「テレビっ子」だった。学校から帰ると、母親の目を盗んで茶の間の小さなテレビにかじりつくのが日課で、翌朝に学校へ行くと、夕べ見た番組について、同級生たちと楽しく語り合った。感動を分かち合える喜びが、そこにはあった。

のちに文筆家となった私は、「最高の娯楽」だったテレビ番組の数々について、長年にわたって、各所で雑文駄文を書き散らしてきた。それらを集めたのが本書であり、原稿を選ぶにあたって、三つの点を心がけた。

（一）単なる感想文ではなく、番組関係者から話を聞いたり、珍しい資料を調べた上で書いたものを優先した。取材の仕事などで会ったテレビ制作者や出演者から、初耳の情報を教えてもらうことが多々あり、それらを文中で紹介している。

（二）取り上げた番組に、ある程度の知名度があること。その多くは現在、ネット配信やＤＶＤなどで視聴できるので、それらに接する際に、本書を「副読本」として使っていただきたい。

（三）アニメや特撮ヒーローものについては、各方面で調査研究が進んでおり、この先、新たな事実が明らかになる可能性は低い。本書の狙いは、テレビ番組にまつわる知られざる「秘話」を「発掘」することなので、その種の番組に関する原稿については、できるだけ再録を控えた。

そのほかには新たに書いた原稿が十二本あり、そこでは、特に個人的に思い入れの強い番組やテレビ関係者を取り上げている。そのなかには、これまでマスコミにほとんど登場したことがない人物も含まれる。たとえば、人気ドラマ『スチュワーデス物語』を企画した、野添和子プロデューサーがそうである。また書名の「昭和編」に反して、放送が平成時代の番組も含まれるが、そこで焦点を当てた人物が昭和生まれなので、あえて掲載した。

昭和時代のテレビ番組が、近年のそれに比べて、より魅力があったとは思わない。だが、少なくともインターネットが普及する以前の地上波テレビは、もっとも影響力がある「メディアの王様」だったことは間違いない。だからこそ、そこに優秀な若い人材と多くの資金が絶え間なく集まり、個性のある番組が次々に生まれる下地をつくっていたのだ。

当時の制作現場にみなぎっていた活気、そして、作り手たちがくり広げた試行錯誤と番組に託した思い。それらを本書から感じ取ってもらえれば、作者冥利に尽きる。

発掘テレビ秘話　昭和編

目次

第3章

アニメ特撮編

第4章　ドラマ編　その2

第5章 人物編

第1章

バラエティー編

オレたちひょうきん族
7P-58
好きさブラックデビル
回転禁止の新聞少年
●オレたち昔アイドル族
(山田太郎・美樹克彦)
¥700

ワンダープーランド

SOFT ON DEMAND
DVD
伝説のギャグ作家SODに降臨!!
全編新作撮り下ろし
155 MIN
アダルトバラエティ決定版
元祖デマンドの種
タネ
SOD主力女優総出演!
夏目ナナ 黒沢愛 坂下麻衣

『8時だョ！全員集合』～志村けんとスイカの深い仲

その人の突然すぎる訃報を耳にして、自分でも不思議なのだが、真っ先にスイカを思い浮かべた。果物のスイカである。

コメディアンの志村けんが七十歳で亡くなって、およそ四ケ月が過ぎた。十歳下の私にとって、志村は無名時代からテレビでその姿を見てきたこともあって、特に愛着があるコメディアンである。テレビで初めて目にしたのは、ドリフターズ主演のＴＢＳ『8時だョ！全員集合』で、志村は、脱退した荒井注に代わってドリフの一員になった直後だった。

当時二十四歳の志村が得意としたのは、コント中に見せた「蹴りツッコミ」。メンバーの高木ブーや仲本工事の顔面を、高く上げた右足で蹴ったり、その背中に飛び蹴りを食らわせたのだ。のちに志村は「ぼくの笑いは動き七割、ことば三割」と自らの芸を分析したが、当時は動きが十割で、コントの最中はひたすら走り回り、床で転び、壁に激突していた。

番組に出始めてしばらくは、毎週「蹴りツッコミ」を披露した。だが、まったく笑えなかった。会場を埋めた子供たちも、ほとんど反応しなかった。志村の蹴り方が強くてキレがあるので、蹴られたメンバーが痛々しく見えたのだ。それから当時の志村はやせていて、しかも長髪。そのせいで顔の表情が見えづらく、どことなく陰気な雰囲気が漂っていた。

その後、ドリフのリーダーである、いかりや長介の導きがあったのだろう。志村はボケの演技を磨くことで芸の幅を広げ、自身の故郷を歌った「東村山音頭」で、ついにブレイクした。ドリフに加入して二年が経っていた。

一九八五年に『8時だョ!全員集合』が終わると、ドリフから距離を置いて、自身の笑いの世界を追い求めるようになった。フジテレビ『志村けんのバカ殿様』『志村けんのだいじょうぶだぁ』といった主演番組で演じたコントから、変なおじさん、ひとみばあさんほか、数々の人気キャラクターが誕生した。

その志村と初めて対面したのは、すでにコメディアンとしての地位を築いていた四十八歳のとき。彼が出演するテレビ番組二本、舞台一本のリハーサルと本番を見学する機会を得たのだ。収録後の楽屋で言葉を交わしたら、すごく声が小さい。シャイな人柄らしい。見れば私服らしきGジャンの背中に、ミッキーマウスの絵が大きく描かれている。なんだか可愛い。別れぎわにサインをねだると、意外なひと言が返ってきた。「えっ、オレのでいいの?」。一瞬、冗談かと思ったが、どうやらサイン一枚を書くのも照れ臭いようだった。

志村には数々の特技があるが、その一つが「スイカの早食い」である。スイカの切り身を手で持つと、一瞬で食べ尽くしてしまうのだ。すぐに真似をしてみたが、あのスピードにはかなわなかった。この特技はすぐに有名になり、『加トちゃんケンちゃんごきげんテレビ』という主演番組で演じたコントで、自らパロディー化していた。大好物のスイカを食べすぎた志村がスイカの霊（！）に取りつかれ、頭部がスイカという、不気味な化け物に変身してしまうのである。

今から十九年前に『8時だョ！全員集合の作り方』という本を作り、双葉社から発売された。著者の山田満郎さんはTBSの社員で、『8時だョ！全員集合』のコント用のセットを、十五年にわたってデザインした人物だ。取材を通じて山田さんから、番組で使われた斬新なセットと小道具の制作秘話をたくさん聞いた。そのなかで特に興奮したのが、あの「スイカの早食い」の裏話である。

実はスイカの切り身には、仕掛けがあった。視聴者から見えないように、赤い身の部分の手前側がくり抜いてあり、食べる分量を減らしてあったのだ。言われてみれば単純なトリックだが、テレビで見ているときは、まったく気づかなかった。切り身を手に持った際に少しでも動かすと、身が薄いのでプルプルと揺れて、仕掛けがわかってしまう。だから志村は、それを避けるために、いつも両手でしっかりとスイカを持っていたのである。

数年前に、バラエティー番組に呼ばれた志村が、「スイカの早食い」をやらされる場面を何度か目にした。ところが運ばれてきたスイカに、仕掛けはない。リクエストしたスタッフは、志村が本当に一瞬でスイカを食べられると信じているからだ。さて志村はどうするのかと、目を凝らした。すると、ためらうことなくスイカにかぶりつくと、あっという間に平らげてしまったではないか。よく見ると、かなりの量の果汁と果肉が、口からこぼれ落ちている。一気にほおばったので、飲みこめないのだ。当然である。それでも口の中を満たしたスイカを、懸命にのどの奥へ押しこんでいた。少しでもむせたら視聴者の失笑を買って、すべてが台無しになるからである。

仕掛けを公開することは絶対にせず、難しいことを、さらりとやってのける。それが志村流の笑いの美学であり、そのことを痛感させられる出来事だった。それから、あのときに志村は、こうも考えたはずだ。全国の子供たちが、テレビ番組でオレの「スイカの早食い」を見て、笑ってくれた。そのときに抱いた憧れや夢を壊してはいけないと。思い返すと、確かに志村はナンセンスなコントを演じつづけ、最後まで自身のコメディアンというイメージを崩さなかった。「スイカの早食い」も、求められたら披露した。年齢を重ねると、俳優、司会者、文化人などに仕事の軸足を移してしまうコメディアンがほとんどの中で、七十歳で亡くなるまで初心を貫いたのである。

スイカがひと切れあれば、私たちを驚かせ、楽しませることができる人だった。夏が来て冷えたスイカを口にするたびに、その人、志村けんを思い出すことだろう。

（『小説推理』二〇二〇年九月号）

『8時だョ！全員集合』～歌う階段、宙を飛ぶ車

往年のヒット曲を集めたCDやいかりや長介の自伝が発売されるなど、ここにきてドリフター

ズが再び脚光を浴びている。それに便乗したわけではないが、売文業を営む私は、先日、双葉社から発売された『8時だョ！全員集合の作り方』という本を企画し、取材・構成も手がけた。これはドリフ人気を全国へ広めた伝説の公開バラエティー、『8時だョ！全員集合』（一九六九〜八五年・TBS系）で使われたコント用セットのデザインを十五年の長きにわたり一人で手がけた、山田満郎さんへのインタビューをまとめたものだ。五百点あまりのセット写真と図面、全八〇三回の放映リストと初公開の資料もてんこ盛り。筋金入りのマニアも喜んでもらえる内容になったと自負している。

同世代の多くがそうであるように、私も小中学生時代に『全員集合』に熱中した。ドリフもおもしろかったが、コント用のセットや小道具がドリフの動きとひとつになることで笑いを誘うのが斬新だった。なかでも盗んだ柿の実を転がすための、長くくねった雨どいが好きだった。また、仕掛けのメカニズムが容易にわからないところも、好奇心をくすぐった。平たくいえば、長年の疑問を晴らすために、この本を作ろうと思い立ったわけである。

山田さんへの取材は、『全員集合』のビデオテープを見ながら行なった。氏はセットを設計するにあたり、何よりも「安全第一」を考えたという。ところが、なにかの弾みで家が一瞬にして崩れる「屋台くずし」のコントを見直したら、家屋のセットが予定より壊れすぎたせいで、そばにいるドリフがケガをしそうな場面がいくつかあった。「これは危ないねえ」「一歩まちがえば大事故だよ」。番組の打ち切りもありうる危機一髪のアクシデントにもかかわらず、なぜか山田さんは、こともなげにそう言う。やり直しのきかない生放送。しかも番組作りは共同作業だから、万全を期してもミスは起きる。ならば来週こそ完璧にやろう。その情熱が山田さんの原動力となったという。

山田さんはTBSに勤めるサラリーマンである。二十七歳で『全員集合』へ参加したのも、会社の命令に従ったにすぎない。とはいえ、何事も楽しくやらないと結果はよくないと信じる人である。幼いころから好奇心が強くて、研究熱心な人である。山田さんは、満場の観客やお茶の間が笑ってくれるようにと、寝食を忘れてアイデアを出し図面を引いた。

ドリフのリーダーであり演出家でもあったいかりや長介は、このセットデザイナーに毎週のように無理難題をぶつけた。全速で走ってきた車が家の二階へ突っこめないだろうか。オバケ屋敷の階段や柱が吼えないだろうか。小屋をゴロゴロと回転させられないだろうか。いつも山田さんは「わかりました、やってみましょう」と即答し、具体化できないものは別のアイデアを出して、期待に応えようとした。本番当日の土曜日、ステージ上には予想を超えるほど見事なセットが建てられ、ドリフやスタッフを驚嘆させた。「TBSの美術に不可能はない！」という熱きデザイナー魂、職人としてのプライドのなせる業である。のちにいかりやは、山田さんを「天才」と讃えた。みんなでセットのラフスケッチを見ながらギャグをひねり出すという特異なコント作りも、山田さん抜きではありえなかっただろう。では、このデザイナーはいかにして知恵を絞り、それを形にしたか。その試行錯誤にあふれたプロセスは、先の本で具体例をいくつもあげながら紹介しているが、氏のしなやかな発想法、課題をクリアするための技には得るものが多いと思う。

すべての山田デザインに流れるのは、きめこまかなリアリズムである。『全員集合』で最も数多く演じられた学校コントに登場した校舎は、いつも木造で、教室の隅にはダルマストーブが置かれていた。窓の外には、夏は緑深き野山、冬は雪景色が広がっていた。これは、現在五十八歳の山田さんがかつて通った小学校のイメージだという。いかりや長介は「自分が体験していないことは、たとえコントであっても演じられない」と語り、SFコントには手を伸ばさなかった。この地に足のついた感性は山田さんにも通じるもので、『全員集合』の笑いを支えた柱のひとつと言えるだろう。

『全員集合』の生本番中、コントを演じるドリフは実によく動いた。今回ビデオを見返して初めてわかったが、彼らはセットに隠された多くの仕掛けも自ら操作した。あの運動オンチの高木ブーですら、ときにはその役目を負わされた。だが寄る年波には勝てず、番組が十年を過ぎたころから、ドリフの動きが鈍くなった。最年長のいかりやは五十歳になっていた。彼らの衰えに気づいた山田さんは、放送を重ねるたびに、人知れずセットの間口をせばめた。ドリフの運動量を減らそうという気遣いである。こっそりとやったのは、〈天下の大スター〉ドリフターズの誇りを傷つけたくなかったからだろう。この話を聞いて、私は胸が熱くなった。山田さんは照れ屋だから多くを語ろうとしなかったが、これほど演者と番組を愛するスタッフがいたからこそ、『全員集合』がおもしろさを増し、そして十六年も放送が続いたにちがいない。この秘話を知ることができただけで、今回の本を作らせてもらった甲斐があったと思う。

(『笑息筋』第一五七号　二〇〇一年)

『8時だョ！全員集合』~トランペットと「ちょっとだけよ」

ついに念願がかなった。ドリフターズ主演の大ヒット番組『8時だョ！全員集合』(TBS)で毎回、ゲスト歌手の伴奏をつとめたジャズのビッグバンド、ゲイスターズ。小学生の私に画面を通して音楽のすばらしさを感じさせてくれた、そのバンドを今も率いる、岡本章生さんに話をうかがった。

現在六十九歳の岡本さんは二十三歳でゲイスターズに加入。『全員集合』では、三年間トランペットを吹いたのち、最終回まで演奏の指揮を担当した。番組は高視聴率で、中継先の公会堂は毎回、熱気に包まれた。「観客の歓声でイントロがかき消されて歌手が歌えないことも多く、その場合はとっさにバンドへ指示して、歌い出しがわかるように、イントロを長めに演奏しました」。当時のテレビは歌番組が全盛。伴奏はカラオケではなく、大編成のバンドがその場で演奏した。「同じ曲でも、バンドが変わると演奏のテンポも編曲も微妙に変わります。その中でもきちんと歌を聞かせようと努力することで、歌手たちも成長したはずですよ」。

ゲイスターズは十八名の大所帯で、その大半が管楽器奏者だ。「『全員集合』は毎回、生中継で、演奏する曲の楽譜は放送当日、歌手のマネージャーからもらいました。前田憲男さんのアレンジは特に演奏するのが難しく、歌手では、ピンクレディーの曲はどれも大変でした」。『全員集合』は十六年つづき、同バンドはなんと延べ二四〇〇人の歌手と共演した。「最初から歌がうまかったのは岩崎宏美。どんどん上達したのが松田聖子ですね」。

伴奏のほかにコントにも参加した。ラテンの名曲「タブー」に合わせて、加藤茶がストリップ風に踊る「ちょっとだけよ」。この大人気コントで毎回、色っぽい音色のトランペットを生で吹いたのが岡本さんだ。「最初にドリフのいかりや長介さんに言われたんですよ。思いきり下品に吹いてよって。でもその吹き方は体力を使うので、加藤さんがノッて踊りが長くなると、息がつづかなくなってね」。

その後、同バンドは原点のジャズ演奏にも力を入れ、アルバムも三枚発表。海外のジャズ祭にも参加した。現在はステージ活動が中心で、岡本さんは指揮だけでなくトランペットも吹く。来る八月一日、渋谷でライブを開く。幼い私の心をふるわせたあの分厚い音、躍動する演奏は今も健在だ。

（『月刊てりとりぃ』第二十九号　二〇一二年）

『8時だョ！全員集合』～コントのオチは何の音？

「あれ？　この音、聴き覚えがあるぞ」。二十五年ほど前に、都心の中古レコード店で偶然見つけて買ったLPを聴いて、思わず声を出してしまった。

そのLP『ワンダープープーランド』は、一九七八年に東芝EMIから発売された。あとで知ったのだが、世にいう「珍盤」だそうで、全ての収録曲に、なんと、本物のおならの音が使われているのだ。例えばお色気歌謡の「黄色いサクランボ」のカバーには、女性が「うっふん」と甘えた声を出すところで、代わりに飛び出すのがおなら、放屁の数々。しかも「プッ」「ピー」「プシュ」と、それぞれの音色、音の長さに違いがあり、「おなら」という生理現象の奥深さ（？）さえ感じさせる。かように下品な冗談が全編に詰まった、世にもまれな、おバカLPなのである（制作したのは音楽家の和田則彦ほか）。

そのLPを聴いて、懐かしさを感じた。そこから次々に飛び出すおなら音が、幼いころに夢中で観た『8時だョ！全員集合』のコントに使用されたからだ。特によく使われたのが、志村けんと研ナオコの夫婦コント。新婚の二人はラブラブ状態で、会話を楽しむだけでは物足りず、最後に互いの鼻先でおならをかまし、仲の良さを確かめ合う始末である。なお、そのコントを収めた

DVD『8時だョ!全員集合2008』がレンタル可能で、コントの題名は「笑いじょうご夫婦」と言います。

『全員集合』では、コントでおならを鳴らす場合、以前は管楽器の音を使った。ところが出演者の志村けんが、先のLPを発売直後に発見。すぐさま番組スタッフに頼んで、LPからおなら音を抜き出し、コントで流すようになった。

これが評判を呼んだのか、他局もバラエティー番組でその音を流すようになったのだが、ここで考えてほしい。一家が集うお茶の間で、テレビ画面から、毎晩のように本物のおなら音が流れていたのだから、すごい時代ではあった。だが当時のぼくはまだ幼かったので、その音を聞いて無邪気に笑っていた。ひるがえって今は、ツイッターで誰でも即座に発言できる。もし番組で本物のおなら音を放送したら、怒って文句を言う人は少なくないだろう。テレビは最もお手軽な娯楽なのだから、もうすこし広い心で付き合った方が楽しいのにね。

(『月刊てりとりぃ』第四十九号　二〇一四年)

『8時だョ! 全員集合』~居眠りブーさん

先日ぼんやりとテレビを見ていたら、懐かしい人が画面に現れた。ザ・ドリフターズの高木ブーである。ブーさんはビートルズ関連のイベントに出演し、得意のウクレレを弾きつつ「ミッシェル」を歌ったが、その体型と同じく、丸みがあって温かな歌声は健在であった。

これまで取材の仕事で多くの芸能人に会ったが、親しくお付き合いした人となると、ブーさんを置いて他にない。出会いは二十数年前にさかのぼる。中野武蔵野ホールという現在は廃業した都内の映画館で、ドリフターズ主演の映画が連続上映されると、若い人が大勢押しかけて、ドリフ再評価の機運が高まった。さらに映画館側からゲストで呼ばれたブーさんとドリフファンの私的な交流が始まり、年に数回、ブーさんを囲む飲み会が中野の居酒屋で開かれるようになった。毎回三十人はいただろうか。ドリフ好きのぼくも仲間に加えてもらい、気持ちよく酔ったブーさんから抱腹絶倒の昔話を聞かせてもらったが、風評の通りブーさんは酒宴の途中で、あぐらをかいたまま必ず居眠りした。その寝顔の、なんと愛らしいこと。まるで食事中に寝てしまう赤ん坊のようで、もちろん声をかけて起こそうとする無粋な者は、誰もいなかった。

その楽しい集いで一番感激したのは、ブーさんほどドリフを愛してる人はいないと実感できたことだ。なにしろ一九七〇年代の半ばに、まだ高価だったホームビデオを買ってドリフの出演番組をすべて録画し、しかもその全てを手元に置いている。さらに数多く発売されたドリフ関連の商品もこつこつと集めて、それらを飲み会に持参しては、ぼくらに見せてくれたのだ。

恒例の新年会では、会がお開きになると毎回ブーさんから土産が全員に配られ、参加者が喜びの声を上げた。それはブーさんが自費で作った非売品のカレンダーで、月ごとに載っている、ブーさんがサインペンで描いたドリフの似顔絵はどれも愉快で、必ずくすっと笑った。

その後しばらくしてその集いは自然消滅したが、六十歳を過ぎてハワイアン歌手として注目された遅咲きぶりも、競争を好まず、自然体で生きてきたブーさんらしい。そして全てを許し、受け入れるその寛容さも、ドリフ内の和を保つ上で役立ったはずである。しばらくお会いしていないが、どうぞいつまでもお元気で。


（『月刊てりとりぃ』第八十八号　二〇一七年）

『8時だョ！全員集合』～和製ブルース・リー参上！

『8時だョ！全員集合』のセットや小道具は、ドリフの体技と一つになることで、笑いの起爆力を高めた。そんな中で自らの肉体だけで勝負したのが、ドリフの弟子だったすわ親治である。

すわは、本名を諏訪園親治《すわぞのちかはる》という。一九五二年に鹿児島市で生まれ、高校卒業後、コメディアンを目指して上京。加藤茶の専属運転手を一九七二年から務めたのち、ドリフの付き人となった。芸名は、いかりや長介と演出の古谷昭綱に付けてもらった。すわが『全員集合』で初めてその存在をアピールしたのは、一九七四年四月のこと。出し物はギャングのコントだった。ドリフ演じるＦＢＩが倉庫でギャングと銃撃戦で火花を散らしていると、カンフーのようなズボンを穿き、上半身だけ裸のすわが乱入。さらに「アチョ〜！」と金切り声を発しながら、加藤茶と戦いだした。首にチョップをくらわす加藤。口を開け、舌を震わせるすわ。続けて加藤がくしゃみを一発。すると、なぜかすわは引っくり返り、舞台そでに姿を消した。この奇妙なキャラクターはたちまち番組名物となり、その後も毎回のように登場した。いつも出演時間は二十秒ほどだったが、カンフー映画の大スターだったブルース・リーのようでブルース・リーでない独特のアクションは、視聴者の目に焼きついた。ご本人に当時のことを尋ねてみた。

「ある時『全員集合』のリハーサル室で、いかりやさんから「ブルース・リーのマネをしてみろ」と言われたんです。彼の主演映画が初めて日本で公開された直後でしたけど、ぼくはその映画を見てなかったので、いかりやさんの言うままに動きました。だから本物とは微妙に違っていて、例えば手がチョキの形になっていたりする（笑）」

大切にしたのは舞台へ飛び出すタイミング。加藤のくしゃみの後でどう倒れるかにもこだわった。立っているところからいきなり全身を水平にして宙に浮き、そのままストンと床へ落ちる。そんな〈捨て身のアクション〉を貫いた。

「けがをしないように、床へ落ちる瞬間に手で受け身は取るんだけど、ちゃんと習ったものじゃないから上手にできなくて」

肉体を酷使したせいで、一年が過ぎたころ腰痛が悪化。だが休めば出番がなくなるというプレッシャーもあり、病院に通いながら出演を続けた。マンネリとも戦い、観客、そして自分を飽きさせないために工夫を凝らしたという。

「上半身に金粉を塗った時は、出番がコントのオチだったから、待っている間に皮膚呼吸ができなくなって酸欠寸前。他には髪の毛をすべて剃ってみたり、高い所から飛び降りた瞬間にズボンが脱げて、パンツ一枚になるなんていう仕掛けものもやりました。あの時は床が濡れていたせいで、着地した時に滑ってしまって。そのせいで、今でも左足の方が少し短いんです」

やがて〈ブルース・リー男〉を卒業。その後は敬愛する志村けんとのコンビで、笑いを生み出した。かあちゃんコントの「合わせ鏡」、金田一シリーズの「死体」、探検コントの「仏像」、刑事コントの「容疑者」など。『全員集合』が終わるとともにドリフを離れ、社会風刺で人気を集める劇団「ザ・ニュースペーパー」に参加、今も同劇団の舞台に立っている。また、数年前から始めた〈役者流スタンダップ・コメディ〉シリーズでは、他に類のない自作自演の一人芝居で観客を魅了している。そこで彼が演じる人物は、「夜が怖くて眠れない男」「息子に殺されるのではと怯える老人」ほかどれも〈ブルース・リー男〉のように狂気とユーモアに満ちている。

（山田満郎著『8時だョ！全員集合の作り方』二〇〇一年）

『ドリフ大爆笑'96』～久しぶりに全員でコント

ドリフターズが久しぶりにブラウン管へ戻ってきた。ドリフ？　フジテレビの『ドリフ大爆笑』って今でもやってるじゃない。そんな声が聞こえそうだが、実はこの数年、『ドリフ大爆笑』で五人そろってコントをやることは皆無だったのである。様子が変わったのは、加藤茶がラップ歌手として売りだされた昨年で、所属事務所はそれを起爆剤として、薄れかけていたドリフターズの存在を改めてアピールしようとしたと思われる。

一九九六年十月六日、ドリフ好きのK氏のはからいで、フジテレビで行われている『ドリフ大爆笑』の収録を、リハーサルから本番まで見学させてもらった。お目当ては、もちろん全員参加のコントである。五人で演じる通称「全員コント」は、スタジオでの公開収録である。私は客入りまえの観覧席の真ん中に陣取った。すぐまえの席にいるいかりやは、となりにいる演出の森正行と打ちあわせに余念がない。真剣な顔つきのいかりやに比べ、彼から少し距離を置いたところに座ったほかの四人は、時おりバカ笑いするほど、おしゃべりに熱中している。

その日の演目は「修行僧」。ドリフターズのコントの基本は、権威をかさに着るいかりやに対して、服従を強いられる四人が反発することにある。今回のコントでも、何かにつけて小言をいういかりや和尚に、四人の小坊主があの手この手でいたずらをかました。

ステージ上に作られた本堂のとなりに鐘楼があり、コントの後半、和尚の命令で一人ずつ鐘をつく。いくらついても音が出ない。こんどはいつまでも音が鳴りやまず、困り果てた小坊主が和尚の頭をさわると音がやむ、といったギャグがテンポよく連打される。

『8時だョ!全員集合』におけるいかりやは「演出家」でもあり、喜劇作りにかける情熱の強さは、書物などで知っていた。往年の熱っぽさこそなかったが、リハーサルの間じゅう、いかりやは演出の森にあれこれとアイデアを出していた。談笑に花を咲かせているかに見えるほかのメンバーも、いかりやの提案には耳を傾けているらしく、たまに意見を述べる。この日は、志村の発言回数が多く、彼の発案で、木魚の音色と「カラス」の鳴き声が変わった。

おしまいに出てきた小坊主（志村）が鐘をつこうとした瞬間、勢いあまって鐘つき棒が本堂の中に飛びこむのだが、リハーサルでは壁が下半分しかなく、棒は宙を泳いでいた。それを不満とするいかりやは、開放部に障子をつけさせ、鐘つき棒がそれを突き破るようにした。その後、さらに提案があったのだろう、本番では障子が壊れた衝撃で、かもいから数枚の缶のふたが落下し、大きな音を立てた。見る者に破壊の激しさをより強く実感させる上で、とても効果があった。

以前の「全員コント」には、『8時だョ!全員集合』名物の大じかけの屋台くずしがなく寂しかったのだが、この演出の変更に、ドタバタ喜劇に身を捧げると言いきるドリフターズの神髄を見る思いがした。

収録前にメンバーの仲本工事さんから話を聞いた。「ぼくたちはコメディアンとしては不器用。だから、同じことしかやれないんだよ」。さらに続けて、思うように身体が動かなくなったと嘆いた。事実、あの年齢でステージを走り回るのはむずかしい。それを知ってか、この日も、いかりやからメンバーの「動き」に対する注文は出なかった。ドリフはもう、若いころのようには動けない。しかし、鐘をつこうとした瞬間、鐘がよけるといったナンセンスの魅力を忘れることはないだろう。「不器用」な者は、得意技を磨くしか生きる道がないからである。

（『笑息筋』第一〇一号　一九九六年）

『ドリフ大爆笑'97』～リハーサルを見学してわかったこと

いかりや長介が率いるザ・ドリフターズはどうようにコントを練り上げ、本番に臨むのか。その現場をもう一度この目で確かめたくて、『ドリフ大爆笑』のリハーサルを覗かせてもらった。

一九九七年十二月十二日午後、都内世田谷区の砧にあるＴＭＣスタジオを訪れた。同月二十五日に放送される『ドリフ大爆笑'97』の公開収録を見学するためだ。集まった面々は、ぼくを含め計六人。中野武蔵野ホールにおけるドリフ映画の上映会で知り合った、若きドリフ愛好家たちである。

スタジオを目ざして、狭い廊下を歩く。ほかのスタジオでドラマを撮っている観月ありさや松下由樹といった俳優たち、それに山田花子や東野幸治といった吉本興業のお笑いタレントたちが、せわしなく横を通り抜ける。年末でいつも以上に忙しいのか、どの顔にも疲れが見える。

お目当てのスタジオに入ると、ステージと客席が視界に飛びこむ。いかりやのオーケストラコント、いかりや・仲本・高木によるラテンコントと雷様コントの通しリハーサルが終ったところだった。ステージ前に設けられた無人の客席に腰を下ろし、次のリハーサルが始まるのを待つ。

午後四時半、楽しみにしていた全員コントの稽古が始まる。ドリフは各人私服と思われるジャージ姿にサンダルばきと、いたって寛いでいる。志村はナイキの灰色のトレーナー。長さんだけがニットキャップをかぶり、加藤は目の具合が悪いのか、サングラスをかけている。五人は二百席ほどある客席の下手側に、固まって座っている。人影のない客席に見慣れぬ我々六人が座っているので、メンバーたちがこちらに不審そうな視線をちらっと送る。

この日の出し物は戦場コントである。コンバットに扮したドリフがナチス風の敵とやり合うという、『8時だョ！全員集合』でなじみ深いものだ。彼ら全員で演じるコントは、いかりやが権力者、メンバーが部下という主従関係が基本で、今回の戦場コントでも、長さんが上官で、ドリフは彼に仕える兵隊である。まず初めに、五人は景色が描かれた幕（ドロップ）の前での動きを確かめる。前日に練習した動きを再確認しているのだが、やはり不都合もあり、主にいかりやがドリフやスタッフに容赦なく注文を出す。

几帳面な演出家のいかりや長介

長さんは舞台上では演出家でもあり、笑いに対して厳しいが、ユーモアも忘れない。ほかの四人が登場する場面で、音響効果の戸辺豊が、ＢＧＭに選んだ米国映画『ピンクパンサー』のテーマ曲の長さを間違えて、舞台中央にうまく止まれないギャグがあった。ここで舞台最前列に陣取った戸辺が何度も突っこまれるのだが、いかりやが「始末書、書かせるぞ！」と冗談を言うと、忙しく動きまわるスタッフから笑いが起きる。つづけて志村が「トべちゃん！」と叱ると、加藤が「トべ、ソンゴクウっていうの、昔あったな」と畳みかけた。ドリフが声優を担当したテレビ人形劇『飛べ！孫悟空』のことである。また、長さんが銃の撃ち方を指導するところで志村が銃を暴発させるくだりでは、長さんが「おい！　早漏かよ」。再びスタッフから笑い声が漏れる。

メンバー四人は必要最低限の動きとしゃべりしかやらないが、鬼上官のいかりやはいつもの調子で、大声を張りあげてドリフを叱り飛ばす。そんな長さんに加藤が「本番でノド使いなよ」と助言すると、スタッフからまた笑いがこぼれる。さらに志村から「長一！」と本名で呼びかけられると、いかりやが照れ笑いを浮かべた。

今度はメンバー全員が一か所に集まって、銃の扱い方について、互いに意見を出し始めた。高木ブーも聞き取れないほどの小声で何かを発言すると、長さんに「おまえが言うと、ややこしくなるから」と一喝されてしまった。珍しく提案したのにあっさり却下されたブーさん。人なつっこい丸顔に、かすかに寂しさがにじんだ。

点呼が終って場内が暗転、つづけて幕が上がり、爆撃で一部が壊れたレンガ塀のセットが組まれた戦場が眼前に現れる。ここで志村から注文が出た。「暗転になってから明かりがつくまでに、音楽がほしいね」。客席でドリフの動きを見ている演出の戸上浩が、間髪入れずに「わかりました！」。本番では、ドリフが進軍するさまを想起させる勇壮な音楽が付けられた。

レンガ塀の向こうを、敵の戦車が次々に通りすぎていく。それをドリフが一人ずつ射撃する。板に描かれた小さな戦車が台に載せられ、スタッフの操作で、右に左にと軽やかに動く。銃をかまえた仲本と加藤が発砲すると、上手から下手に走る戦車が倒れる。まだ銃に火薬が仕込まれていないので、弾を撃つたびに、「バーン！」と自分で声を出すのが面白い。まるで子どもの戦争ゴッコである。

ここでいかりやと志村から、ほとんど同時に、スタッフに対してダメ出しがあった。「戦車は、撃った瞬間にいったん止まってから、倒れた方がいい。その方がわかりやすいよ」。今度は志村が撃つ番である。しかし弾が命中しているのに、戦車はすぐに起きあがる。さらに戦車が左右に大きく動きだし、志村は的を絞れずに右往左往するというギャグ。ここでいかりやが指示を飛ばした。「志村が真ん中にいるから、オレたちは戦車の動きに合わせて動く！」。ステージの幅をいっぱいに使うことで、動きを強調しようという寸法である。

つづいて敵の戦車の数が一台、三台、九台と増えていく。だが何度練習しても、九台いっぺんには現れない。板に描かれた戦車が水平になっており、それを塀の後ろに隠れたスタッフが操作して三台ずつ立ち上げるのだが、どうしてもうまくいかない（これは本番でも揃わなかった）。スタッフたちの呼吸が悪いのか、操作性に問題があるのか。

射撃が終ると、こんどは各人が塀の向こうに目がけて、手榴弾を投げる。でっかい爆発音が鳴り響くと、軍服を着た敵（等身大の人形）が宙を舞う。はじめは一人、次は三人、さらに三人プラス全裸の兵士と数が増えていく。すかさず加藤がアドリブを飛ばす。「あの人形、まだ皮かぶっているよ！」。疲れの見えはじめたスタジオ内が、一斉に笑いに包まれる。

この後はさらに兵士三人が吹き飛び、その瞬間に高さ一メートルほどのピカチュウも飛び上がるというくだりを試す。ところが、スタッフがピカチュウ人形を放り上げた途端に塀へぶつかり、耳がとれる事故が発生した。

お次は、志村が誤っていかりや隊長の背中を撃ってしまう場面。ここは火薬を使わずに、段取りだけを確かめていた。背中を撃たれた長さんは、床へあお向けに寝かせられる。志村が頭を持ちあげ、加藤が枕がわりにヘルメットをあてがう。ところが、加藤が薬を探しに下手へ走りだす際に、ヘルメットについているヒモを引いてしまい、長さんは頭を思いきり床に打ちつける。このときに床に仕掛けられたマイクが音を拾い、「ドスン！」と大きな音を発して、笑いを誘おうというわけである。この部分を試しにやってみたら、「ドスン！」が加藤たちの足音と重なってしまい、効果が半減してしまった。いかりやがおだやかな口調で、加藤に指示を出した。「歩くときは、もっと静かに」。

午後五時四十分、前半コントの通しリハーサル終了。今回は射撃シーンなどスタッフとの息が合わないと成立しないギャグが多く、打ち合わせに時間がかかったように感じた。

六時に合唱隊の通しリハーサル開始。進行役の長さんが合唱隊、ゲストの女性アイドル四人、そしてアカペラ歌手のゴスペラーズと段取りを決めていく。長さんは几帳面なのか、司会進行まで本番さながらにきちんとやっていた。

リハーサルでは全力を出さない加藤&志村

次は加藤&志村によるCM撮影のコント。親父役の加藤がドサ回りの役者のためにセリフが臭くなり、演出家の志村に何度もダメ出しされるという、ご両人の定番コントだ。しかし、最も面白いはずの二人のやりとりは、ここでは一切やらなかった。息が合った二人だから、練習をせずとも本番で笑いをとれるという自信の表れか。長さんの慎重さとは好対照である。

コントは暗転から始まり、志村が舞台奥から茶の間のセットを前方に押し出すという段取りだが、志村がここで注文をつけた。「セットを出すところは、暗転とちがう音楽をくれよ!」。これまでにはない強い口調に、スタジオ内に緊張が走る。客席の最前列にいる舞台監督の米谷裕輔も、返す言葉を失い凍りついた。やや間があってから、米谷がマイクを通してサブコン（調整室）にいる演出家の戸上浩に問い質すと、「暗転はすごく短いので、ＢＧＭはなしです」との返答がスタジオ内に流れる。志村は「わかった」と静かに納得した。

コントの最後に、呆れ果てた志村が加藤を障子へ放りこむ。障子には容易に破れるように、客にわからないようにサンに切れ目が入れてある。ここで志村が障子を触ると、スタッフにひと言、「もっと深く切れ目を入れておいて」。切れ目が浅いと勢いよく突き破れなくて危ないし、笑いも半減してしまうからだ。障子一枚にさえ細心の注意を払うところに、ドリフ流コント術の神髄を見た思いがした。

七時半、本日の出し物すべてのカメラリハーサル開始。不思議なことに、このスタジオにはモニターが置かれていない。ドリフは舞台上をいかに面白くするか、そのことだけに専念しており、画面作りはスタッフに任せているのだろう。

ラテンバンドのコント、オーケストラコントといった長さんが主役の出し物では、長さんが、本番さながらに細かい動きや楽団員とのやりとりを決める。前半コントではドリフがコンバットの扮装に着替えて登場。志村だけはヘルメットをつけておらず、加藤はまだサングラスを外さない。ここでも加藤、志村は必要最低限のセリフしかしゃべらず、声も動きも小さい。

八時四十五分にカメラリハーサルが終わり、九時にお客さんがスタジオに入場。高い倍率を勝ち抜いて選ばれた観覧希望者たちであり、その多くは二十代前半の女の子である。九時二十分、演出助手そして長さんによる「前説」（拍手の練習など）をはさんで本番開始。出し物が終るたびに、セット交換のために場内は数分間ほど真っ暗になる。現在はフジテレビ系列のポニーキャニオンに移った森正行が演出していたころには、この間に音楽は流れなかったが、今回はノリのいいラップがかかっていた。ブラックミュージックの好きな志村の提案だろうか。もはや古典にさえなっているドリフのコントと最先端のポップミュージック。この二つが同居するさまは、実に奇妙である。

本番も、客席の後ろの方でおしまいまで見た。長さんが仕切るコントはリハーサルとほぼ同じ内容で、新鮮味がなかった。ところが、リハーサルでは全力を出さずに流していた加藤と志村は、見違えて面白かった。前半コントでは、志村のしゃべりが随所でオネエ風になり、「オレが主役」とばかりに大声でしゃべりまくった。加藤も、射撃シーンで射的のように片手で銃を撃つなど、リハーサルでは見せなかった動きで笑いをとった。ＣＭ撮影コントでは志村のツッコミが冴え渡り、それに応えるように、加藤のボケもどんどん熱を帯びた。

本番でハプニング発生！

前半コントで予期せぬことが起きた。長さんの背中に仕掛けられた火薬が、うまく爆発しなかったのだ。長さんが、手にしているスイッチを押すと爆発する仕組みだが、何回押してもダメだった。すかさず火薬担当のスタッフが舞台上に駆けこみ、操作方法を再確認。再び収録が始まると、今度はうまく破裂した。このときのNG映像は、一部が放送で使われた。

多少の失敗はあったが、本番は無事終了。時計の針は、すでに夜の十一時十分を指している。観客と共にスタジオの外へ出ると、今日使われた小道具が、廊下に無造作に置かれていた。その中にドリフが履いていたスニーカー、通称「ドリフ靴」があった。色は紺色と白の二種類。前者は前半コント、後者は他のコントで使ったものだ。底はいずれも緑色で、テニス用のシューズのように細かいヒダが付いている。舞台で転ばないための工夫だろう。かかとの部分にメーカーのロゴが見えた。SUN DECK……。懐かしさで胸がいっぱいになった。『8時だョ！全員集合』に夢中だった小学生時代、当時の子どもがこぞって履いていたスニーカー（当時はズックと呼んでいた）と同じものだったからだ。

ドリフがコントを演じる際に心がけたのは、子どもたちからバカにされるものは、決して作らないことだった。だから、子どもの世界で受けているものをいち早く拾い上げ、子どもと同じ目線で世間を眺めてきた。あれから長い年月が過ぎた。ぼくたちは年令を重ね、とりあえず大人になった。だがドリフは今もズックを履いて、昔と変わらずステージを駆け回っている。彼らは「永遠の子ども」なのである。

収録の数日後、人気アニメ『ポケットモンスター』を見ていた子どもたちが、作品中で激しく点滅する場面で気を失う事件が起きた。その後、放送しているテレビ東京は、翌年三月まで同アニメの放送を見送ることを決めた。これを受けてのことだろうか、今回収録を見学し、十二月二十五日に放送された『ドリフ大爆笑』の戦場コントでは、同アニメの人気者、ピカチュウが登場するくだりがすべて切られていた。

（一九九七年十二月執筆　未発表）

『オレたちひょうきん族』 ～タケちゃんマン、ブラックデビルを倒す

若き日のビートたけし、明石家さんま、島田紳助らお笑い芸人たちが、絶対王者の裏番組『8時だヨ！全員集合』（TBS）に戦いを挑んだ。そしてついに視聴率で上回ったのが、フジテレビの『オレたちひょうきん族』だった。一九八二年のことである。

一番のお目当ては、特撮ヒーローものをパロディー化した「タケちゃんマン」。正義の味方タケちゃんマン（たけし）と、悪の化身ブラックデビル（さんま）が毎回、ギャグをちりばめつつ戦った。ところがブラックデビル（以下BDと略す）は、登場して一年ほどで急死。まだまだ人気があったので、本当に驚いた。

その回の主人公は、某テレビ局の北野プロデューサー（実はタケちゃんマン）で、彼が担当する番組の視聴率が、裏番組の猛追により急降下。そこで北野は、番組が生んだスターであるBD

が死んだ、とのニセ情報を流す。すると視聴率は劇的に回復するが、テレビ局の社長は裏工作の発覚を恐れ、北野にＢＤの抹殺を命じる。それを知ったＢＤは怒りに震え、タケちゃんマンを倒すべく立ち上がる。

「タケちゃんマン」を演出した三宅恵介さんに会って、舞台裏について取材した。

「演者はリハーサル、本番をやって、さらにさんまさんは放送も必ず観たので、視聴者より先にＢＤに飽きていた。でも、さんまさんはその後も番組に出るので、気分転換も兼ねてＢＤを殺すことにしたんです」

ＢＤは、タケちゃんマンとの激闘の末に息絶える。口から流れるひとすじの鮮血を見たタケちゃんマンが、悲しげにつぶやく。「お前にも、オレと同じ赤い血が流れていたんだな……」。自らの保身のためにＢＤの命を奪ったことを悔やむが、時すでに遅し。そして宿敵のなきがらを抱え上げると、彼が生まれた星へ飛んでいった。このくだりはコントとは思えぬ重々しい展開で、画面に引き込まれた。

当時の雑誌記事には、たけしがその年に映画『戦場のメリークリスマス』に出演して〈泣きの芝居〉に開眼し、タケちゃんマンでもそれをやりたくなった、とある。

「ええ、そんな話をたけしさんとしましたね。だからＢＤが命を落としてからの展開は、きわめてシリアスに演出しました。ＢＤの遺体を運ぶ際に流したオフコースの「さよなら」は、さんまさんが希望した曲です」

ＢＤが死んでクビを免れた北野が、窓の外に目をやる。すると黒い雪が降り始め、それを見た彼の顔に哀しみが浮かぶ。

「死んで故郷に帰ったＢＤが降らせた雪だ、と感じてね。このくだりは自分で演出していても、泣けてきましたよ」

『ひょうきん族』には若いディレクターが五人いたが、三宅が「タケちゃんマン」担当になったのは、別の番組でドラマ演出のコツをつかんだことが理由だった。

「俳優の石坂浩二さんから演出の基本を教わりました。あの方は、若いころに劇団四季で演出の経験もあるから。実は石坂さんは兄の大学時代の同級生で、フジテレビに入る前から可愛がってもらっていたんです」

三宅の一族には日舞や演劇を仕事に選んだ人が多く、本人も幼いころからピアノを習い、音楽とミュージカルを愛した。『ひょうきん族』でも、初回のエンディング曲にディズニー映画から「星に願いを」を選び（翌週から別の曲に）、「タケちゃんマン」でも、名作ミュージカルを下敷きにした回を何本も作った。

ＢＤの最期を描いた「タケちゃんマン」は、別の点でも衝撃的だった。それまでのバラエティ番組で、これほどテレビ界の視聴率競争を、大胆かつ自虐的に描いたものはなかったからだ。しかもＢＤは、その非情な戦争の犠牲者になってしまったのである。

「確かにぼくらスタッフはＢＤが今、死ねば話題になるだろうと考えた。残酷ですよね。タケちゃんマンはフィクションだけど、あえてドキュメンタリーの要素も入れたんです」

笑いはドキュメンタリーである。この考え方は三宅が師と仰ぐ萩本欽一の教えで、『ひょうきん族』の構成作家、技術スタッフの大半も、萩本の番組に参加してきた人々だった。

きちんと台本を作った上で、リハーサルや本番で面白いことが起きれば、それを放送で使った『ひょうきん族』。BDが死んだ二ケ月後には、「番組の内幕を暴く!」と題した緊急企画を放送した。絶好調の『ひょうきん族』が実は赤字続きで、視聴者にはわからない形で〈手抜き金抜き〉が行われているというのだ。「局が出す弁当のおかずが、トンカツからハムに変わった」と出演者が文句を言うと、スタッフが慌てて否定するなど、まるで報道番組のような緊迫感が漂っていた。

「実際に番組はずっと赤字でした。特に美術費に金をかけており、タケちゃんマンだけで、毎回八つのセットを作っていたので」

スタッフはみな若く怖いもの知らずで、横綱の『8時だョ!全員集合』に胸を借りる気持ちで、面白ければ何でもやってやる! と燃えていた。だから本来は隠すべき〈赤字〉という事実も、臆せずに取り上げたのである。

「『ひょうきん族』は視聴率が良かったから、局が守ってくれた。たとえば営業部は、あえて提供企業の数を増やして、番組への影響力を分散してくれた。もし一社提供なら、スポンサーからこちらの意に沿わない要望が出ても、受け入れざるをえなかったでしょう」

BDが死んだ翌週に、タケちゃんマンの新たな敵が姿を現した。その名はブラックデビル・ジユニア！　しかも外見までBDにそっくりな怪人である。たけしが「前と同じじゃねえか！」とツッコミを入れたが、それはお茶の間の声でもあった。その後も『ひょうきん族』は勢いづき、快進撃を続けたのだった。

（『小説推理』二〇二二年八月号）

『シャボン玉ホリデー』～番組の生みの親の素顔

テレビ草創期を代表するバラエティー番組が、日本テレビの『シャボン玉ホリデー』である。人気の的はザ・ピーナッツの歌と踊り、ハナ肇とクレージー・キャッツによるコントで、子どもの頃にこの番組に熱中し、のちにテレビ業界へ飛びこんだ若者も多い。

『シャボン玉ホリデー』を語るうえで欠かせないのが、番組の生みの親、故・秋元近史《ちかし》である。この伝説のテレビマンの素顔が知りたくて、関係者に取材を試みた。

『シャボン玉』は秋元自ら企画したもので、放送が始まって一年半は、ほぼ一人で演出をこなした。いつも視聴率二〇パーセント以上を稼いだ人気番組。だが残された映像はわずかで、しかも秋元演出の回は、悲しいかな一本も残っていないという。そこで途中から演出で加わった齋藤太朗さんに、秋元の番組作りについて聞いた。

「自分のひらめきを大切にした人。本番当日に、急にセットを変えることもあった」

天才肌か？　ただの気分屋だったのか？

では台本の作り方はどうだったのか。放送作家の二人にたずねた。

「台本の直しが出ても、細かくはなかった」（河野洋さん）

「原稿を読んで面白ければ大笑いし、つまらないと無反応」（田村隆さん）

単純明快な人に思えるが、元同僚の仁科俊介さんによれば、

「大ざっぱに見えたが、車の運転は慎重」

二面性があったのだろうか、「明るく陽気だが、感情の起伏が大きい」とは、番組スタッフの一致した秋元評である。

一九三二年生まれだから、存命なら今年で七十六歳である。父の不死男は反骨の俳人、叔母の松代は人気劇作家と、芸術一家に生まれ育った。音楽が好きで、十代からハワイアンのバンドでスチールギターを弾いた。明治大学を卒業後、開局四年目の日本テレビに入社。音楽バラエティーの草分け『光子の窓』に加わり、先輩の井原高忠から、テレビ演出のいろはを学んだ。

『シャボン玉』の放送は、十一年つづき、一九七二年に終了。秋元はプロデューサーとして、番組の幕引きに立ち会った。ほどなくして日本テレビの子会社へ出向し、主に経営を任された。

一方で、再び『シャボン玉』のような番組を作るべく、TBS『8時だョ！全員集合』の居作《いづくり》昌果《よしみ》プロデューサーら他局のスタッフとも交流するなど、模索をつづけた。秋元は『シャボン玉』

で燃え尽きた、と語る知人も多いが、彼のテレビマン魂は死んでいなかったのだ。

結婚は三十九歳。当時としては晩婚である。では家庭人としての秋元は？　美樹枝夫人にご自宅で話を聞いた。

「とにかく仕事が大好きな人でした。帰宅してからも、テーブルに広げた譜面を前に、ギターを弾きつつ、思いついた演出のアイデアを書きこんでいました。途中で面白いことを思いついたのか、よく一人でクスクス笑っていました」

夫人が明かしてくれた逸話のなかで、特に秋元の人となりを物語る話があった。

「あの人はお酒が好きで、帰宅して食卓の前に座ったときに、私がビールとコップを出さないと、ひと言「ちがう！」。ちゃんと出しても間が悪いと「ちがう！」」

自分の思い描いたように事が運ばないと、気分が良くなかったらしい。しかも、不機嫌になった理由を説明するのはめんどうなので、黙りこんでしまう。わかままで、気難しかったのだろうか？　夫人は笑顔で首を横に振った。

「一緒にいてあんなに楽しい人は、他にいませんよ」

朝起きて窓を開けたら外は雨。それを見て秋元はこう言ったという。

「天気がちがう！」

きっとその日は、晴れていてほしかったのだろう。それにしても、天気にまでダメ出しするとは実に愉快である。秋元は一人っ子で、夫人いわく「母親はとても気のつく人」。何の不自由もなく成長したとすれば、一度つまずくと苦労するという、不器用な面があったのかも知れない。

一九八二年。四十九歳になった秋元は、自ら命を絶った。会社の経営も軌道に乗り、久しぶりに自ら企画してテレビ番組を作る話も出ていただけに、親しい人たちは訃報に接して驚き、困惑したという。秋元は今の自分にもどかしさを感じ、もがき、そして最後に、自らに「ちがう！」と別れを告げてしまったのだろうか。

秋元は自分が演出した番組の台本のほとんどを、手元に残していた。夫人が目の前に積んでくれた『シャボン玉』の台本の山を見て、言葉を失った。秋元が番組に注いだ愛情の大きさを実感し、胸が熱くなった。ページをめくると、本人が色鉛筆で書きこんだ演出メモが、次々に目に飛びこむ。達筆ではない。だが勢いのある、生命力にあふれた字である。秋元の声、息づかいが聞こえるようで、一度も会ったことがないのに、親しみが湧いてきた。最後に断言する。秋元近史なくして、名番組『シャボン玉ホリデー』はありえなかったと。

（『dankai パンチ』二〇〇八年四月号）

『私がつくった番組』～乱調の美を追求した演出家

ＣＳの「日本映画専門チャンネル」が、また快挙を成しとげた。同局は数年前から、その局名に反して昭和の珍しい「テレビ番組」を積極的に発掘・放送しているが、どうしても見たかった『私がつくった番組』が、この十二月から始まったのである。

これは一九七二年にテレビ東京で放送された三十分番組で、毎回一人の有名人を主役に迎えて、その人のアイデアを元に番組化したもの。参加した「私」には吉永小百合、植木等、赤塚不二夫、キャロル、藤圭子、梶芽衣子、唐十郎、加藤和彦、中山千夏、立木義浩、都倉俊一ら当時の売れっ子が顔をそろえ、演出を請け負ったテレビマンユニオンの若手ディレクターたちが、しのぎを削った。

全四十八回のうち十三本を演出した佐藤輝こと佐藤輝雄はまだ二十四歳で、毎回ぶっとんだ映像感覚で茶の間のド肝を抜いた。たとえば「美輪明宏編」では、男装の麗人に扮した美輪がカンツォーネの「オー・ソレ・ミオ」を朗々と歌う場面があったが、なぜかその背後には、普段着のおばちゃんたちが何十人も並んでいる。そして、それぞれが手に持ったスイカの切り身にかぶりつき、美輪が歌っている間じゅう、おいしそうに食べ続けるのである。全く意味不明だが、えも言われぬ可笑しさがあって、佐藤の名前を心に深く刻む場面となった。

すべてが混沌としているのに「乱調の美」が感じられる佐藤作品。数年前にご当人に取材した際、当時をこう振り返った。「自分が驚くような、今まで見たことがない映像を撮りたかった」。なるほど「今まで見たことがない映像」にはちがいないが、そこに流れる佐藤の美意識とは何か。本人から思春期に味わった体験を聞いて、それがわかった。彼は大学教授の父がキリスト教徒だったことから、日曜日になると教会に通った。あるとき礼拝中に聖杯を覗くと、そこに意外なものがいた。一匹のハエが浮かんでいたのである。佐藤が撮った映像には、「聖杯とハエ」がそうであるように、そこにいるはずのないものが、なぜか必ず存在している。そしてその光景は、時として奇跡のような美を生み出すのである。

今後『私がつくった番組』は、ビデオテープが残っていた計十五回分が、三ケ月ごとに三本ずつ放送される予定だ。特に佐藤演出の回は、奇抜な映像が身近にあふれた現代の感覚で見ても、新鮮に映ることだろう。

（『月刊てりとりぃ』第九十四号　二〇一七年）

『ハイブリッド・チャイルド』～ドラマとコントと音楽の美しき融合

地上波テレビはつまらないので、かなり前から見なくなっている。そんな声をよく耳にするが、深夜番組には、個性的な企画のものが数はわずかだが、まだある。一九八〇年代には、その深夜番組は今よりも何倍も活気があって、ゴールデンタイムでは実現不可能な、斬新で過激な企画が夜な夜な放送されていた。その中でも俳優の竹中直人や、三人組コントグループのシティボーイズが出演しているものは、ハズレなしだった。特に彼らが全員出演した日本テレビ『ハイブリッド・チャイルド』は、必ずビデオでタイマー録画してくり返し見るほど夢中になったものだ。放送は一九八七年四月から九月までで、土曜の深夜一時五分から毎回二十五分間放送された。今は多方面でクリエーターとして活躍する、いとうせいこうが初主演した『ニッポン・テレビ大学』という番組の第二部として放送され、その『ハイブリッド・チャイルド』でもいとうが主人公を務めた。題名は、大原まり子が書いた同名のSF小説から取られた。

主な出演者はいとうの他に、大竹まこと、きたろう、斉木しげる（以上、シティボーイズ）、竹中直人で、彼らはラジカル・ガジベリビンバ・システムという、覚えにくい名前の演劇集団の中心メンバー。この集団はいわゆる劇団ではなく、普段はそれぞれが別の場所で活動し、年に二、三度集まって公演を行なっていた。彼らの存在を知って、すぐに公演に足を運んだ。「ガジベリビンバ」という意味のない言葉に、聞き覚えがあったからだ。それは私が愛聴していた米国の先鋭的なロックバンド、トーキング・ヘッズの曲「イ・ジンブラ」の歌い出しの部分で、これに目をつけた感覚に好感を持ったのだった。

『ハイブリッド〜』は、不思議な小箱をめぐる連続ドラマで、主人公の青年パブロ（いとう）が毎回その箱に翻弄されるのだが、そのストーリーを断ち切るように、途中で短いコントがいくつか挟みこまれた。そうした笑いの作り方も目新しかったし、しかもそこには、わかりやすいオチや、漫才のようなボケとツッコミもなかったのである。

コントの一例をあげると……

男（きたろう）が道を歩いていると、ピストルで腹を撃たれて瀕死の青年を見つけ、近づく。「死ぬうー」とつぶやく青年。すると男は、妙な励まし方をする。「バカなこと言うんじゃない。人間、死んだ気になれば、何でもできる。そうだ、死んだ気になって鎌倉彫りでもやってみたら」。場面は変わり、青年が別の場所で死力を絞って鎌倉彫りを始める。だがついに息絶え、男の重々しい声が流れる。「それが死んだ男が残した、最後の鎌倉彫りだった……」。青年は、ほかの回で〈出ぞめ式〉〈振る舞い酒〉〈駅前をきれいに運動〉などに取り組み、そして毎回、力尽きて死んでいった。

『ハイブリッド～』の構成を担当したのが宮沢章夫、当時三十歳の放送作家。また彼は、先ほど触れた演劇集団ラジカル～の作・演出も手がけていた。ではこの独創的な番組は、どうやって作られたのか。作者の宮沢章夫に会って尋ねた。

「僕には〈ドラマ〉を書いている意識はなくて、ストーリーの途中に、物語とは無関係の短いコントをいくつも挟んだんですね。そういう構成は、ラジカルの舞台に近かったですね」

確かにコントの内容は物語と「無関係」なのだが、両者をつなぐような工夫があり、ゆるやかに一体感を作っていた。先ほどの「死んだ男」というコントでいえば、まず青年は物語の中に毎回登場し、必ず何者かに銃で撃たれたり、刺されたりする。そして場面が変わると、歩いてきた男に路上で声をかけられる、という展開が用意されていたのだ。

宮沢は、連続ドラマの物語と、途中に挿入するいくつかの短いコントの状況設定を考え、コントについては、ほかの作家からもアイデアを出してもらったという。その顔ぶれはコラムニストのえのきどいちろうと押切伸一、フリー編集者の川勝正幸。いずれも出版界の人たちで、テレビ番組の制作に関わるのは初めてだった。彼らは宮沢の友人で、彼の誘いに応じて番組に加わり、時にはコントに出演することもあった。

ゴルフ番組が魚拓のとり方を教える!?

再び宮沢との対話を続けよう。


毎回登場するコントもありましたね。通販番組の進行役である竹中直人さんが、商品を手にとると急に人格が変わってしまい、「くれー」って叫んで、最終的にスタッフに連れていかれる（笑）。

「なんかほしくなるんでしょうね。駄々っ子になる。だから「くれー」なんですよ（笑）。当時僕は、明るいバカが出てくるコントをたくさん書いたけど、ラジカルのメンバーでバカを演じると最も面白かったのが、竹中でした」

あの番組で特に思い出深いコントは？

「ゴルフ番組のやつかな。斉木しげるさん演じるプロゴルファーが出演する、体裁はゴルフのレッスン番組。だけど、グリーン上でゴルフ以外のことを教えるゴルフ教室（笑）。魚拓のとり方とかね（笑）。ふんどしの締め方とか（笑）。グリーンの上でゴルフと無関係なことをやったら面白い、と思って考えたコントだけど、その先の展開は、えのきどくんに任せたんだよね。で、できあがった台本を読んだら大笑いしたんだ。あまりにもくだらなくて。まずプロゴルファーがグリーンに立って「今週は魚拓のとり方です」と紹介すると、そのあとゴルフ場のコース説明が入るんだよ。「このコースは××ヤードあって」って。しかも、日テレが持ってるゴルフコースの空撮映像が流れるって台本に書いてある」（以上、宮沢の発言は『80年代テレビバラエティ黄金伝説』より。取材と文は筆者）

このゴルフ教室のコントは、私もテレビの前で毎回大笑いしたので、今でもよく覚えている。ます感心したのは、ゴルファー役の斉木が、きわめて真面目に「魚拓のとり方」を教えていたこと。さらに、斉木が魚拓について説明している途中で「それではコース紹介をどうぞ」と言うと、コースを空から撮った映像が流れ、アナウンサーがバンカーまでの距離などを、これも真面目に説明するのである。そうやって本物のゴルフ番組のように見せたところに作り手の計算があり、「魚拓」との落差が強調されて、笑いを増幅した。

取材中に宮沢は、「子供のころから笑いが大好きだった」と明かしてくれた。しかも〈客に媚びる笑い〉が大嫌いで、それを観客として見るのも不快だし、自分が台本を書く時にも絶対にやりたくない、と断言した。〈客に媚びる笑い〉とは、例えば芸人が視聴者に向かって変な顔をするといった行為である。先ほどのゴルフ教室のコントも、演者の斉木しげるが笑いを取ろうとして大げさな芝居をしたら、台本の面白さは消え失せただろう。

演出は大塚恭司である。一九八三年に日本テレビに入社し、三年後にドラマ『筒井康隆の三人娘』で初演出を経験。主演はシティボーイズのきたろうで、脚本を書いた宮沢章夫と大塚が意気投合したことが、翌年の『ハイブリッド〜』の誕生につながった。

大塚は、ストーリーの途中に挟まれる短いコントでは、あえて映像には凝らず、台本の面白さと演者の芝居をそのまま伝えることを最優先していた。特に演出の冴えを感じたのが、ストーリーとコントのつなぎ目を、気持ちのよい間合いとかっこいい音楽でつないだことだ。例えば、主人公の青年が箱を持って急に走り出す場面の次に、映画『逆噴射家族』のある場面をつないでいた。それは、中年男が会社帰りに必死の顔つきで自転車を走らせ、自宅に向かう映像である。〈走る〉という共通項で二つの異なる作品を結び付けたわけだが、この場面を目にして、宮沢も大いに刺激を受けたという『スネークマンショー』を思い出した。これは一九七〇年代の後半に放送されたラジオ番組で、スケッチ（短いコント）と洋楽が交互に出てきた。たとえばビートルズの「ヘルプ」を番組で流す場合、その前に置くスケッチは、最後に「助けてー！」というセリフで終わるようにしたのだ。なお演出の大塚は、『逆噴射家族』を撮った映画監督の石井岳龍の撮影現場で、大学時代にスタッフとして働いた経験があり、のちに撮った作品にも、石井の映画から受けた影響が感じられた。

また大塚は、番組中に流れる音楽についても、選曲家の井出靖と組んで、趣味の良い曲を選んでいた。海外のファッションショーの華やかな一場面も、劇中にしばしば挟みこんだが、そこで流れる曲も洗練された洋楽だった。それから大塚は英国の音楽集団、アート・オブ・ノイズがお気に入りで、CM前には必ず彼らの強烈な「ホワイ・ミー?」の一部を、そして番組のエンディングには、静かな「ア・ネーション・リジェクツ」を流した。さらに彼らの「レッグス」という緊迫感のある曲を、のちに自身で演出して大評判を取った『Mr.マリックの超魔術』シリーズで使った。マジシャンのMr.マリックがスタジオに現れる場面で毎回流れた曲といえば、そのメロディーを思い出す人も多いだろう。

親しい友人たちと暴走した番組

構成担当の一人だったコラムニストのえのきどいちろうが、番組のコント作りについて当時、雑誌に寄稿している。宮沢章夫以外は、それまでテレビ界に縁がなかったので「必然的に企画は限度知らずのアイデア先行という方向のものとなり（略）作家会議の状況は〈ギャグのホームラン競争〉といった感じです。これが楽しい（略）そこへ持って来て日テレの大塚恭司というディレクターが、そういう場で一歩もひるまないどころか、逆にどんどん飛ばしまくるという典型的なそういう人で、いとうくんも含めて会議は踊ってますよ、充分」(『ミュージックマガジン』一九八七年五月号より)。

彼らのまとめ役だった宮沢も、「ぼくは結局、放送作家を七年しかやらなかったが、『ハイブリッド～』は最も楽しい仕事だった。好き勝手に作れたのは、出演者も作家もディレクターも、みんな前から友だちだったから。だからぼくらの暴走を止める人が、誰もいなかったんですよ」と、にこやかに振り返った。

当時の深夜番組が元気だったのは、多くの場合、番組の内容をディレクターと放送作家だけで決められたことが大きい。また、ゴールデンタイムの番組に比べて制作予算が少ないために、大スターが出演がすることがほぼなく、視聴率もさほど期待されていないので、出演者が所属する大手芸能事務所や番組スポンサーからの干渉も少なかった。ちなみに『ハイブリッド～』の提供企業は、美容関係のたかの友梨ビューティークリニックである。

そのころ私は小さな広告代理店の営業部で働き、仕事で都内のテレビ局にも出入りしていた。自分が担当する有名企業も、金を払ってCMを流す番組が深夜の放送だと、内容について口うるさく言わなかったし、視聴率もさほど気にしていなかった。思い返すと、時代はちょうどバブル経済に突入する直前で、景気も右肩上がりだったのである。

『ハイブリッド～』は一九八七年の九月に終わったが、構成担当の宮沢によると、放送局から打ち切りを言い渡されたという。最終回はそれまでの内容とはほとんど関係なく、東京スカパラダイスオーケストラなどを招いた、音楽ライブがにぎやかにくり広げられた。もっともその途中で、「勝ち抜きボンゴ合戦」という訳のわからないコーナーが飛び出したあたりが、「いかにも」という感じがした。

その後、宮沢章夫はテレビ界に失望して放送作家を辞め、ラジカルも解散。新たに劇団を作って舞台公演を重ね、その一方で、エッセイや評論でも健筆をふるった。そして現在も劇作家、批評家として活動中である。演出の大塚恭司は、のちに『女王の教室』ほか話題のドラマを演出。日本テレビを退社すると念願だった映画監督を初めて体験し、その作品『東京アディオス』が二〇一九年に劇場公開された。

私は、放送時にビデオ録画した『ハイブリッド・チャイルド』をDVDにダビングしたものを、今でもたまに見る。その後に似たような〈笑いの構造〉を持った番組に出会ったことがなく、放送から長い時が過ぎたのに、鮮度が落ちていないからだ。

それほど愛着があるので、同好の士との出会いを求めて、同世代の友人知人にしばしば番組の話をする。ところが、決まって「そんな番組、知らない」と言われてしまう。なぜ知名度が低いのか。確かに視聴率は悪かったが、それでも半年間は放送されたのだから、見た人がもっといても良いはずだが……。今回調べてわかったが、あの番組は関東地区のみで放送されたものだったのだ。寂しいことではあるが、それも日陰でひっそりと花を咲かせる深夜番組の宿命だろう。

（書き下ろし）

『THE MANZAI』〜ツービートの漫才を作った幻の作家

今から十三年前に、朝日新聞出版の依頼で、ビートたけしに初めて取材した。都内の浅草に生まれ、足立で育った〈下町っ子〉の私にとって、たけしは同郷の先輩であり、昔から敬愛する芸人でもあるので、対面してしばらくは、緊張のせいで地に足が付かなかった。

話を聞いたあとの雑談で、長年の疑問をぶつけた。漫才コンビのツービートとして世に出たたけしだが、なぜその漫才映像は、一度も再放送やDVD発売がないのか、と。すると、間髪を入れずに答えをくれた。「ツービートの漫才はおいらの原点であり、一番大事にしてるもの。だから封印しているんだ。もし若い連中が、映像でオレたちの漫才を見て面白くないと思われたら、寂しいし」。言葉の端々に、ツービートへの深い愛を感じた。

ツービートは一九七三年に結成。地方出身者、老人、不美人などを容赦なくこき下ろした漫才が地元の浅草で評判を呼び、テレビから声がかかるように。なかでも彼らの存在を全国に広めたのが、フジテレビの『THE MANZAI』である（一九八〇〜八二年　計十一回放送）。

その番組名からもわかるように、長い伝統がある〈漫才〉という演芸を〈古臭いもの〉としか感じず、興味を示さない若者たちに見てもらおう、と企画された単発番組だった。最高視聴率は関東が三十二・六パーセント、関西が四十五・五パーセントと、驚異的な数字を叩きだし、番組の主要スタッフはその勢いに乗って、のちに『オレたちひょうきん族』などを作って気を吐いた。ツービートはB&B、紳助・竜介ら関西の若手漫才師とともに毎回、スタジオに集まった若い観客の前でネタを披露したが、みんな同世代だったので互いの競争心もぐんと高まったのだろう、彼らの漫才はいつも以上に熱を帯びていた。

ツービートの漫才が斬新に感じられた理由は、いくつかある。まずたけしのしゃべりがそれまでの漫才師よりも数倍は速く、いやがおうにも彼の〈言葉の速射砲〉を巻きこまれてしまった。ネタの切り口も新鮮だった。特にテレビドラマやCMの不自然さを暴くところが痛快で、日常生活でみんなが感じていることを指摘する〈あるあるネタ〉の走りである。またビートたけしという男が、世間にはびこるウソや偽善に対して人一倍敏感で、それらを強く嫌っているところにも共感を抱いた。

また彼は、何かを〈ことば〉で鋭く斬っても、その刃を必ず自分にも向けた。例えば、山形県生まれの相方きよしを〈田舎者〉と徹底的にからかったあとで、実はオレも、東京の〈田舎〉である足立区生まれだと告白し、さらに親は学歴がなくて貧乏だし、自分は大学中退で女にモテたことがないと、おのれのかっこ悪さを並び立てたのだ。いつもたけしは〈もう一人の自分〉を感じながら、おのれを極めて冷静に見ている。そういう芸人に初めて出会ったこともあり、以来、ビートたけしの活動を熱心に追いかけるようになった。

若者から支持され、良識派は眉をひそめたツービートの漫才。彼らのネタ作りに深く関わったのが、加藤修という青年である。一九七一年に、人気バラエティー番組『シャボン玉ホリデー』（日本テレビ）に構成作家として参加したのを手始めに、以後ラジオやテレビでコントを書いていたらしい。

たけしが「強烈」とほめた放送作家の発想

加藤の存在を知ったのは、たけしがツービートとして売れて間もないころに取材を受けた、雑誌『広告批評』の一九八一年二月号である。それによると、たけしいわく、加藤は「幼稚園の先生をしてる奥さんと共同でたまにエッチな本なんか書いたり。その人が僕らのファンだといって、よく書いて送ってくれてたんですけど（中略）その人のネタは強烈なんです」。毒舌家のたけしが「強烈」と表現するのだから、加藤の発想はよほど過激なものだったのだろう。

一方、相方のビートきよしは、加藤の「強烈」な発想がツービートの芸風を劇的に変えたと語る。「当初は正統派のネタをやっていて、なかなか芽が出なかった僕たち（中略）ある日、舞台から降りた僕たちに近寄ってきて、おもむろに一枚の紙を差し出したんだ。「よかったら、これ！」って。楽屋に帰って相方を見てみると、そこに書かれていたのはネタのアイデアだった。過激な言葉が書きつらねられたそれに、僕は目を丸くした。でも相方にはなにか感じるものがあったんだろうな。なにやら感じ入ったような様子で、ひとりうなずきながら、しげしげとそれを眺めていた。以来、相方はネタ作りのときに加藤さんの意見を色濃く取り入れるようになる」(自著『相方』より)。

無名時代のツービートを知る演芸評論家の吉川潮も、たけしから加藤について聞いていた。たけしと加藤は「二人で酒飲みながら、こういうのはどうだってお互いにアイデアを出しながら、ネタを羅列していくんだって(中略)俺も何度か会ったけど、ちょっと変わった奴だったな」(『コマネチ!ビートたけし全記録』より)。

一九七九年に入ると、ツービート人気は急加速。翌年に発売した初の著書『ツービートのわッ毒ガスだ』は、発売半年で八十五部を売る大ベストセラーになったが、そこに書かれたネタの多くを考えたのが加藤だという。

●「赤信号　みんなで渡れば怖くない」
●「三浪し　やっと入れた三流校」
●「寝る前に　ちゃんと締めよう親の首」
●「整形し　やっとなれた並のブス」

こうした残酷な標語はツービートの代名詞となったが、とりわけ何度聞いても笑ってしまったのが、漫才におけるナンセンスなやりとりである。

たけし「このまえ公園に行ったら、道の真ん中にね、犬のフンみたいなのがあったんですよ」
きよし「ほーっ」
たけし「で、そば行ってよーく見たらうんこ。匂いをかいだらうんこ。なめてみたらうんこ。
　良かったですよ、踏まなくて」
きよし「何を考えてるんだ！　またぎなさいよ」

たけし「今の人はレコード、ちょっと飽きると捨てちゃうそうですな。私なんか、レコード
　徹底的に聴きますよ」
きよし「それはえらい」
たけし「この前も、聴きすぎちゃってね」
きよし「どうした？」
たけし「裏面の曲が出てきちゃった」

一九八〇年一月、ラジオのニッポン放送で『ビートたけしのオールナイトニッポン』が始まると、たけしの一人しゃべりが深夜族の学生たちに大受け。「バカヤロ！　コノヤロ！」を連発す

るたけしの下町ことばが全国に広まり、その真似をする人が一気に増えた。以後、一人での活動が増えたたけしは、きよしと漫才をする機会が減り、放送作家の高田文夫が座付き作家のような存在になるにつれて、加藤の役割は薄れていった。

その後の加藤は、たけしがしばしば司会を務めたテレビ東京『日曜ビッグスペシャル』などで台本を書き、その奇抜な発想が目いっぱい発揮された。加藤が参加した番組は数ケ月ごとに放送され、タイトルや出演者はそのつど変わったが、そのいずれもが、若手お笑い芸人を中心としたB級タレントたちが過酷なことに挑む、という内容である。

例えば一九八三年二月の放送分は『いじわる大挑戦』という題名で、天の声が厳しい試練をタレントたちに与えた（構成は加藤修と藤吉郎。後者は誰かの変名だろう）。

●コロッケへの指令＝社会に適応できないタレントのたこ八郎に、東大生の血を輸血して知能指数を上げてこい。

●斉藤ゆう子への指令＝ゾウを泣かして、涙をとってこい。

●アゴ＆キンゾーへの指令＝凶暴きわまりないワニに、ワニ革のベルトを締めてこい。

●滝沢れい子への指令＝人通りの激しい場所で裸になって、お尻を見せてこい。

●稲川淳二への指令＝昔のおもちゃ「ピーヒョロ」をおならで鳴らし、家族や近所の人々に見届けてもらえ。

いずれの指令もタレントたちが途中であきらめず、ちゃんと成し遂げたところが、この番組の醍醐味であり、常軌を逸している点でもあった。

たとえば滝沢れい子への指令は、マジックミラーで四方を囲んだ特製の箱が用意され、繁華街のど真ん中に置かれた。そして滝沢の代わりに漫才ののりおよしおが中に入って、裸になった。その姿は通行人からは見えないと説明されたが、実際は箱に顔を近づけると内部がぼんやりと見えた。また、今は〈怪談の語り部〉として有名な稲川淳二はこの番組の常連で、あの手この手で毎回、地獄の責め苦を味わうのに、なぜか笑いを誘ってしまうところが受けて、人気者になった。

加藤修が『日曜ビッグスペシャル』のために考えたネタの数々は、いずれも今では危険すぎて実現できないが、実は当時でも、大手テレビ局にとっては内容が過激すぎて、手を出さない企画だった。では、なぜ『日曜ビッグスペシャル』はそれが可能だったのか。まずは裏番組が、難攻不落の大河ドラマ（NHK）とプロ野球中継（日本テレビ）だったので、当たって砕けろの精神で冒険ができた。それから放送局が、視聴地域が関東のみと狭かったテレビ東京で、視聴者の数も少なかったために、世間から批判されそうなことを番組で行なっても、ほとんど目立たなかったのだ。

演出家テリー伊藤との出会い、アダルトビデオを企画

この『日曜ビッグスペシャル』の演出を手がけたテリー伊藤、当時はＩＶＳテレビ制作に所属した伊藤輝夫は、今でも加藤を大絶賛する。「個人的にすごいと思ったね。加藤さんっていう人ですよ（中略）この人は天才でしたね。頭おかしかった」（本橋信宏著『出禁の男　テリー伊藤伝』）。かつて自らを「天才ディレクター」と豪語した伊藤が「天才」と認める加藤修。だが、ほどなくしてテレビ番組でその名を見なくなり、消息が途絶えてしまう。次に我々の前に姿を見せたのが二〇〇四年。ＡＶメーカーの雄、ソフト・オン・デマンドから、突如として彼の企画による作品が発売されたのだ。

同社の創業者である高橋がなりは、テリー伊藤の下で八年間、働いた元テレビディレクターで、加藤とはテレビ東京の『日曜ビッグスペシャル』で何度も組んでいた。その高橋に取材した際に、雑談のなかで初耳の話を明かしてくれた。

会社の経営が軌道に乗った二〇〇三年。高橋のもとへ、ディレクター時代に世話になったビートたけしから突然、連絡が来た。すぐに会いたいという。「指定された部屋に入るとたけしさんが先に来ていて、さあ、上座へ、と。恐縮しながら座ったら、たけしさんが頭を下げたんですよ。加藤さんをおたくの会社で使ってくれないか、って」。聞けば加藤は放送作家を辞め、生活に困っているらしい。

恩義があるたけしの頼みは、もちろん断れない。高橋は、加藤の企画でアダルトビデオを作ることを決め、その結果、生まれたのが『元祖デマンドの種』だった。そのジャケットには「企画・加藤修」と大文字で書かれ、その下に「かつてビートたけしのブレーンとしてテリー伊藤、高橋がなりに多大な影響を与えた伝説のギャグ作家」との説明がある。加藤をちょっと持ち上げすぎと感じるかも知れないが、決してそこにウソはない。

ＤＶＤの内容は『日曜ビッグスペシャル』をさらに過激にした感じで、ＡＶ女優たちに風変わりな実験に挑んでもらうというものだ。一例をあげると……

●全裸の女優が太陽の下で仰向けになって股を開き、おしっこをすると、果して虹はできるのか。

●女優が、道行く一般女性たちに「陰毛を分けてくれませんか」を声をかけ、集めた陰毛でパンツを作れるか。

文字で読んでもバカバカしい企画だが、発売されたＤＶＤを見ると、その数百倍は突飛であり、笑いを通り越して、もはや芸術にさえ感じられてしまう。見る人によって評価が割れるであろう『元祖デマンドの種』だが、〈バラエティーＡＶ〉とでも呼びたいような、新しくて珍しい種類の作品であることは確かだった。

その冒頭で、長野県で質素な生活を送る加藤が登場して、スタッフと雑談する。テリー伊藤との仕事では、下戸の伊藤にいつも無理を言って、ビールを飲みながら打ち合わせをやらせてもらったという。画面から受ける印象では、加藤は声が小さく物静かで、酒を飲んで自分を解放しないと、他人とうまく関係を築けなかったのかも知れない。

『元祖デマンドの種』は加藤の異才ぶりが炸裂した作品に仕上がったが、高橋がなりによると、期待したほどには売れなかったそうだ。ほどなくして加藤はＡＶ業界からも離れてしまい、再び足取りがわからなくなってしまう。

それから数年した後に、たけし主演の深夜バラエティーを見ていたら、冴えない風体の初老の男が突然、画面に現れた。加藤である。そして彼は〈しりとり名人〉として下品な言葉を立てつづけに口走ったが、共演したたけしの弟子たちから、激しいツッコミを食らってしまう。あえてツービート時代における加藤の功績をほめず、逆に思い切りけなしたあたりに、〈恥じらいの人〉ビートたけしらしい愛情を感じた。

ツービートの毒舌漫才に大きく貢献した加藤修。だがたけしは売れたのに、彼は芸能界で生き残れなかった。関係者たちの証言に共通するのは、加藤は神経が細やかすぎて、作品の量産が利かなかったこと。もっとも身近にいたたけしも、加藤は「すごい躁ウツでね。やたら書いたり、カクッと書かなかったり」と、先ほどの雑誌『広告批評』で語っているように、いつも精神面での弱さやもろさを抱えた人だったのだろう。

しかしたけしは、そんな加藤を何度も表舞台に引っぱり出そうとした。その才能を惜しみ、見捨ててはおけなかったのである。作家を志して浅草へ流れつき、売れる前のたけしと出会って意気投合した井上雅義に、たけしが自身の著書や雑誌連載の構成を長いこと頼んだのも、無名時代に苦楽を共にした、井上に対する友情からだろう。ビートたけしは古くからの仲間たちを愛する、情の深い人なのである。

今回、手を尽くして加藤の行方を追ったが、手がかりは得られなかった。力が及ばず残念である。異能の放送作家・加藤修。健在であればすでに七十代だろうが、果して彼は今どこで、何をしているのだろうか。

（書き下ろし）

第2章

ドラマ編　その1

寺内貫太郎一家
井上堯之バンド

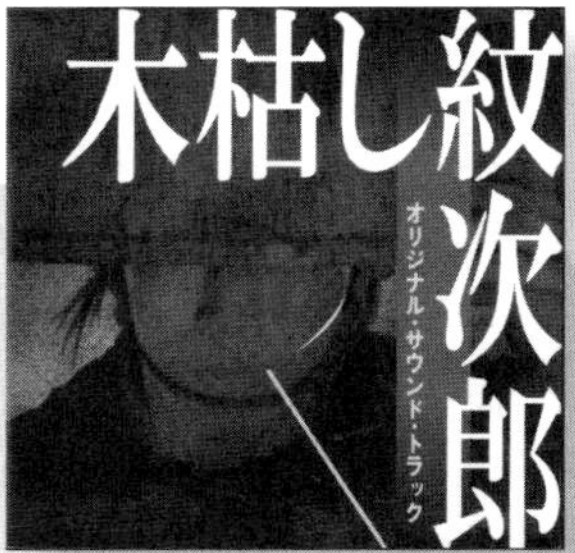
木枯し紋次郎
オリジナル・サウンド・トラック

追悼・渥美清
昭和48年放映、幻の人情喜劇TVドラマを発掘！
必見！渥美清、もうひとつの恋物語。

『池中玄太80キロ』〜不器用な父と娘の泣き笑い

今や国民的俳優となった西田敏行の出世作が、一九八〇年に日本テレビ系で放送された『池中玄太80キロ』である（以下『玄太』と略す）。

独身の男性カメラマンと、彼とは血がつながらない三人の幼い姉妹が、本当の〈家族〉になるまでの泣き笑いを描いて大ヒット。その後、二つの続編と三本の単発ものが作られるなど、一九八〇年代を代表するテレビドラマとなった。この時西田は俳優生活十二年目で、連続ドラマの主演はこれが初めて。企画段階から関わり、ほぼ全話を演出した石橋冠《かん》（当時・日本テレビ）にたずねると、西田の主演は大抜擢だったという。

「ちょうどその頃、会社の大先輩である井原高忠さんが日本テレビの制作局長になり、ドラマ班にこう命じたそうです。『もっと新しいことをやれ、たとえば西田敏行を主演にするとか』って」

タイトルの『80キロ』は西田敏行の体重

井原高忠は進取の精神に富んだテレビマンで、『ゲバゲバ90分!』などの斬新なバラエティー番組を企画した人物。その井原の意向を受けて西田敏行のドラマ主演が決まったが、石橋いわく、西田は担当プロデューサーにある希望を伝えたらしい。

「できたら、演出は石橋冠さんにお願いできませんか、と西田くんが言ってくれたそうです。ところが当時の僕は、期待されて作ったドラマの視聴率が悪く、会社の命令で〈物置〉の中に机を移動させられていた。それを知った井原局長が上層部に直訴してくださり、『玄太』で二年ぶりにドラマを演出できることになったんです」

当時四十三歳だった石橋は一九六〇年に日本テレビに入社し、『2丁目3番地』『冬物語』ほか話題のドラマを演出。西田とは、彼が頭角を現してきた一九七七年に『一丁目物語』で初めて組み、以来、親しく付き合っていた。

西田の連続ドラマ初主演も新鮮だったが、作品名にも目新しさがあった。主人公の体重である『80キロ』が、そこに含まれていたからだ。

「実は80キロは西田くんの当時の体重だったんですよ。しかも放送が一九八〇年で、人気のあった裏番組のドラマ『Gメン'75』(TBS系)より数字が大きい(笑)。縁起もいいし、我ながらいいタイトルを考えたなあと。〈玄太〉という名前は、脚本の松木ひろしさんが考えたもので、〈池中〉は僕が〈物置〉にいた頃に世話になった、会社の仲間たちの名字から一字ずついただきました」

原点は靴みがきの父と子の「家族愛」

ところがこの作品タイトルは奇抜すぎたのか、日本テレビの社長には不評だった。

「悪代官のマラソンか？　と呆れられてね。しかも代わりに『汗かき玄太』という題名はどうかと。だけど、それでは古臭さすぎる。ここで妥協したくないので井原局長に相談したら、すぐさま社長に会って『池中玄太80キロ』でいくことを承知してもらったんです。井原さんはすでに故人ですが、いくら感謝してもしきれないですね」

それまでのホームドラマは、母親を中心とした家族の物語が主流で、『肝っ玉かあさん』『ありがとう』『時間ですよ』（いずれもTBS系）などが人気を博していた。かたや『玄太』の主役は父親。一九七〇年代も後半になると経済成長が鈍化し、稼ぎ手としての父親の価値は下がる一方だった。そこで、あえて父親の復権を世間に訴えたのか。

「実は僕は〈物置〉にいた頃、社内の仲間が持ってきてくれた海外取材や中継番組の仕事をやっていました。「日本アカデミー賞」の初回の授賞式とか、英国のロックバンド、クイーンの武道館公演とか。ある特番を担当した際（一九八〇年元日放送の『森繁久彌のテレビ年賀状』）、後輩が中米のグアテマラで、貧しくてもたくましく生きる靴みがきの父と息子の生活を撮ってきた。それがすごく温かくて、これからはオヤジの時代が来るぞと感じたんです」

だが当時の西田敏行は、既婚だったが三十二歳と若く、父親を演じるには真実味に欠ける。そこで惚れた女性がたまたま三人の子連れで、しかも、西田演じる三十五歳の報道カメラマンと結婚した直後に急死するという大胆な展開をひらめいた。脚本の松木ひろしは喜劇の名手で、日本テレビで『パパと呼ばないで』ほか石立鉄男主演による人気ホームコメディーを量産して、大いに気を吐いていた。

「松木さんの脚本が素敵なのは、血縁のない玄太と亡き新妻の娘たちが、いろんな問題を乗り越えながら家族になっていくのと同時に、彼らの周りにいる独身の仲間たちも、玄太たちと関わることで家族愛に目覚めていくところでした」

たとえば仕事一途だった記者の暁子（坂口良子）は、玄太の娘たちの世話をするなかで母になることへの憧れを募らせ、後に玄太と結婚した。また玄太一家の家族愛に胸が熱くなったのが、幼稚園で働く長女の絵理（杉田かおる）が、十五歳年上の子連れの医者（三浦友和）と結婚し、玄太が父親として無上の喜びをかみしめる場面だ。

「結婚当日に絵理が玄太を訪ねて、「お父さん、今までお世話になりました」と挨拶すると、玄太が平伏して言うんですね。「お世話になりました」って。自分で演出していて、思わず泣けてきましたよ」

松木は心に刺さるセリフを生み出す達人で、『玄太』では、家族愛を育むうえで大切なことをセリフに託した。たとえばピアノを欲しがる娘のために、玄太は仕事が終わった後に、家族には内緒でアルバイトをして費用を稼ぐが、過労から本業がおろそかになってしまう。真相を知った上司の楠（長門裕之）が、玄太に声をかける。「子供にとっていちばん大事なのは、親が健康でいること。ピアノじゃないよ」。事あるごとに楠に歯向かってきた玄太だが、この時ばかりは、真心がこもった楠の助言を素直に受け入れたのだった。

「松木さんの脚本は毎回、すばらしかったが、いつも筆が遅くてね。ある時仕事部屋へ催促に行ったら、床一面に書き損じた原稿用紙が散らばっていた。こんなに苦労して、いつも原稿を書いてくださっているんだなあって感動しましたよ」

ロゲンカ！　寝ぐせ！　西田のアドリブが炸裂

出演した俳優たちの芝居が実に生き生きとしていたのも、このドラマの大きな特長である。

「それは演技経験の少ない子役が出る場面以外は、あえて俳優さんたちのリハーサルをしなかったことが大きいですね。僕は〈物置〉にいた時代にドキュメンタリーを作った際、撮影中に何が起きるかわからない緊張感に魅せられたので、『玄太』の収録現場にも、その緊張感を意図的に持ちこんだのです」

特に印象的なのが、玄太の勤める『大京グラフ』編集部でのシーンだ。そそっかしくて、思い立ったら一直線に進んでしまう玄太と、こちらも気が短い上司の楠による罵り合いは毎回ライブ感満点で、番組の名物となった。

「もともとあの場面は脚本にあったが、回を重ねるごとに、西田くんと長門さんがアドリブでどんどんおもしろくしてくれました。長門さんが西田くんを「このベトナムかぼちゃ！」と罵倒したり（笑）。しかも、ふたりが僕を困らせることをテーマにした時期があって。ケンカの場面の次にCMが入る回になると、わざと延々と口論を続けて、後で編集する際にCMへつなぎにくくしたんです。そういう遊び心が随所にあるドラマでした」

遊び心といえば、出演者のなかでも西田はアドリブの名手で、人を笑わせる才覚も抜群だった。玄太が朝、目覚めた時の奇妙すぎる髪の乱れも毎回、その形を自ら考えたという。

「僕らスタッフも思わず笑っちゃうヘアースタイルがよくありましたよ。ピアノが登場する回では、髪がグランドピアノの形だったり（笑）。『パート2』では玄太が見る夢のシーンも作りましたが、ここでは非日常が描けたので、西田くんもいつも以上におもしろがって、衣装やメイクに凝ってました。このドラマでは、彼の有り余る才能を一二〇パーセントいただいた感じですよ」

コメディアンとしての西田の魅力は、すでに『みごろ！たべごろ！笑いごろ!!』（テレビ朝日系）、『ハッスル銀座』（TBS系）などのバラエティー番組で発揮されていた。それがテレビドラマで初めて、そして最大限に引き出されたのが『玄太』だったのだ。

『玄太』は一九九二年放送の『さよならスペシャル』をもって幕を下ろした。ここで題名の

『80キロ』が『83キロ』に変わったのは、西田の体重が増えたからだ。この時玄太は四十五歳。三人の娘のうち二人を嫁がせ、これから先も報道カメラマンとしてよく働き、よき夫、よき父としても明るい未来が待っていることを予感させる結末だった。

「『玄太』が大ヒットしたおかげで、僕は〈物置〉へ戻されることなく、その後もドラマを撮り続けることができた。間違いなく僕の代表作ですよ」

根っからの映画好きである演出の石橋は後に初めて映画を撮り、二年前に『人生の約束』の題名で劇場公開された。西田は脚本も読まず、すぐに出演を引き受けた。演じたのは、理容店を営む町内会長の〈玄太郎〉。情けに厚く、愚直なところが玄太そっくりで、客のヒゲを剃る場面では大いに笑わせてくれた。

「西田くんも僕も、じいさんになった玄太をドラマで描きたかったが、レギュラー出演していた長門さんと坂口さんが亡くなって実現が難しくなった。でもあきらめきれなくて……。あのヒゲを剃る時の芝居は、西田くんのアドリブ。彼はあそこで玄太の刻印を残そうとしたんじゃないかな。僕も密かにそれを望んでいたしね」

主演の西田敏行、演出の石橋冠。〈ヒゲ剃り〉は両者の〈玄太愛〉がひしひしと伝わる名場面になったが、この場面は『玄太』を作り続けるなかで育まれた、ふたりの揺るぎない友情から生まれたものでもあった。この『人生の約束』は発売中のDVDで手軽に観られるので、『玄太』シリーズを夢中で観た人は必見である。

『北の国から』〜大自然を舞台にリアリティーを徹底追求

（『昭和40年男』二〇一八年十月号）

惜しまれつつ終了してから、もう二十年になる。倉本聰が全話の脚本を書き、国民的ドラマとして親しまれた、フジテレビ系の『北の国から』シリーズである。その第一弾は全二十四話の連続もので、放送が始まったのが、一九八一年の十月だった。

この企画の始まりは、フジテレビの幹部が、人気脚本家の倉本にある提案をしたことがきっかけと言われる。米国の人気ホームドラマで、ＮＨＫで放送していた『大草原の小さな家』の日本版ができないか。そう請われた倉本は、その数年前に東京から北海道へ移住したこともあり、都会から地方へ引っ越した親子の話を思いついたという。

主人公は黒板一家で、物語は、五郎（田中邦衛）が、浮気に走った妻の令子（いしだあゆみ）を東京に残したまま、二人の幼い子供と故郷の北海道・富良野に帰るところから始まった。そして一家は、電気も水道もない森のなかの廃屋で暮らし始め、多くの試練を乗り越えながら、互いの絆を強めていった。

富良野で長期ロケを行うことが決まり、そこにある大自然と四季の移ろい、そして野生動物の姿を、一年かけて撮ることにした。我が国のテレビドラマで、これほど美しい自然が登場する作品は前例がなかった。

制作費も時間もかかる、前代未聞の壮大な企画だった『北の国から』。社内でゴーサインが出るまでに、三年を要した。後押しをしたのが、フジテレビ内の大改革だった。長らく分社化されていた制作部門が、一九八〇年の春に本体へ戻され、上層部からドラマ班に「わが社の新たな門出を飾る傑作を作れ！」と、号令が下ったのである。

セリフの凝縮度が高い倉本脚本

局の期待を背負った『北の国から』に、二番手のディレクターとして参加したのが杉田成道《しげみち》で、計八本を手がけた。この時フジテレビ入社十三年目。周りから「ナタの杉田」と呼ばれてその才能を認められ、良質なドラマを多く演出したが、ヒット作に恵まれなかった。当人に話を聞くと、脚本の倉本と組むのはこれが初めてで、脚本を読んで新鮮な驚きがあったという。

「何しろ間や音楽が入る位置まで指定した脚本は、初めてだったので。それとリアリズムに徹した脚本でしたが、倉本さんは僕の八歳上で、一世代前の新劇に影響を受けているなと感じました」

全共闘世代で、若い時からドラマ演出でも既成の価値観を壊してきた杉田。旧世代の倉本とは意見がぶつからなかったのか。

「お酒を飲んでは議論したし、教わることも多かった。その結果、でき上がった作品は、よりよいものになったと思います」

倉本脚本を読んで特に感心したのが、セリフだった。

「とにかく凝縮度がすごい。それまでの話の流れを追うと、この人物は、その場面でその言葉を言うしかないと感じるように書かれている。だから役者さんには、セリフを一字一句変えずにしゃべってもらいました」

倉本は撮影現場にもよく現れて助言を与えたが、そのひとつが、ドラマ作りでは「大きなウソはついてもいいが、小さなウソをついてはいけない」ことだった。

「そこで、富良野の人々が放送を見ても「ウソ」に見えないように心がけました。たとえば五郎を演じたクニさん（田中邦衛）には、ロケ撮影の一ケ月前に富良野に来てもらい、延々と労働だけをしてもらったんです。薪を割る時も、現地の人は他のことを考えながらでも見事に割るので、その域に達するまで練習してもらったわけです」

五郎の子供の純と螢に扮したのが、今も俳優として活躍する吉岡秀隆と中嶋朋子。オーディションで約五百人のなかから選ばれた。二人ともいつも自然体なのが決め手だった。また当時十歳の吉岡は、純が胸に秘めた思いを、毎回「語り」として表現するという大役もこなした。彼らには演技の経験はあったが、杉田は「子役芝居」を否定した。

「子役は演技を児童劇団で教わっているから、型にはまった芝居しかできない。そこで、その型を徹底的に壊しました。たとえば純と螢が遠いところから帰ってきて、五郎に「ただいま！」と言う時も、一五〇メートル先から全力疾走させて言わせるわけです。しかも同じことを何回もやらせて。すると息が上がって、はっきりと発音できない。でもその方が、富良野の大きさというか距離感を、より強く表現できると思ったんです」

純が五郎の怒りを買って殴られ、驚いてにらむ場面（五話）では、演じる田中に前もって「思い切り叩いてください」と頼んだという。純は意表を突かれ、本当に驚いて五郎をにらんだのである。

子役には小手先の芝居をさせず、リアルな反応を引き出した杉田演出。後に吉岡も中嶋も、長期に及んだ撮影は、心身ともにつらかったと回想しているが、杉田もそれを否定しない。

「吉岡君は台本に「倉本、杉田死ね死ね」と書いていました。何度も同じ芝居をやらされて泣いたこともあったし。でも、そこは見ぬふりをして撮影を続けました。だけど彼らも、どこかで「やるしかない」と腹をくくったと思う。なぜなら僕は、いつも彼らを大人の役者さんと同じように扱ったから。だから遠慮は一切しなかったんです」

杉田は若い頃から粘りに粘る演出で知られ、前もってスタジオで役者たちと延々と稽古を繰り返し、本番でも自身が納得するまで、何度でも同じ場面を演じさせた。それは『北の国から』でも同じだったという。

「役者さんの計算を超えたところで、どんな芝居が出るか見たいんですね。それでどんどん絞り上げていったわけです」

猛吹雪で遭難！　UFO出現!?

そのやさしそうな面差しに反して、厳しく役者を追い詰めた杉田。さらに寒さとの戦いにも挑み、多くの名場面が生まれた。特に印象深いのが、第十話で純と母の妹・雪子が猛吹雪に見舞われて、長いこと車の中に閉じこめられる場面である。

「冬の富良野は、想像を絶するほど寒いんですよ。僕は愛知県豊橋市という暖かな土地で生まれ育ったから、余計にあの寒さはつらかった。低温のせいでカメラが故障することもあったし。その遭難の場面も、吹雪になった日に外で撮ったら、降る雪の量の多さと強風で、画面が真っ白になって失敗しました」

そこで今度は、猛烈な吹雪を人工的に作ることにした。

「まず映画で使う巨大な扇風機を、東京から富良野までトラックで運びました。撮影では、現地で借りた除雪車が噴き出す雪を、激しく回る扇風機に当て、さらにスタッフ十人がスコップですくった雪を、扇風機の背後から送りこみました。風速二十メートルはあったかな。役者さんも寒さで凍傷寸前でした。それから車内で凍える二人を撮影する際は、カメラで撮りやすいように、自動車の実物を二つに切断して使いました」

絶えずリアリティーを追い求めた『北の国から』だが、唯一異色なのが、純と螢が森の奥でUFOを目撃する場面だ。

「演出は僕でしたが（第十四、二十話）、倉本さんの脚本を読むと突然UFOが現れるし、純の担任教師の涼子は、宇宙人と交信できるみたいだし、どう演出したものかと。結局、UFOの話も涼子も、正体不明の「風の又三郎」と同じだと、自分なりに解釈しました。ヒントになったのは倉本さんとの会話で、あの方は、幼い頃に作家の宮沢賢治に感化されたと伺ったからです。涼子は純の目の前でUFOが発する光に包まれますが、僕の思いつきで、彼女が姿を消す瞬間に、弥勒菩薩の映像をうっすらと重ねたはずです」

全二十四回の平均視聴率は十四・八％で、最終回では二十％の大台に初めて乗った。制作費の使いすぎに頭を痛め、ついに病で倒れた担当プロデューサーも、好結果に胸をなで下ろしたという。視聴者の反応もよく、その後は同じ倉本脚本、杉田演出により、ドラマスペシャルとして黒板家のその後を描き続けたが、二〇〇二年に終止符を打った。また、五郎を演じ続けた田中邦衛が二〇二一年に亡くなったが、新作の制作を待ち望むファンは今も多い。

脚本の倉本聰がこの作品で描き続けた人と自然の共生は、世界的なエコロジーへの関心の高まりを受けて、再び注目されている。『北の国から』は時代を先取りした作品でもあったのだ。

（『昭和40年男』二〇二二年二月号）

『寺内貫太郎一家』～そこは下町「のような」場所

東京の東部地区とそこに住む平凡な一家。その暮らしぶりをテレビドラマを通して十年余り描き続けたのが、ＴＢＳの「水曜劇場」シリーズである。いわゆる「東京の下町」の魅力を全国の人々に感じさせた点で、この現代劇のシリーズは、映画『男はつらいよ』以上に強い影響力があったと言えるだろう。

その「水曜劇場」の立役者が今は亡き久世光彦《てるひこ》（当時ＴＢＳ）で、一九七〇年に始めた『時間ですよ』は計三シリーズ、九十五回も続く大ヒット作となった。大人は人情味あふれる家族のストーリーに涙し、子供や若者は唐突に飛びだすギャグに笑い転げる。久世は幅広い世代が楽しめるように工夫を凝らして、その後も「水曜劇場」から次々に話題作を世に放った。

『時間ですよ』における物語の舞台は、長い歴史がある銭湯の松の湯。本作は同名ドラマの焼き直しで、オリジナル版の舞台は中野区だが、ここでは品川区五反田に変えられた。実は同じ屋号の古い銭湯がその地にあり、寺院のような建物の外観もセットのデザインに反映された。

その後に久世が「水曜劇場」で企画演出した連続ドラマも、そのすべてが「東京の下町」で物語が繰り広げられている。

一九七四年放送の『寺内貫太郎一家』に登場する一家は、台東区の谷中墓地のそばで、石材店の「石貫」を営んでいた。店のモデルは同所にある「石六」で、出演俳優たちは石工職人から墓石の作り方などを習った。一九七八年に放送された『ムー一族』の一家は、足袋を作って販売する自営業者で、住まいは中央区新富にある。店のモデルは同所にある「大野屋総本店」で、常連客には歌舞伎俳優も多い老舗だ。さらに、一九七六年放送の『さくらの唄』では台東区蔵前のマッサージ店、翌年放送の『せい子宙太郎〜忍宿借夫婦巷談』では千代田区神田で葬祭全般を扱う会社が、それぞれ物語の舞台として選ばれていた。これらの連続ドラマで描かれた「東京の下町」には、いくつかの共通点がある。


㈠登場する一家は代々、自宅で商売を営んでいる。だが経営は決して楽ではなく、家計はいつも火の車である。

㈡近所との交流が盛んで、隣人が断りもなく家に上がって、一家と世間話をすることも多い。

㈢一家は地元への愛が強く、夏祭りのような、その土地の風物詩が劇中でしばしば描かれた。

㈣登場するのは商店主や職人などの庶民だけで、社会的地位の高い人は出てこない。


いずれも、世間一般が思い浮かべるであろう「東京の下町」の特徴である。だが、その地を代表する繁華街の台東区浅草で生まれ育った筆者から見ると、思わず首をかしげる場面もあった。

下町のようで下町ではない、居心地の悪さを感じたのである。

最も気になったのは、登場人物たちが下町言葉でしゃべらないことだ。たとえば「東」は「しがし」と発音するのが下町流だが、正しく発音していたのは『ムー一族』で父親を演じた、台東区出身の喜劇俳優・伊東四朗だけである。それから久世版「水曜劇場」のすべてにレギュラー出演した、樹木希林の実家は神田の喫茶店で、下町言葉は話せたはずだが、それを劇中で披露することはなかった。いつも過去を明かさないナゾの女か、地方出身者を演じたからである。また担当した脚本家に目をやると、生粋の下町っ子は、浅草で大衆食堂を営む両親の子として生まれ、『さくらの唄』を全話を書いた山田太一だけである。

東京の下町への憧れ

「水曜劇場」に出てくる人物は、程度の差こそあれ、みんな情が深くて、弱き者に手を差し伸べずにはいられない。だが身内や他人に対するやさしさも、度が過ぎれば、押しつけがましくて不快な「おせっかい」になる。下町における人間関係は互いの距離が近いぶんだけ、時には息苦しくもあるのだ。そのへんの危うさも、劇中ではほとんど描かれなかった。

それから、なぜか劇中に下町の実景がほとんど出てこないのも不思議だった。これには二つの理由がある。一つは技術に関することで、当時は小型のビデオカメラが番組制作に使われ始めた頃だったので、屋外撮影のノウハウが不足していた。もう一つは、久世プロデューサーが大のロケ嫌いだったのである。

筆者が少年時代に「水曜劇場」を観ながら抱いた違和感を、久世に取材した際にぶつけたことがある。そこでもらった答えを聞いて、長年のナゾが解けた。幼い頃の久世は身体が弱く、駄菓子の買い食いも母親に禁じられた。さらに、浅草にも「不潔な場所だから」との理由で連れて行ってもらえなかった。その一方で、久世少年は映画や小説を楽しむなかで、「東京の下町」への憧れを募らせていった。だが自分は杉並区阿佐ヶ谷の生まれで、富山県育ち。下町には縁のない人生を送ってきたので、ドラマで下町を描く自信はない。そこで物語の舞台を決める際に、浅草、深川といった典型的な下町は避けて、根津や谷中のような、山の手と下町の境界にある地域を選んだというのである。

久世は「水曜劇場」以降も、二〇〇六年に七十歳で亡くなるまで、多くのテレビドラマで「東京の下町」とそこに生きる庶民を描き続けた。それまで登場しなかった町も多く、『ちょっと噂の女たち・黒田軟骨の受難』(82年)の中央区佃、『あとは寝るだけ』(83年)の荒川区町屋、『思い出トランプ』(90年)の荒川区日暮里、『振りむけば春』(90年)の足立区千住、『お玉・幸造夫婦です』(94年)の墨田区向島と、まるで久世の空想旅行に同行しているようで楽しかった。さらに六十二歳で演出した舞台『浅草パラダイス』では、ついに浅草を取り上げて念願を果たした(ただし昭和初期の浅草だが)。

それらの作品を発売中のＤＶＤや再放送で観る度に、懐かしい気分になる。時の流れと共に失われていった「東京の下町」に注いだ久世の愛情と甘美なノスタルジーが、画面からじんわりと伝わってくるからである。

（『昭和40年男』二〇二〇年六月号）

『木枯し紋次郎』～消された流血まみれの第二話

初放送は半世紀近く前なのに、人気ドラマなので、未だに再放送されることが多い。数年前にもその初回を久しぶりに観たが、新たな発見があって大いに興奮した。おしまいに流れた予告編に、第二話には出てこない映像が交ざっていたのだ。作品の名は『木枯し紋次郎』。一九七二年にフジテレビ系で全国放送された、笹沢佐保原作の傑作時代劇である。

問題の第二話「地獄峠の雨に消える」はミステリー仕立てで、主人公の渡世人である紋次郎がある男から託された手紙をめぐって、物語が進む。予告編とのちがいは、後半にある紋次郎と悪漢の対決シーンにあった。紋次郎の刀が敵の腹を貫くと、予告編ではその先端にべっとりと赤い血が付いている。ところが放送版では、鮮血が黒い液体に変えられているのだ。また斬り合いの途中で、予告編では白刃をつたう大量の血や、血が付いた刀のつかが映るが、放送版では全て切られていた。

この第二話は、実は第一話として放送される予定だった。演出は映画監督の市川崑で、フィルム撮りの「テレビ映画」を手がけるのはこれが初めてだった。では、なぜ放送が後回しになったのか。理由を探ると、局側の編成担当だった能村庸一が書いた『実録テレビ時代劇史』に、興味深い記述を見つけた。

編集を終えた第一話を試写室で見た能村の上司の金子満は、その場にいた監督の市川に告げた。「これでは受け取れません」。問題にしたのは斬り合いの場面での凄惨な描写だった。「周りは仰天したが、それでも監督は『たしかに、それも一理ある』と柔軟に対応してくれた」と能村は記し、市川が再編集したのち、おそらく日程の都合から、第二話として放送されたのだった。

紋次郎を演じた俳優の中村敦夫さんに取材した際、予告編の一件は覚えていなかった。だが局側が流血描写を嫌ったのは、不思議ではないという。「だって、ぼくも局の偉い人に文句を言われましたよ。なぜ紋次郎は決して笑わないのかって」。それまでのテレビ時代劇が描いてきた、明朗快活なヒーロー像に当てはまらない。それが『紋次郎』最大の魅力であり、型を破ろうとする意気込みが、あの強烈な流血描写を生んだにちがいない。

市川監督にダメ出しをした金子満は、のちにこう回想している。「私は血を見るのが嫌いなんです。怖いんですよ。『木枯し紋次郎』でも、私が担当した第一シリーズだけは、絶対に血を流さないでくれ、血を流すシーンを撮ってもカットします、と言った。最初はスタッフみんなが「とんでもない」と色めきたったのですが、演出の市川崑さんが「いや、ちょっと面白いから、それでやってみようじゃないか」と言ってくださって」（ビデオリサーチ編『「視聴率」50の物語』より）。

金子は、なぜ流血を嫌ったか。彼はフジテレビに籍を置いたまま海外へ留学し、ハリウッドで映画やテレビ番組の制作現場を体験。そこで得た教訓が、血の流れるドラマは大衆に受け入れられない、ということだった。アメリカは日本に比べてテレビ先進国で、残酷描写のみならず暴力や性の表現についても、早くから厳しい規制を設けていたのだ。

実は『紋次郎』の三年前にも、フジテレビで似たような事件が起きている。ドラマ『フラワーアクション009ノ1』の初回を試写室で観た局側の人間が、納品を拒否。「赤ん坊の人形から血が流れる場面が残忍」というのが、その理由だった。金子は『紋次郎』を手がけて間もなく、フジテレビを退社して制作会社を興したが、同社が世に送った作品は、いずれも健全な子ども向けのアニメだった。

では修正を求められた市川監督は、どう思ったか。このとき氏は五十七歳。それまでに『東京オリンピック』ほか数々の話題作を撮ってきた映画界の巨匠で、特に撮り終えた映像をつなぐ「編集」に心血を注いだ。「編集は最高に大事です。いちばん苦しいと同時に楽しい作業です。一コマ二コマにもこだわるので、自分でもいやな奴やなと思うことがありますよ（笑）」（『KON市川崑』より）。

『紋次郎』の第二話でも編集に凝った。紋次郎と悪漢が激しく斬り合う最中に、暗闇で鋭く光る白刃が、右から左へ素早く動く映像が飛び出す。しかもそれは、まばたきしたら見逃すほど瞬時の出来事である。その前にも市川は、これに似た演出を映画『雪之丞変化』で使っていた。

果たして予告編にある鮮血描写は、編集をやり直す時間がなくて、たまたま残ったものか。それとも監督の市川が、あえて残したのか。だがご当人も、映画最盛期に大映で数々の作品に携わった編集の山田弘も、すでに故人である。調査は壁にぶつかってしまった。

のちに市川が撮った映画を改めて鑑賞して、わざと「流血」を残したのではないかと思えてきた。映画の題名は『犬神家の一族』。これが当たったことで、市川は再び映画界の最前線に躍り出たが、派手な残酷描写も話題になった。犯人が人をあやめる場面で憎しみを込めて斧を振り下ろすと、その瞬間、顔に返り血を浴びたのだ。しかも大量に、である。市川は観客の記憶に深く刻まれるように、過剰な映像をしばしば放りこんだ。『紋次郎』でいえば、主人公がいつも口にくわえていた、異様に長いようじがそれである。そしてあの幻の流血シーンも、お茶の間に衝撃を与えるための演出だったのではないか。

最高視聴率は最終回の三十二パーセントで、苦杯をなめた他局は奮起した。特に朝日放送が途中からぶつけた『必殺仕掛人』が好評で、『必殺』は長寿シリーズになった。視聴率争いが名作を生んだ幸福な例である。


（『小説推理』二〇二一年五月号）

『こんな男でよかったら』～渥美清と脱・寅さん大作戦

今は亡き俳優・渥美清の代表作は？　そう問われたら、ほぼ全員がフーテンの寅さん、映画『男はつらいよ』と答えるだろう。そのことに異論はないが、『男はつらいよ』がシリーズ化されてからも、実は渥美はかなりの数のテレビドラマに主演している。私が渥美を初めて知ったのも、その中の一本だった。

題名は『こんな男でよかったら』（一九七三年）。渥美が演じたのは、自称作詞家の余《あまり》七五郎で、その外見は銀ぶちのメガネ、口にパイプ、襟元にスカーフ、妙に丈の長いコートと、いかにもうさん臭い。この四十男を細い目、四角い顔、もじゃもじゃ髪の渥美が演じるのだから、面白くないわけがない。

物語は、七五郎が母を捜して岐阜の郡上八幡に現れるところから始まった。このころ『男はつらいよ』は、年に二本作られるほど好調で、ドラマ『こんな男で～』も「映画『男はつらいよ』のコンビ渥美清と山田洋次監督に、脚本の早坂暁、音楽の高石ともやが加わって描く喜劇」と当時、毎日新聞が紹介している（一九七三年四月二日付）。制作を請け負った国際放映の担当プロデューサーだった、中山和記さんに舞台裏を聞いた。

「その新聞記事は間違いですね。山田洋次さんはドラマには関わっていませんよ。そのころ「寅さん」が当たっていたので、放送した大阪の読売テレビが読者の興味を引くために、そう宣伝したのでは？」

だが、企画の段階から『男はつらいよ』を意識したフシもある。故郷や家族がある寅さんに対して、主人公の七五郎には帰る場所がなく、生き別れた母をひたすら捜しつづける。七五郎は、いわば寅さんの裏返しなのである。また配役を見ると、七五郎が実母と信じる相手にミヤコ蝶々、ひと目惚れする美女に栗原小巻と、いずれも『男はつらいよ』で同じ役柄を演じた女優が起用されているのだ。出演者選びには、渥美が全幅の信頼を置いた、高島幸夫マネージャーが関わったという。

全二十六回の放送予定で撮影は始まったが、途中で大事件が起きる。脚本の早坂暁が病気で倒れたのである。中山は病室へ通って早坂からあらすじやセリフを聞き書きし、どうにか十話までの脚本が完成した。だが早坂は病が癒えず、降板してしまう。「ドラマの先行きを心配した渥美さんが、俺もストーリーを考えようかと言ってくれました」（中山）。困り果てた中山は新人脚本家だった鎌田敏夫を半ば強引に口説き、どうにか最終回まで書いてもらって難局を乗り切った。

早坂と渥美は、互いに売れる前からの親友だった。毎年二本ずつ作らなくてはならない『男はつらいよ』の撮影に忙殺され、ほかの仕事を断るようになっていく渥美。その友に、早坂はくり返し呼びかけた。「渥美ちゃん、寅さんだけじゃもったいないよ」。俳優としての才能を出しきれていないと感じた早坂は、渥美のために『こんな男で〜』を書いた。だが志半ばで番組を離れ、悔いを残した。

『こんな男で〜』で初めてプロデューサーを務めた中山和記はその後、実績を積み、同時に渥美、早坂と公私ともに交流を深めていく。そして五年後に、再び二人と組んでドラマを作った。二時間ドラマの先駆けとなった、テレビ朝日の『時間《とき》よ とまれ』である。

「ぼくがテレパックという制作会社に移ったお祝いとして、渥美さん、早坂さんが参加して下さった。渥美さんは仕事を引き受けるかどうかを決める際に、必ず台本をもらって読む。それは盟友の早坂さんについても同じで、このときも台本を読んだ上で、出演を快諾してくれました」（中山）

渥美が演じたのは、犯人逮捕に執念を燃やす、うだつの上がらぬ中年刑事の杉山。特に容疑者に自白させようと自宅へ押しかける場面は見せ場で、渥美は『男はつらいよ』では見せなかった、緊迫感たっぷりの芝居で圧倒した。また映像と脚本と見比べると、アドリブの名人である渥美には珍しく、全編にわたってセリフをほぼ変えていない。それだけ早坂の脚本に惚れこんでいたのである。

だが映像を注意深く見ると、笑いを誘う動きを自ら足した場面があり、例えば部屋を出てトイレへ行く際に、「こっちですか?」と指をさして尋ねると、うっかり指先をドアにぶつけ、痛みで顔をゆがめる。この芝居は単に笑いをとるだけでなく、杉山という男の性格もうまく際立たせている。お見事である。

『時間よ とまれ』は好評で、同じ渥美・早坂・中山のトリオで、「田舎刑事」シリーズとして続編が二本作られた。「あのドラマは初めから三本と決めており、実際その通りになった。その後も、渥美さん主演のドラマを作りたくて早坂さんと何度も企画を考えたが、実現しませんでした」（中山）。その後の渥美は、病と闘いつづけたが力尽き、大切にしてきた『男はつらいよ』も四十八作目で終了。その一年後に六十八歳で亡くなった。

渥美と早坂が組んだテレビドラマに共通するのは、太平洋戦争で受けた心の傷を密かに抱えながら、戦後の日本を生き抜いた人たちが登場すること。『時間よ とまれ』で渥美が演じた刑事も、彼が捕まえた犯人も、戦争で肉親を失った孤児だった。渥美と早坂は一歳ちがいで、敗戦を迎えたのは十代半ば。その後の日本が、過去を忘れて先へ先へと進んでいくことに憤りとむなしさを感じ、そのことが二人の絆をより強くしたのだろう。

一世一代の当たり役に出会った俳優は幸福だが、一方で、そのイメージに縛られて損もする。渥美清もその一人である。だが早坂暁と組んだテレビドラマでは、俳優としての幅を広げようと、果敢に冒険を試みた。そこには寅さんとは異なる渥美清が、確かにいる。

（『小説推理』二〇二一年十二月号）

『蒼いけものたち』〜名探偵・金田一がいない！

古今東西、推理小説から誕生した〈名探偵〉は数多い。その一人が、作家の横溝正史が生み出した金田一耕助である。この探偵を世に広く知らしめたのが、石坂浩二が金田一に扮した映画『犬神家の一族』で、劇場公開は一九七六年。だが『犬神家〜』はその六年前に、すでにテレビドラマ化されており、驚くことに、そこには主人公の金田一が登場しない。では、事件は誰が解決したのか!? ドラマ版『犬神家〜』は、これまで一度も商品化されていない幻の番組である。しかし、幸いにもＣＳの「ファミリー劇場」で再放送された折に、初めて観ることができた。

ドラマの題名は『蒼いけものたち』で、一時間ものの全六回。遺産相続をめぐって次々に殺人が起こり、その背後に血縁にまつわる怨念がひそむ展開は原作小説と同じだが、時代設定を当時の〈今〉に置き換えるなど、ドラマ化にあたって改変したところも多い。

最大のちがいは金田一が登場せず、事件を調べるのが、俳優の中山仁が演じた若手弁護士の館野ということだ。彼は、資産家が記した遺言状に「遺産相続の権利がある人物」と書かれていた美矢子（演者は酒井和歌子）を、献身的に支えていく。彼を突き動かしたのは、弁護士としての使命感であり、密かに芽生えた美矢子への恋心でもあった。平凡なＯＬの美矢子は両親を早くに亡くし、十歳の弟を一人で育てた。遺産をもらおうと決めたのは、その金を愛する弟のために使おうと思ったからである。物語は美矢子を中心にして動いてゆくが、これはこの作品が「火曜日の女」という、人気の若手女優を主役に配した、六話完結によるサスペンス系ドラマ枠の一本として放送されたからだ。また劇中では、多額の遺産に目がくらんで、欲望が暴走し始めた者たちの醜い争いもくり返し描かれるが、それに比べて、ヒロイン美矢子のなんと純真なこと。この対比を、全編を通してより鮮やかに浮き彫りにしようという、そんな脚本家の狙いが感じられる描き方である。

このドラマ版のことを二十五年ほど前に教えてくれたのが、その脚本を書いた、今は亡き佐々木守さんである。氏は昭和を代表する名脚本家で、六〇年代から八〇年代にかけてテレビドラマを量産。そのなかには特撮ものの『ウルトラマン』、若き日の高畑勲や宮崎駿が演出した『アルプスの少女ハイジ』、アイドル山口百恵が主演した「赤い」シリーズなど、世代を超えて愛されている作品も多い。

ご当人いわく、若いころから推理小説を愛読し、『犬神家〜』の企画も、日本テレビのプロデューサーに自ら売りこんで実現にこぎつけたそう。大阪で万博が開かれた、一九七〇年のことである。ところが、原作者の横溝正史はすでに全盛期を過ぎて筆を折っており、当時は忘れられた作家だった。横溝作品では視聴率が取れない。そう考えた担当プロデューサーも大の推理小説好きで、金田一を出さないことを条件に『犬神家〜』のドラマ化を許し、原作者もこれを承知したのだった。
『蒼いけものたち』の放送後の評価は関係者の期待を上回り、佐々木は再び〈金田一が出ない金田一ドラマ〉を書く機会を得た。それが『おんな友だち』（七一年）で、原作に選んだ『悪魔の手毬唄』は、佐々木がもっとも好きな金田一もの。主人公のゆかり（演者は范文雀）は人気歌手で、彼女と初恋の青年を結ぶ陰惨な因縁のせいで、不幸が次々に彼女を襲う。原作にもある旧家の対立をあおる要素として、村長を決める選挙戦を取り入れたのが目新しい。また、数え唄の歌詞のとおりに人が殺される趣向も原作から引き継ぎ、歌詞は佐々木が新たに作った。

一人目の娘は器量よし
肌よし髪よし声もよし
器量よすぎて殺された

二人目の娘は頭よし
文よし筆よし覚えよし
頭よすぎて殺された

佐々木はこの〈殺人数え唄〉が大好きで、その数年前にＳＦドラマ『怪奇大作戦』（ＴＢＳ）

のために「死神の子守唄」を書いた際にも、不気味な数え唄を創作している。

さらに佐々木は、その翌年に〈金田一が出ない金田一ドラマ〉の第三弾を書いた。『いとこ同志』である。原作は『三つ首塔』で、これも遺産にまつわる骨肉の争いに巻きこまれた女性(演者は島田陽子)の悲劇と、汚れることのない彼女の美しい魂を描いた。『おんな友だち』と同じく、殺人犯を追うのは地元の警察だが、事件の真相に迫るのはヒロインであり、彼女が愛した青年である。紹介した三本のドラマを初めて観て、胸を打たれた。どのヒロインも過酷な運命に負けず、愛を信じて強く生き抜くからだ。金田一という本来の主役が出ないのに魅力ある作品に仕上げた脚本家の才気には、恐れ入るばかりである。

のちに、映画版『犬神家〜』の大ヒットにより金田一が再び脚光を浴び、彼が活躍する小説が次々に映像化された。佐々木守はそのことについて「少し悔しいが、誇らしくもある」と本音をもらした。「だってぼくが書いた三本の金田一ドラマは、時代を先取りしていたわけだから」。そう言って見せたうれしそうな笑顔を、今も忘れることができない。

担当プロデューサーの小坂敬は、「火曜日の女」シリーズの好評に自信を得て、八一年に「火曜サスペンス劇場」を始動。以後二十四年にわたって、主に推理小説を原作とした二時間ドラマを放送した。そこには怪作異色作も多かったが、そのへんの話は別の機会に。

(『小説推理』二〇二一年一月号)

『淋しいのはお前だけじゃない』

～脚本家の創作ノート

早いもので今年で没後十年になる。七十歳で亡くなった市川森一は、『ウルトラセブン』『傷だらけの天使』『黄金の日日』ほか、昭和の人気テレビドラマを手がけた脚本家である。なかでも傑作が、TBS系の『淋しいのはお前だけじゃない』で、大学生だった私は、このほろ苦い大人のおとぎ話に夢中になった。

この作品は、一九八二年に全十三回放送された。非道な手口で借金を取り立てる沼田（西田敏行）と、彼から逃げる債務者たちの物語で、そのころ社会問題になっていた「サラ金」を取り上げたのが目新しかった。さらに斬新なのが、大衆演劇の女座長（木の実ナナ）と看板役者（梅沢富美男）に出会った沼田が旅回りの一座を組み、借金を返してもらうために、債務者たちを役者として働かせるところだ。また彼らが劇中で演じる『四谷怪談』『雪の渡り鳥』などの出し物が、彼らの心情、置かれている境遇と重なるように作られた脚本も秀逸で、ウソとマコトが交錯する世界が、光と影を巧みにあやつった映像美で描かれた。

脚本の市川、そして「イチローさん」こと演出プロデュースの高橋一郎（当時TBS・故人）とは、のちに書籍やCDを一緒に作る機会に恵まれた。さらに新作ドラマの打ち合わせに呼んでもらったり、スタジオ収録や編集作業を見学させてもらうなど、貴重な時間を共に過ごした。もちろんこの『淋しい～』の裏話も、折にふれて聞くことができた。

物語の分岐点となるのが、取り立て屋の沼田が、借金を背負った者たちを劇団に引きずりこむ第四話だ。沼田が仕事を替えて観光業を始め、今までの罪ほろぼしにと、債務者たちを千葉県のホテルに招待する。到着すると、ホテルで芝居を見せている旅回りの一座が困り果てていた。役者が逃げ出して、舞台の幕が開かないというのだ。同情した沼田が債務者たちを誘い、代役を務めた。しかも債務者たちが、悪役の沼田をこらしめるという展開である。彼らは我を忘れて憎き沼田をいたぶり、溜まっていたうっぷんを晴らした。もちろんこれは、彼らを一座に引き入れるために沼田と女座長が仕組んだ罠である。

芝居の経験がない債務者たちをいかにして舞台に立たせ、演じる喜びを知ってもらうか。この第四話は、ありえない話に真実味を持たせ、視聴者をフィクションの世界へ誘う重要な回だ。ところが演出の高橋いわく、脚本の市川はその前で筆が止まり、悩んでいたという。「沼田がみんなを無人島に連れていく案も出たが、発想が飛躍しすぎて乗れませんでした」。市川は、脚本を書く前に市販のノートにアイデアなどを書き留めており、運良く『淋しい～』のそれが残っていた。ノートを保管する美保子夫人が快く現物を見せてくださったが、残念ながら、第四話の脚本を書くにあたっての試行錯誤は記されていなかった。

美保子夫人は、伊丹十三監督の映画『マルサの女2』『静かな生活』などで好演した俳優でもある。そこで尋ねてみた。私生活でつらいことがあったときに、仕事で演技をすると気持ちに変化はありますか、と。「やっぱり気分転換になりますよ。撮影が終わると不安や悲しみが和らいだり」。別の人物になりきることで自らを解放し、心が軽くなる。その感覚は芝居を演じるだけでなく、今でいえば、コスプレやオンライン・ゲームでも味わえるものだろう。そうして誰もが共感できるように作られた第四話は、お見事というしかない。

先の創作ノートには、ほぼ一話ごとに場面、登場人物とその行動が簡潔に書かれていた。「ハコ書き」と呼ばれる脚本の作り方である。またいくつか記されたセリフは、映像化された際に、印象的な場面で使われたものばかりだった。実例を二つあげてみよう。

人をだまして警察に追われる老婆マリアが、自分を生き別れた母と信じる沼田に、涙をこらえて今生の別れを告げる。「あの世では、しみじみなつかしいだろうねえ。この世であったいろんなことが……」（第十一話）。

女座長と今や役者の債務者たちに、法外な高利で金を貸したのが、裏社会にも通じる、金融会社社長の国分（財津一郎）である。同情から連帯保証人になったはいいが、ついに万策尽きて金を返せなくなった沼田は、宿敵の国分を倒す奇策を思いつき、座員たちに決意を伝える。「国分に死んでもらう。ドスでも鉄砲でもない。芝居で殺す」（第十二話）。

ノートによると当初、最終回では親子の情愛を描いた名作『瞼の母』を、劇中劇で取り上げる予定だった。沼田と母の再会と別れから、国分への逆襲へとなだれこもうとしたのか。実際の最終回では、痛快な逆転劇がくり広げられた。追い詰められた沼田と座員たちが休日の病院に忍びこみ、医者や技師に化けて国分の胃を検査したふりをして、末期ガンを宣告するのだ。その背後に流れる軽快な音楽は、大芝居を打って悪党をだます米国映画『スティング』の「ジ・エンターテイナー」。演出の高橋はこの作品が好きで、その前にも『高原へいらっしゃい』や、脚本の市川、主演の西田と初めて組んだ『港町純情シネマ』の「だまし」の場面でこの曲を使っていた。

最終回の後半、ニセのガン宣告を信じて絶望した国分が、か細い声でひと言もらす。「淋しいッ！」。そして借金地獄から解放された沼田が、万感の思いをこめてつぶやく。「いい夢みたな……」。いずれのセリフも市川のノートに記されていた。その文字を見つけた瞬間、興奮のあまり声が出てしまった。俳優たちの演技も素晴らしかった、名ゼリフだからである。なお『淋しい～』は井上ひさし、丸谷才一ら識者が絶賛し、感動した多くの学生が、卒業後にテレビ業界へ飛びこんだ。その一人が、脚本家の三谷幸喜である。

（『小説推理』二〇二一年十月号）

『同棲時代』～映像発見！　沢田研二初主演ドラマ

とても貴重な映像の発掘に関わったことがある。それは二〇〇九年のことで、きっかけは出版社の双葉社に勤める友人からの連絡だった。彼の先輩社員が社内で自身のロッカーを片付けたところ、古びたビデオテープを見つけた。その表紙には「ＴＢＳ　同棲時代」と書いてある。何が録画されているか観たいが、テープの型式が今とは異なるので、家庭用のビデオでは再生ができない、というのだ。

「ＴＢＳ　同棲時代」と聞いた瞬間、胸が激しく高鳴った。それは、一九七三年に弱冠二十五歳の沢田研二が初めて主演したテレビドラマの題名であり、制作したＴＢＳにも映像が残っていない「幻の番組」だと知っていたからだ。

『同棲時代』とは、互いに惚れて一緒に暮らすようになった若い男女の日常と、その平凡な日々のなかで起きる、小さな気持ちのすれ違いを描いている。主人公のカップルを演じたのが、ソロ歌手として歩き出して二年目の沢田研二、そしてその前の年に、映画『女囚７０１号　さそり』で復讐に燃える囚人を演じて気を吐いた梶芽衣子。脚本は、頭角を現して間もない山田太一が書いた。

さっそく見つかったビデオテープを、ＴＢＳで働く知り合いに預け、何が録画されているのか確かめてもらった。すると、中身はやはり沢田主演の『同棲時代』だった。しかも四十年前に録られたとは思えないほど、映像がきれいだという。テープはそのままＴＢＳの映像資料室に収められ、保存されることが決まった。

では、なぜテープが双葉社で見つかったのか。そのころ同社が発売していた雑誌に、『同棲時代』

の原作である、上村一夫の画になる同名の劇画が連載されていた(原作者は阿久悠)。そしてその劇画がテレビドラマ化された際に、資料としてTBSから贈られたらしい。だが、当時はホームビデオが普及する前でそのテープを鑑賞するすべがなく、そのまま担当編集者のロッカーに仕舞われ、長い年月が過ぎたようだ。

その昔、テレビ業界ではビデオテープが高価なために、ひとたび放送されると、その上から新たに番組を録画して使っていた。そのために、一九七〇年代の後半より以前のビデオ番組は、再放送の機会がなかった番組ほど、どの放送局にもテープが残っていない。テレビ局のなかで映像の発掘に熱心なのがNHKで、専用の窓口を設けて、同局が作った番組を録画した古いビデオテープの提供を、視聴者に呼びかけている。その結果、多くの貴重な番組が発見され、筒井康隆原作の人気SFドラマ『タイム・トラベラー』のように、のちにDVD発売されたものもある。

さて『同棲時代』のその後だが、うれしい展開が待っていた。発掘された映像が、二〇一三年五月にCSの「TBSチャンネル2」にて放送されたのだ。例のビデオテープがTBSに収められて、四年目のことだった。またその際に、映像が見つかったいきさつを紹介したミニ番組も制作・放送され、テープを救出した友人が証言者として登場した。彼の名は、中島かずき。演劇ファンはその名をご存知だろうが、私より一歳上の元書籍編集者で、観客動員数日本一を誇る、劇団☆新感線の座付き作家でもある。

彼いわく、テープの箱に貼られた「TBS　同棲時代」の文字を見た瞬間、貴重なものかも知れないと直感し、中身を確かめた方がよいと思ったという。彼も、沢田が主演した同名ドラマのことを覚えていたのだ。もしテープの発見者が彼よりうんと若い人だったら、その価値に気づくことなく、ゴミ箱に捨てていただろう。そう考えると、今回の映像発掘は、幸運という他にない。

（書き下ろし）

『悪魔のようなあいつ』～「反逆のブルース」の不運

昭和の未解決事件で特に有名なのが三億円事件だろう。この事件を扱ったテレビドラマは多いが、とりわけ鮮烈な余韻を残したのが、ＴＢＳの『悪魔のようなあいつ』だ。三億円を奪って身をひそめつづける、美青年の犯人を演じたのが、人気絶頂の沢田研二。素性を伏せて、場末のバーで歌手として働く彼が毎回、劇中で歌った「時の過ぎゆくままに」が大ヒットした。

このドラマが斬新なのは、放送が始まる三ケ月も前から、劇画版を女性誌の『ヤングレディー』に連載して、話題づくりに励んだことだ。これを手がけた原作・阿久悠、画・上村一夫は、共に当時の超売れっ子である。

ぼくがこの劇画を読んだのは、ドラマ版の放送から七年後だが、一読して驚いた。主人公が「時の過ぎゆくままに」のほかに、その後ドラマ版では歌われなかった曲も劇中で口ずさんでいたのだ。題名は「反逆のブルース」で、作詞は阿久悠。このオリジナル曲は劇画版の第六、八、九回で歌われたのち姿を消し、以後「時の〜」しか歌われなくなってしまった。主人公が歌う楽曲としては、不合格だったのだろう。

自分を待ち受けるのは悲惨で孤独な死だけ。そんな暗い予感に包まれた主人公が、その歌詞のなかで心情を吐露している。「もしもあの時ナイフがあったなら／おれはお前を引き裂いただろう」「このままお前を美しいままで／とどめおけたらどんなにいいだろう」。阿久悠が書いた歌詞は、冷酷さとやさしさを併せ持った、主人公の複雑な内面を浮き彫りにしており、見事というしかない。

ドラマ版では歌われなかった「反逆のブルース」。そのまま埋もれさせるのは惜しいと関係者は思ったのか、のちにレコード発売された。作曲は井上忠夫で、歌ったのは沢田研二ではなく、全盛期を過ぎたアイドル、にしきのあきら。だがこの曲は、シングルB面だったこともあり、全く話題にならなかった。しかも、今もってCD復刻もされていないが、もしこの曲を、声に色気があった当時の沢田研二が歌ったらどんな感じになったのか、つい妄想したくなってしまう。

脚光を浴びることなく歴史の闇に消えた、この不運の楽曲がレコード発売されたのは、『悪魔のようなあいつ』の放送終了から三ケ月後。三億円事件が時効を迎えて世間が騒然としていた、一九七五年十二月であった。

（『月刊てりとりぃ』第五十号　二〇一四年）

『時計屋の男』〜作・演出は爆笑問題の太田光

ああ、今年二〇一三年も実現しなかった。かなり前から「映画を撮る」と言われてきた爆笑問題の太田光だが、残念ながらまたしても噂に終わった。

私が「映画監督の太田」に期待するのは、十五年前に彼が自ら脚本を書き、初演出したテレビドラマが見事だったからだ。題名は「時計屋の男」といい、テレビ東京の『デジドラ　ワンシーン』という深夜枠で放送された（DVD未発売）。企画は秋元康で、普及し始めたばかりだった、小型のデジカメで全編を撮るという、斬新な低予算番組である。そのころ爆笑問題は結成十年目で、テレビで初の主演番組を持ったばかり。太田は、まだ三十三歳の若さだった。

そのドラマはある時計屋を舞台にした会話劇で、登場人物はベテランの時計修理人の円谷精造（爆笑問題の田中裕二）、彼の下で働き始めた青年、そして来店した客である。

円谷は修理はへただが、時計に注ぐ愛情は強く、壊れた時計を手にとると、いつも不思議なことを言う。鳩時計の小窓から飛び出す鳩の人形が姿を消すと「時計に対する持ち主の愛情が薄れたせいで、悲しくなった鳩が逃げ出したんだ」。また、針が止まった柱時計をなでながら「時計は持ち主の意思を感じて、本当の時の流れとは別の時間を刻む。ある日、突然、時計が止まるのは、持ち主が時間を刻むことを止めてほしいと願ったからだよ」と、悲しそうにつぶやく。

円谷の口からこぼれる言葉は、こちらの想像力をかき立てるものばかり。しかも、どこか哲学的で含蓄があり、太田の豊かな発想にうならされた。彼の演出も手がたかった。また、有名作家の名前を合体したとおぼしき「梶井作之助」なる青年を劇中に出すあたりに、大の文学好きである彼らしさがにじみ出ている。

物語は意外な結末を迎える。主人公の円谷は、実は天才時計修理人がつくった、精巧なからくり時計だったのだ。今はなきその修理人は優秀な技術者で、戦時中は軍需工場で働いたが、殺人兵器をつくることに疑問を抱き、戦後は、世界一のからくり時計を創作しようと奮闘した。宮崎駿監督のアニメ映画『風立ちぬ』に登場する戦闘機の設計者にも通じる人物像である。からくり時計の円谷は最後に故障して、その動きを止めるが、太田光には映画監督として、ぜひ本格的に第一歩を踏み出してほしいものだ。


（『月刊てりとりぃ』第四十六号　二〇一三年）

『巣立つ日まで』～主題歌は卒業ソングの名作

三月は旅立ちの季節だが、思い出深い卒業ソングといえば「巣立つ日まで」である。

「きらめく風を追いかけて／どこまで君と駆けただろう／陽射しの中に微笑んだ／淡い香りの憧れよ／幼い翼ひろげて／巣立つ小鳥のように／空の広さを／雲のゆくえを知りたい」

今まさに未知の世界へ羽ばたこうとしている、そんな少年少女たちの奮い立つような気持ちを、見事に描いた歌詞である。この曲は、一九七六年にNHKで放送された同名の青春ドラマの主題歌で、歌ったのは、同作品で転校生の京子を演じた田中由美子、当時十六歳。彼女と同じ年だった私には、その素直でひたむきな歌い方がけなげに感じられ、その曲を聴くたびに魅せられていった。その田中さんから先日、話を聞くことができた。

「私は幼いころから人前に出るのが好きで、中学生時代にテレビのオーディション番組に出た際、レコード会社の方にスカウトされました」。その直後に出演したドラマが『巣立つ日まで』だった。番組でオリジナルの主題歌を毎回流すことになり「私を含むレギュラー出演の女の子三名のうち、誰か一人が歌うことになったんです」。選抜試験が行われ、曲を書いた三枝成彰が弾くピアノに合わせて、一人ずつ主題歌を歌った。「イントロがなく、歌い出しで音程をとるのも難しい曲なので、すごく緊張しましたね」。

その結果、田中さんが選ばれ、三枝から特訓を受けたのち主題歌を録音した。「歌もお芝居も初体験。精一杯やるだけでした」。未来への期待をつづった歌詞の作者は、立原あゆむ。聞き覚えのない名だが「その正体は、あのドラマの原作小説を書かれた菅生浩さんです」。

放送が始まると主題歌が好評で、視聴者からＮＨＫに問い合わせが殺到。番組終了の三ケ月後に『みんなのうた』でも放送された。その際に歌の背後に流れるイメージ映像を、新たに撮影した。「ロケ地は千葉の海辺で、私が着たセーラー服はＮＨＫからの借り物。相手役を演じた男の子は、スタッフが地元で見つけた中学生でした」。

さらに「巣立つ日まで」の人気は広まり、日本コロムビアからレコードも発売された。『みんなのうた』のために録音し直したものが、レコードになりました。最初に歌ったものより、少しテンポが早くなっているんですよ」。田中さんはイベントにも呼ばれたが「初めて大勢の前で主題歌を歌ったので、舞い上がって一番の歌詞を二度歌ってしまいました（笑）」。歌手デビューの誘いも来たが、その後は俳優の道へ。二十歳でヒロインを演じた特撮ドラマ『仮面ライダースーパー1』は、今もファンが多い。二十五歳で結婚して家庭に入ったが、十五年前に芸能活動を再開。映画『罪と罰』などに出演したり、テレビの通販番組（ＱＶＣ提供）では、長いこと商品アドバイザーとして出演している。

「今でも歌は好きで、カラオケにもよく行きます。もしこの年齢で「巣立つ日まで」を歌ったら、昔とちがう雰囲気が出せるかも」。三十五年の時を経て、あの名曲が田中さんの歌声でよみがえったら……。想像するだけで、私は胸の高鳴りを抑えることができないのだった。

（『月刊てりとりぃ』第二十五号　二〇一二年）

『刑事ヨロシク』〜ビートたけしが大暴れ

お笑い芸人と映画監督という二つの顔を持つビートたけしは、若いころから「役者」としても多くのテレビドラマに出演してきた。連続ドラマ初主演は、一九八二年のTBS『刑事ヨロシク』。たけしが、毒舌漫才で若者の人気を集めたツービートのボケ役として世に出て三年目のことで、たけしは主人公の刑事である原平太、通称ヨロシクを快演した。

本作の放送は日曜夜八時からで、裏番組は当時負け知らずだったNHK大河ドラマ。そこでTBSは、『時間ですよ』ほか話題のホームコメディーを世に放った、演出家の久世光彦（故人）が率いる制作会社カノックスに、新ドラマの企画立案を頼んだ。若いころから久世の薫陶を受けた、担当プロデューサーの小野鉄二郎さんに舞台裏を聞いた。

「TBS編成部の知人から言われたんですよ。何をやっても視聴率が取れない時間帯だから、メチャクチャなことをしても構わないと」

果たして、無謀にも演技未経験のビートたけしを主演に迎えて、スラップスティック・コメディーが作られることとなった。では刑事ものにした理由は？

「メチャクチャな喜劇をやるなら、たけしさんの職業を最もお行儀がいいものにしたほうが、落差が生まれて面白いと思ったから」と小野さん。

強がりの小心者であるヨロシクは、落ちこぼれ刑事が集められた少年特捜班の一員。仕事中でも美女を見つけると、その尻を追い回す警察一の問題児で、不愉快なことがあると、いつも相手に悪態をつく。とにかく口が悪いヨロシクは、芸人ビートたけしの当時のイメージをなぞったもので、演じる役柄と本人が同化していた。

「たけしさんの毒舌と瞬発力のあるアドリブのしゃべりを最大限に活かすのが、このドラマの狙いでした」(小野さん)

放送された映像と脚本を見比べて驚いた。たけしは、どの場面でもセリフの意味は変えていないが、言い回しやジョークはほぼすべて変えているのだ。小野さんによれば「出来上がった脚本に毎回、高田文夫さんがギャグを書き足し、さらに本番で、それをたけしさんが自分流にアレンジしたんです」。高田はビートたけしの座付き作家で、彼の起用はたけしが希望したそうだが、なんとも独創的なドラマの作り方ではないか。

当時のたけしは仕事が超多忙で、本作の収録のために毎週一日しか時間をくれなかった。「毎回たけしさんの出番が多いのに、稽古時間がとれないので、いつもぶっつけ本番でした」。ところがその方法が功を奏して、たけしは笑いの爆発力を発揮。どの場面でも、口ぐせの「バカヤロー」「コノヤロー」を連発するなど、実に生き生きとしたしゃべりで楽しませてくれた。特に同僚刑事や家族に文句を言うときは、演じる俳優の私生活を話題に選ぶことも多く、ひどいことを言われて気色ばむ共演者もいたとか。

さらにスタッフは、ヨロシクに、刑事としては不謹慎なことをどんどん言わせた。「デッチ上げで成り立ってるんだよ、警察なんて」「こっちは国家権力を背負ってるんだから、なんだってデカイことをやれるんだ」。暴言が飛び出すたびにサイレンがけたたましく鳴り、画面一杯に文字が浮かんだ。「このドラマはフィクションであり、登場する警察官の名称と言動は架空のものです」。小野さんいわく「これは久世さんのアイデア。視聴者に「お断り」を出せば、いくらたけしさんが過激なことを言っても、笑って許してくれると考えた」。この「お断り」は毎回何度も登場したが、明らかにギャグとして使っているのが痛快で、特に小野さん演出の第七話では、なんと立てつづけに五回も飛び出した。

久世演出の最終回で、たけしは番組最大の事件を起こした。芝居の途中で一同の前で突然、全裸になり、スタッフは大爆笑。呆気にとられた共演の秋野暢子は、たけしにビンタをお見舞いしたのだ。これはたけしのアドリブで、本番前から「何かやるな」という気配があったそうだが、収録後に小野さんは苦労した。「ビデオ編集するときに、たけしさんの股間を隠すのが大変でしたよ。当時の技術では、映像を一コマずつ見ながら画像を加工しないといけなかったので」。

たけしが「役者」として覚醒する前に主演した『刑事ヨロシク』。視聴率は低迷したが再放送のたびに評判を呼び、以後たけしは俳優業に本腰を入れた。なかでも犯人を突き止めながら逮捕できず、無念を抱えたまま死んでしまう刑事を演じた、松本清張原作の『張込み』『点と線』『黒い福音』における、じんわりと執念がにじみ出る芝居が忘れがたい。

たけしが内に秘めた狂気は、犯罪者を演じると、全身の毛穴から一気に噴き出す。そして対極にある刑事に扮したときには、それがより抑圧された形で、心の奥底で静かに燃え上がる。俳優ビートたけしにとって「刑事」ほど似合う役柄はない。

（『にっぽんの刑事スーパーファイル』二〇一六年）

『3年B組金八先生』〜弱音を吐く中年ヒーロー

二十三年前にスタートしたＴＢＳ系の人気学園ドラマ『3年B組金八先生』も、回を重ねて六シリーズ目を迎えた。ご存じ坂本金八（武田鉄矢）は、生徒が抱えるトラブルに、体当たりで解決を試みる「熱血行動派」の中学校教師だった。しかし背負うものが重くなり、一人でさばけない場面も出てきた。そして本シリーズでも、ヒーローとしての金八先生に、変化が見え始めた。

今回、金八が手をさしのべた迷える教え子は二人いる。一人は鶴本直《なお》（上戸彩）。彼女は身体の性と心のそれが異なるせいで、ハートは男なのに見た目は女という運命に戸惑う。さらに自己嫌悪はふくらみ、フォークの先を口に入れてノドを突き刺し、女のコらしい声を殺そうとした。もう一人の生徒は成迫政則（東新良和）という。彼の姉は不良たちに公園でレイプされたあげく、息絶えた。怒りに燃えた父親は、犯人の一人を問いつめたが誤ってナイフで刺殺、今も服役中である。いつも足元がゆらいでいる直。父が殺人を犯すところを目撃したことがトラウマ化した政則。苦悩する二人は、金八のほかに本音をぶつけられる相手がおらず、孤立感を深めていった。

いつもこのシリーズには、時代の病理をえぐろうという決意がみなぎっている。今回でいえば、直を通して「性同一性障害」にまつわる問題を描き、政則を通して、人権を無視して取材するメディアに刃を向ける。とはいえ、作者の声を代弁するのは坂本金八、推定五十二歳、生身のオヤジだ。しかも今回は、マスコミまで敵に回すのだから大変である。その上、息子の幸作がガンで入院。タフなオヤジもついに疲れ果て、職場の教師たちに珍しくこぼした。

「こんなに大きな問題は、初めてです。もうどうしたらいいのか、わからない……」

このセリフは金八に不滅のヒーローを見る人には、敗北と聞こえただろう。だが「ヒーロー＝完全無欠」の理想を捨てれば、初めて金八が弱さをさらけだした、勇気ある「人間宣言」として拍手を送れるだろう。

直と政則がみんなに秘密を告白したところ、同級生と教師が団結し、二人と金八に協力。「性」について語り合うことで直の苦しみを分かち合い、政則の亡き姉をおとしめる記事を書いた雑誌を、名誉棄損で訴えた。だが、校長が金八に厳しい「処分」を下すほか、直と政則の行く末も波乱含みで、ハイライトの卒業式は荒れ模様だ。放送は残り二回。ラストで金八が生徒たちに贈る、珠玉の言葉に耳を傾けたい。

（『週刊SPA！』二〇〇二年三月二十六日号）

『渡る世間は鬼ばかり』～何が家族の暴走を防ぐのか

TBS系にて足掛け九年、計四シリーズも放送されたこの人気ホームドラマが、来る三十日、長い歴史に幕を下ろす。

いわゆるホームドラマが延々と描き続けたのは「善意」の素晴らしさ。かたやこのドラマの新しさは、誰の心にも潜む「鬼」、例えば「ヤキモチ」や「イジワル」のような負の感情が独り歩きをするさまを、大胆に見せた点だ。

四世代の大家族による物語である。舞台となるのは、妻を亡くして小料理屋を営む老父、その五人の娘たち、そしてその子供たちの家庭で、次から次へと、呆れるくらいに事件が起きる。セリフのなかに「責任」の二文字がよく出るが、騒ぎの原因は、家庭のなかで果たすべき役割をめぐって、妻と夫、親と子、嫁と姑が、それぞれ激しくぶつかるためだ。

最大の激戦地はラーメン屋の「幸楽」。ここへ嫁いだ次女の五月（泉ピン子）は、夫の母親・キミ（赤木春恵）にいびられっぱなしだった。しかし、このごろは遠慮なく口答えするようになり、しかも五月の子供たちまで加勢するので、さしもの「天下の大鬼」キミも、九日の放送で娘の元へ逃げだしてしまった。

とにかくセリフが多い。自分の意見を相手にぶつけ、相手もすぐにやり返すからだ。彼らは心で通じ合おうとせず、言葉を重ねることで、互いの理解を深めようとする。脚本を一人で書きつづける橋田壽賀子は、「以心伝心」のようなわが国古来のやり方ではなく、言葉によるコミュニケーションの大切さを一貫して訴えてきた。

認知症老人の介護、農業の近代化、亭主のリストラ……。一家を見舞う荒波の後ろには、移りゆく「時代」がいつも透けて見える。ある平凡な一家の暮らしの中へ、世間に吹き荒れる冷たい風を送り込む。これが橋田流のホームドラマである。

亭主たちはみんな母親思いなのに、女たちから「マザコン」と見下され、妻と母の板ばさみで苦悩する。たまったストレスは、酒でまぎらすことになっている。女たちは試練を越えると成長するが、男たちは立ち止まったままだ。物語の主人公は女であり、男はその引き立て役にすぎない。

このドラマは、誰もが「鬼」になりうる危うさを描いて、深い共感を得てきた。だが、頭をもたげた悪意が果てしなく暴走したことは、これまで一度もない。男たちも妻や母へゆるやかに抵抗はしても、決してある一線は越えず、不倫に走らずギャンブルにものめり込まない。「鬼」が暴れすぎないように、脚本家がその足に、「モラル」という重い鎖をつけているからである。

(『週刊SPA!』一九九九年十月六日号)

『あぶない刑事《デカ》』~犯人は幽霊!? 賛否両論の最終回

一九八〇年代を代表する刑事ドラマは何ですか、と問われたら、日本テレビ系の『あぶない刑事《デカ》』を挙げる人は多いだろう。

本作が画期的だったのは、それまでの刑事ドラマの常識を破ったことにある。主人公である二人の刑事、鷹山(舘ひろし)と大下(柴田恭兵)は、仕事中でも必ず高価でおしゃれなスーツに身を包んでいる。また彼らは、犯人と拳銃を撃ち合っている最中も互いに軽口を叩き、気楽な会話を交わす。それまでの刑事ドラマよりも〈軽さ〉〈明るさ〉が強調され、港町の横浜を舞台にした銃撃戦やカーアクションなどもとても派手だった。

その最終回「悪夢」には意表をつかれ、結末に呆然とした。白いコートに白い帽子の男が警察に乱入し、銃を射ちまくると立ち去った。さらにパトカーが襲撃され、警官が銃で撃たれてしまう。男の行方を追う刑事たち。そしてついに追い詰めて拳銃で仕留めるのだが、弾丸を食らった男は、海へ落ちた瞬間に消えてしまう。

それまでの『あぶない刑事』はまず冒頭で事件が起こり、刑事が犯人を捜し回り、そして最後に見つけて逮捕するという流れだった。いわゆる〈刑事ドラマの定石〉を守っていたわけだが、「悪夢」では、その形をあえて崩していた。脚本を書いたのは大川俊道、当時二十九歳で、アクションものを得意としていた。では「悪夢」の物語は、どのように書かれたのだろうか。

「あれはクリント・イーストウッドの『荒野のストレンジャー』（72年）とか『ペイルライダー』（85年）あたりから発想したんだけどね。イーストウッドは怨念とか復讐心だとかが、人の姿を借りて現れるというパターンが好きだったじゃないですか（中略）その中で「お前は一体誰なんだ⁉」って言うと、イーストウッドが「わかっているはずだ」と言うセリフがあるの。それを俺なりに解釈していったんです」（山本俊輔、佐藤洋笑、「映画秘宝」編集部編『セントラルアーツ読本』より）

『荒野のストレンジャー』は、一九七三年に日本でも公開されたアメリカ製の西部劇映画。刑務所から出所した悪党たちが、かつて暮らした町の住人たちに復讐しようと、町へ戻ってきた。その彼らを、住民に雇われた無宿者が迎え撃ち、全員を地獄へ送りこむ。監督を担当し、さらに主人公の無宿者に扮したのが俳優のクリント・イーストウッドで、物語のおしまいで、無宿者の意外な正体が明かされる。最後に彼が射殺した悪党たちは、かつて自分たちを逮捕しようとした保安官を、無残に殺していた。その保安官の恨みが、無宿者の姿となってこの世に現れたのである。

この映画は〈復讐〉の物語だったわけだが、「悪夢」では、犯人が警察を憎む具体的な理由が描かれない。では犯人は何者か。そのナゾを解く手がかりは結末近くにある。

鷹山と大下が警察署に戻り、犯人を射殺したが海に落ち、遺体を探しても見つからないと、上司に報告する。遺体はどこにあるんだ、と声を荒らげる上司。鷹山が「あがるわけないですよ」と言うと、横にいる大下が「……海に落ちたんじゃなく、消えたんです。正体はわかってますよ、なっ」と鷹山に同意を求める。鷹山は口を開きかけるが言葉を飲みこみ、今度は大下が何か言おうとして、鷹山が制する。上司にいくら事実を説明しても、理解されないと思ったからである。場面は変わって、犯人を射殺した現場を、鷹山と大下が再び訪れる。

大下「怖くなったんじゃねえのか」
鷹山「なにが？」
大下「デカの仕事」

二人の会話から読み取れるのは、彼らが撃ち殺した男の正体は亡霊でも幻でもなく、警察や刑事に対する世間の怨念や憎悪だったのではないか、ということだ。刑事という仕事をつづける限り、多くの犯罪者を捕まえ、時にはその命を奪うこともある。その結果として、誰かの恨みを買うことは当然あるし、そうした思いを引き受けるのも刑事の定めだろう。そうした心境になったからこそ、大下は、刑事という自らの仕事に、底知れぬ〈怖さ〉を感じたのである。

放送後に感想がつづられた大量のはがきがテレビ局に届いたが、中身は賛否が分かれていたという。「俺は若かったから「してやったり」と思ったし、伊地智さん（筆者注・番組の担当プロデューサー）もこれが狙いだったわけですね」（前掲書より大川の発言）。

『あぶない刑事』は、すでに実績のあった丸山昇一が脚本、ベテラン映画監督の長谷部安春が演出という布陣でスタート。好評を受けて五十一回もつづく人気作となり、続編や映画版も作られた。その第一弾の最終回を丸山＝長谷部コンビに任せず、あえてドラマ作りの経験が浅いスタッフ、すなわち脚本の大川俊道と監督の原隆仁に託した。そのあたりに担当プロデューサーの野心と、それまでの『あぶない刑事』にはなかった味わいの物語を受け入れるという、懐の大きさが感じられる。

最終回の「悪夢」を見終わって、すぐに思い出した作品がある。松田優作がテレビドラマ初主演を果たした『探偵物語』である（一九七九～八〇年　日本テレビ）。その最終回「ダウンタウン・ブルース」の後半で、主人公の探偵・工藤（松田優作）は、彼を逆恨みする男に腹を刺されて倒れるが、その直後に、雨の降るなかを颯爽と歩く彼の姿が映し出される。しかも彼が握っている傘の色が、途中でなぜか赤から緑に変わってしまう。果して工藤は、死んだのか生きているのか。その判断を視聴者にゆだねる作りになっていたのだ。

あとで知ったことだが、脚本を書いた宮田雪《きよし》は、若いころに映画監督の鈴木清順に師事した人物で、同門だった大和屋竺と組んで、アニメ『ルパン三世』の脚本も数多く書いている。鈴木清順はリアリズムを嫌い、物語の途中で、夢か現実かわからない描写がしばしば飛び出した。いつも映像と自由にたわむれた人だったのである。脚本の宮田がその作風に感化されているとすれば、

『探偵物語』最終回の結末も、何ら不思議ではない。

『探偵物語』も『あぶない刑事』も、映画出身のプロデューサーらで作った、セントラルアーツという制作会社が手がけている。不特定多数の人が目にするテレビドラマに求められる〈わかりやすさ〉。それを最終回であえて否定してみせたのは、映画人にしか作れないものを見せてやるという、彼らの情熱と矜持の表れだったにちがいない。

（書き下ろし）

『アフリカの夜』～愛しき殺人犯と、人生に迷う女たち

マンガ『めぞん一刻』のように、奇妙キテレツな人々が住むアパートを舞台にしたコメディー風味の連続ドラマである（フジテレビ系で放送中）。

八重子（鈴木京香）の婚約者は銀行員だったが、挙式当日、横領罪で捕まってしまう。最愛の人に裏切られたことで、八重子は自分の殻に閉じこもる。そんな彼女を変えたのが、移り住んだアパート「メゾン・アフリカ」の隣人たちだった。

ここの連中は、おっとり屋の八重子と違って、非常識でわがまま。元レースクイーンの有香（松雪泰子）は気が強く、プライドだけは高い三流モデル。アニメ『エースをねらえ！』の主題歌を口ずさむのがくせだが、いつもメロディーが微妙にはずれる。

人間観察が趣味で好奇心旺盛な大学生の緑は、叱られると猫なで声を出して許しを乞う。カマトト風だがオトコ関係はだらしなく、頭は弱そうだがカンは鋭い。これを演じるともさかりえはフェロモン全開で、太もも丸出しのミニスカート、さらに下着一枚で男たちを悩殺する。

彼女の兄・礼太郎（佐藤浩市）は、有香と交際中の怪しげな経営コンサルタント。東大卒のエリートで映画監督を目指したが、『アフリカの夜』という作品を撮っただけで挫折した。かつて八重子の恋人だったが、フラれた経験がある。女を口説くときは意味深なことを口走る、キザな男である。

心傷ついた八重子を支えていたのは、かつて耳にした礼太郎の口ぐせだった。「どんな時にも、どんな人にも、道は開かれている」。さらに彼女を励ましたのが、知り合ったばかりの隣人みずほ（室井滋）。この女も風変わりで、八重子を「不倫で会社を辞めた元スッチー」と決めつける。そんな彼女がふともらしたひと言が、八重子の心を不意に打つ。「イヤなものはイヤと言えばいい。泣き寝入りだけは、絶対にダメ！」。いつも受け身だった八重子は、周りに流されつづける愚かさを知り、自らの力で歩こうと決意する。だが、みずほには封印している過去があり、暴力的な夫に耐えきれず、その命を奪い、顔を整形して逃亡を続けていたのだ。しかも警察の捜査が身辺に迫り、さらにアパートの仲間にも疑惑の目が向けられて、みずほは次第に追い詰められていく。

みずほは悪人ではなく、周りに希望を与える存在として描かれる。この温かなまなざしは、世間とうまく折り合わない人々にエールを送りつづける、脚本担当の大石静ならではである。さて

〈愛しき殺人犯〉みずほの運命は？　八重子と礼太郎は、再び恋の炎を燃やすのか？

（『週刊ＳＰＡ！』一九九九年六月十六日号）

……以下、少し付け足しを。

脚本を書いた大石静は、前年にＮＨＫの朝の連続ドラマ『ふたりっ子』を手がけて高く評価されるなど、作家として上り坂にあった。彼女は、面識がなかったドラマプロデューサーの山口雅俊（当時フジテレビ）に自ら企画を売りこんで、この『アフリカの夜』が誕生した。

山口は、新人監察医の奮闘を描いた『きらきらひかる』を作って評判を取っており、実際に起きた犯罪や災害をストーリーに盛りこむことで、作品全体に〈重み〉を持たせるのが大きな魅力であった。『アフリカの夜』で言えば、顔を整形して逃走をつづける殺人犯のみずほが、かつて時効間近に逮捕された福田和子受刑者（のちに病死）に重なって見える。企画段階での番組タイトルは、航空機の乗りかえを意味する『トランジット』で、みずほを含めた登場人物たちの〈人生の別れ道〉を描くことを目指した。

放送時に脚本の大石は、本作についてこう記している。「セリフは耳で聞くもので、テレビの場合、一発で理解できるわかり易いものでないと、チャンネルを変えられてしまう可能性があると言うのが、これまでの常識だったが、山口雅俊プロデューサーは、かなり難解なセリフも、長いディスカッションも許容するし、あえてそれを要求して来るプロデューサーだ」（『ドラマ』

一九九九年五月号)。礼太郎の口ぐせである「どんな時にも、どんな人にも、道は開かれている」に代表されるように、本作には「かなり難解なセリフ」がしばしば飛び出し、恋愛、結婚、男、女、人生といった普遍的な話題について、登場人物たちが語り合う場面も多い。

ところが、かみ砕きにくい〈ことば〉の数々を、いろいろな状況に置かれた登場人物たちが口にするたびに、実感を伴ってこちらの心に響くようになり、さらに物語の世界へ引きこまれた。脚本家、俳優そして演出家が持てる力を出し切ることで、〈ことば〉に血が通ったからである。

その最終回は、時効寸前のみずほは警察から逃げきれるのか、彼女の逃亡を助けて行動を共にする八重子、有香そして緑はどうなるのかという緊迫感があって、テレビ画面に目がくぎ付けになった。また、悲しみのなかに希望を見出だす結末も深みがあり、余韻を残した。惜しいことに本作は今もってDVD発売されていないが、二〇二三年六月現在、フジテレビの有料オンデマンドにて全話を視聴することができる。

(書き下ろし)

『翔んだカップル』~元祖NG集と、涙のカーテンコール

なんだ、これは。若手の俳優がセリフを言い間違えて、照れ笑いを浮かべているではないか。生まれて初めてテレビでNG映像を目にしたときは、本当に驚いた。俳優の素顔を見たようで、

とても新鮮に映ったのだ。

その番組は、一九八〇年放送の連続ドラマ『翔んだカップル』（フジテレビ）で、原作は同名の学園ラブコメディー系コミック。ひょんなことから、一つ屋根の下で暮らし始めた高校生の男女が主人公で、ヒロインに扮したのは、美少女アイドルの桂木文《あや》である。そして毎回の最後に放送されたのが「今週のNG集」だった。それまでも朝日放送の『お荷物小荷物』、TBSの『ムー』といったホームコメディー系のドラマで、俳優たちの失敗映像を目にしたことはあった。だが、それらはさりげなく劇中に忍ばせた感じで、堂々と、しかも毎週、俳優のNG場面を放送したのは、『翔んだカップル』が初めてである。

チーフ助監督として初回から参加した演出家の小野原和宏さんに、制作の裏側を尋ねた。

「第一話を撮り終えて映像を編集したら、時間が足りませんでした。通常の三十分ドラマより映像の素材が多く、時間を管理するタイムキーパーさんが、計算を間違えたんですね」

不足する二分あまりを何で埋めるか。だが放送は目前で、大きな手直しはできない。

「そこで、出演者のNG映像を交ぜつつ物語を振り返ったらどうかと。すぐに試作版を作り、ディレクターからOKが出ました」

窮余の一策として生まれたNG集。だが本来、役者の失敗は公開すべきものではない。前例がないので編成部は放送に反対したが、一回限りを条件に許しを得た。ところが放送したら好評で、その後も番組の最後に流すようになった（事前に、出演者の所属事務所から許可をもらった上で）。

さらに、途中からスタッフのトチリも放送することが増えた。

NG集に登場する回数がもっとも多かったのが、ボクシング部を率いる高校生の織田を演じた、タレントの轟二郎である。小野原さんによると、「二郎ちゃんはバラエティー出身で演技経験がなかったので、NGが多いのは当然です。でも、だからといって、ぼくらスタッフは彼を甘やかすことはしなかった」という。

ところが、轟がやらかしたある失敗が彼の人気を高めたのだから、人生はどこで、どう転がるかわからない。

「出演者と主なスタッフが顔を揃えるなか、台本の読み合わせをしていたら、二郎ちゃんが変なことを言うんですよ、「ぼきは……」って。台本に目をやると、「ぼくは……」の印刷ミス。それに気づかず「ぼきは……」と読んだものだから、その場にいた全員が大笑いしました」（小野原さん）

以来、本番で轟は、いつも自分のことを「ぼきは……」と言うようになり、これが彼のトレードマークになったのだった。

放送は、金曜の夜七時から三十分間。その時間帯のフジテレビは、かつては女子プロレスの試合を中継して一大ブームを巻き起こしたが、その後は低迷していた。裏番組ではNHKのニュースが最も強く、民放ではモノマネで競う『スターに挑戦！』（日本テレビ）、特撮ヒーローものの『仮面ライダースーパー1』（TBS）の人気が高かった。

『翔んだ〜』の関東地区における視聴率を調べたら、初回が九・一パーセントで前番組（クイズ番組）と大差はないが、四話で十二・五に上昇。十六話では、同じ時間帯の民放番組のなかで初めて首位に。その後も数字は上がりつづけ、NGだけを放送した最終回は、番組最高の十八・三を叩き出した。世間のNG映像への関心の強さがわかる数字だ。また新聞のテレビ欄には、第八話以降、見出しに「NG」の文字が入り、テレビ局もNG集を進んで宣伝していたことが窺える。

そもそも俳優にしろスタッフにしろ、本番中にNGを出すことは好ましくない。

「だから、何か失敗すればその場で謝るし、時には怒られることも。いつも収録の現場には緊張感がありましたが、出演者たちのNG映像をまとめて見てみると、不思議なことに笑えるんですよ」（小野原さん）

NGは「No Good」の略語で、本来は「失敗」「ダメ」を意味する放送業界の用語。今では日常的に使う言い方だが、これを世間に広めるきっかけが『翔んだ〜』だったのだ。ではこの番組は、いかにして誕生したのか。

出発点は映画とのメディアミックス

当時のフジテレビはドラマが不振で、経営陣が交代するのを機に、意欲のある新しい人材にも番組を作る場を与えた。そんなある日、社外のキティフィルムから、あるドラマの企画が持ちこまれた。

同社を率いる多賀英典は、井上陽水や小椋佳などを育てた敏腕音楽ディレクターで、数年前から映画制作にも乗り出していた。そして次に映像化しようと目を付けたのが、週刊少年マガジンで連載中だったコミック『翔んだ〜』だった。作者は柳沢きみおで、今では「学園ラブコメディーの先駆け」と高く評価されている話題作である。キティフィルムはまず『翔んだ〜』の実写版の映画化を決め、さらにドラマ化も実現するべく、フジテレビに企画を売り込んだのだった。

だが同社のドラマ制作班は、それまで大人向けの作品ばかりを作ってきたこともあって、青少年向けの「マンガ」を見下す空気があり、演出する人間がいなかった。そこでベテランのプロデューサーである塚田圭一が声をかけたのが、後輩社員の牛窪正弘だった。

このとき牛窪は三十七歳で、早大を卒業してフジテレビに入社して以来、バラエティー(『日清ちびっこのど自慢』ほか)や芸能ニュース(『スター千一夜』ほか)の制作に参加。昔から演劇や映画は大好きだが、ドラマを演出するのは、これが初めてだった。

こうして牛窪の演出で、『翔んだ〜』が単発ドラマとして制作されることが決まった。

脚本は岡部俊夫、当時三十三歳。それまでフジテレビでドラマを書くことが多かった。

主演の高校生カップルに扮したのが、桂木文と今村良樹。十九歳の桂木は、直前にTBSの『ムー一族』でドラマ初出演を果たし、その愛くるしい面差しが青少年たちのハートを射抜いていた。

また、二十二歳の今村は「バラエティーアイドル」の元祖であるずうとるびの一員で、こちらもアイドルとして活躍中だった。

次に脇を固めた面々だが、教師役の佐藤B作は劇団東京ヴォードヴィルショーの座長で、演劇の好きな牛窪の求めに応じて出演を決めた。主人公の同級生である轟二郎は、バラエティー番組で活躍。同じく同級生役の宮脇康之は名子役として知られ、TBSのドラマ『ケンちゃん』シリーズで長く主演を務めていた。

注目すべきは、出演者がみんな若いこと。校長に扮したベテランの久米明、そのとき三十歳の佐藤B作を除くと、いずれの役者も二十歳前後なのである。また、出演者のほぼすべてにとって、ドラマへの本格的な出演は『翔んだ〜』が初めてであった。

収録も無事に終わり、単発版の『翔んだ〜』は、一九七九年十二月七日の夜十一時五十五分から、一時間番組として放送された。

当日の新聞のテレビ欄に「マンガドラマ」「爆笑編」と副題があるように、原作よりもコメディー色を強めた内容だった。色気づいていた十九歳の私は、桂木文を見たさに夜更かしをして放送を見たが、劇中に突如としてウルトラマンが登場するなど、奇抜な演出に驚かされた。そしてそれと同時に、「ドラマ」の定型に収まらないエネルギーの強さが印象に残った。放送直前に発売された週刊少年マガジンには、『翔んだ〜』が連続ドラマ化される話も進んでいる、との記述があり、原作マンガを映画そしてテレビでも展開する、という構想があったことがわかる。

ついに連続ドラマが始まった

それから八ケ月後の一九八〇年七月に、まずは映画版が劇場公開された。主演は薬師丸ひろ子と鶴見辰吾で、監督は、これが第一作となる相米慎二。そしてその三ケ月後、ついに連続ドラマ版の初回が放送されたのだった。

出演者の顔ぶれは単発版と同じだが、例外は、主人公の一人である高校生の勇介、そして校長先生で、前者は新人の芦川誠、後者は劇団文学座の中心メンバーだった北村和夫が演じた。さらに原作にはない人物を、二名登場させた。生徒役の梨本真吾と山野熊代である。梨本は学校一の地獄耳で、この口の軽い高校生を柳沢慎吾が演じた。柳沢は児童劇団に入団して間がなく、演出補だった小野原の推せんで出演が決まった。ひょうきんで感情豊かな山野熊代は、こちらも新人の蔦木恵美子が演じた。

「柳沢くん、蔦木くん、それからこちらも生徒役の岡本プクくんは、撮影スタジオが自宅から遠いこともあって、都内の高円寺にあったぼくの家に毎回泊まり、翌朝一緒に出かけました」（小野原さん）

彼ら新人の役者にとって、小野原は良き兄貴のような存在だったのだろう。また、台本の表紙には「スーパーコミック」というキャッチフレーズが印刷されており、マンガを超えるドラマを作って見せるという、スタッフの意気込みが伝わってくる。

だが、連続ドラマを作ることが決まってからも、ドラマ制作班の反応は冷ややかだったという。結果して新宿区内にあったフジテレビ本社での収録をあきらめ、営業を始めたばかりだった、都内・練馬区の東映大泉ビデオスタジオを借りることになった。日本映画の斜陽にともなって、老舗の映画会社である東映が、撮影所の一部を外部に貸し出すようになっていたのだ。

ところが技術や美術のスタッフの多くが、映画全盛時代を支えた人たちで、しかもビデオ番組の制作に携わるのは今回が初めて。彼らには映画職人としての誇りがあり、当初は、牛窪ディレクターと言葉を交わすことさえ拒むスタッフもいた。また収録が始まってしばらくは、番組作りをめぐって意見の食い違いがよくあり、演出補の小野原がその調整にあたった。氏はドラマの制作現場に入って三年目で、ドラマ作りの基本を熟知していたのだ。

「たとえば、スタジオ内に建てた教室のセットに照明をどう当てるかを考える際に、映画界では最初に暗い部分から決めますが、テレビ界では明るい部分から決めるんですね。そうした常識の違いを映画育ちのスタッフたちにていねいに説明し、一つずつ納得してもらいながら収録を進めました」

牛窪正弘の奇抜な演出

演出の牛窪正弘は、なんと一人で全二十七話を担当したが、そこに共通するのは、積極的に旬のニュースを取り上げたことだ。歌手の山口百恵が結婚式を挙げると聞けば、その話題をストーリーや劇中の会話に盛りこみ、高校生の一人を演じた宮脇康之が、某アイドル（現・国会議員）と交際しているとの情報が週刊誌に載ると、そのことを本人に言わせたりした。また、撮影を二週間で二回分まとめて行なうことで、放送日までの時間差を少なくするように心がけた。「今」の気分や世間の空気を、視聴者に伝えようとしたのである。

脚本は三者の共作で（初回から十話まで）、その顔ぶれは単発版も手がけた岡部俊夫、そして岩城未知男、永井準。岩城と永井は、そのころお笑いの世界でザ・ドリフターズと人気を二分していたコメディアン、萩本欽一の座付き作家グループに籍を置く人物。面白いギャグや斬新なアイデアを期待されての起用だったのだろう。

そして彼らの参加が功を奏して、意表を突かれる演出が、初回から飛び出した。セリフの中に流行語などが出てくると、突如として画面が静止。そこへアニメのキャラクターが乱入してその言葉の意味を解説し、最後に呼びかける。「ねえ、編集長！」。すると画面が切り替わって、高橋章子が登場。ひと言コメントしてから、再びドラマに戻ったのだ。高橋はそのころ若者に人気があったパロディー雑誌『ビックリハウス』の編集長で、第五話で姿を消してしまったが、冒険心あふれる試みであった。

このとき二十六歳だった演出補の小野原は、いずれは大人向けの社会派ドラマを演出したいと願っていた。ところが『翔んだ～』は十代向けのコメディーで、目指す世界には程遠い。だが演出の牛窪と出会って、その人間性や奇抜な発想に魅せられ、結局、最終回まで氏の補佐役を務めた。

「いつも完成形は牛窪さんの頭の中にだけあり、ぼくらスタッフは、牛窪さんが思い付くアイデアをどうすれば映像にできるかを考え、試行錯誤をくり返しました」

その一例が、教師が生徒たちと校庭を走る場面に用意されたギャグだ。教師が、目の前に現れた小さな水たまりに足を踏み入れる。その瞬間、頭まで水没してしまうのである。

「教師が穴に落ちたらしゃがめばいいと考え、撮影前にその深さで地面に穴を掘りました。ところがその穴を見た牛窪さんが、もっと深く掘れと。穴に落ちたら本当に頭まで沈まないと、笑いが起きないと言うんです」

いつでも手を抜かない。へたでも一所懸命にやる。それが演出家・牛窪正弘の流儀だったのだ。出演者の一人だった柳沢慎吾も、のちに著書『スペショル』のなかで、『翔んだ～』のリハーサルは厳しかったと振り返り、本番でも、ディレクターの要求で同じ場面を何度も演じさせられた、と語っている。

この番組で特に多かったのが、登場人物が空想にふける場面だ。そこでは映画やテレビＣＭなどの愉快なパロディーが展開され、そこに古今東西の音楽が流れたが、牛窪は収録の寸前までアイデアを練った。

「牛窪さんの指示は、ぼくらスタッフにも、おそらく役者さんにも理解できないことが多かったですね。例えば、あるセリフを言ってから十二秒間そのまま動かないで、とか。その十二秒間に、あとで何らかの空想シーンが入るところまでは理解できるのですが、それが何なのかは、牛窪さんにしかわからないわけです」（小野原さん）

また、開発されたばかりのコンピューターグラフィックを積極的に使うことで、驚きのあまり目玉が飛び出したり、頭を強く叩かれると星がいくつも出るなど、コミック風の映像表現を可能にした。この技術は非常に費用のかかるものだったが、編集スタジオが協力的だったおかげで実現することができた。

あなたは誰？　スタッフも数多く出演

本来は裏方であるスタッフが画面に登場することが多いのも、今も『翔んだ～』が記憶に強く残っている一因である。きっかけは、小野原さんいわく、演出補の沖田新司だったらしい。

「沖田さんは仕事中のミスが多く、よく収録が中断したんですね。ところが、その失敗やその後の沖田さんの反応が、スタッフも出演者もつい笑ってしまうものばかり。彼は、愛すべき現場のムードメーカーでもあったんです」

沖田があまりにも失敗するので、テレビでざんげさせるために、彼のNG映像を流すようになったという。

もう一人、世間から注目された演出補がいる。沖田の下に付いていた青年である。これがドラマ初出演の柳沢慎吾は、いつも元気いっぱいの演技を見せたが、声がかすれてセリフが聞き取りづらいのが難点だった。彼も、のちに先の著書で告白している。

「セリフしゃべってたら何言ってるかわかんないし、どうしようかな？　って。で「何か、他にできるものある？」って聞かれて。「『太陽にほえろ！』とか好きなんです。山さんやりたいです」って。そしたら、「もう一人、誰か相方がいるね」って」

「山さん」とは、放送中だった人気ドラマ『太陽にほえろ！』に出ていた中年刑事のことで、柳沢はこの人物のモノマネが得意だった。では、誰か「相方」はいないかと回りを見渡したら、ぴったりの男がいた。演出補の小林淳郎である。そのアフロヘアーにサングラスという風貌が、『太陽にほえろ！』のある回で壮絶な死を遂げたジーパン刑事（演じたのは松田優作）に、ウリふたつだったのだ。

こうして柳沢慎吾は、小林演じるジーパン刑事を相手に、毎回のように『太陽にほえろ！』のパロディーを披露するようになった（彼が素人時代に組んでいたお笑いコンビの、得意ネタでもあった）。そして、そのコーナー「太陽にまねろ！」は柳沢の存在感を高めることになり、同時に番組の名物にもなっていった。NG集がそうだったように、ここでもひょうたんから駒が飛び出したのである。なお、回を重ねるごとに「あのジーパン刑事は何者だ?」と世間で話題になり、ついにある回で柳沢慎吾から正体が明かされ、本人が画面に登場した。ところが、その直後に「調子に乗るな」とばかりに生徒たちから水をかけられ、ずぶ濡れになってしまった。

さらに担当プロデューサーの塚田圭一までが、ひと言だけだがセリフもある、教師役として画面に現れた。しかもセリフを言い終わると、その顔の横にツッコミの文字が出た。「出たがりプロデューサー」。スタッフたちの仲の良さ、制作現場の盛り上がりを感じさせる、きつい冗談である。

「『翔んだ〜』は制作予算の少ない番組だったので、エキストラを雇う余裕もなかった。そこでプロデューサーが自ら手を挙げて、役者として出演してくれたんじゃないですか」(小野原さん)

今は亡き塚田プロデューサーにかつて取材した際、学生時代から歌舞伎に親しみ、若いころに役者として舞台に立ったこともあった、と明かしてくれた。そうした経験が、奇しくも『翔んだ〜』で活かされたのだ。NG映像の放送、映画育ちのスタッフとの共同制作など、「初めて尽くし」だった『翔んだ〜』。フジテレビの一期生で、ドラマ演出家としての経験が長かった塚田プロデューサーは、番組収録を滞りなく進めるために、各方面との調整に苦労したはずだが、その点においても氏が果たした役割は大きかった。

出演者が号泣、感動のカーテンコール

ＮＧ集やパロディーなど、脱ドラマ的な趣向が世間の話題をさらった『翔んだ〜』だが、シリーズ終盤には、登場人物たちが紡ぎ出すストーリーによりしっかりと焦点を当てて、「テレビドラマ」として着地した。

第二十五話は山野熊代（蔦木恵美子）が主人公で、大好きな先輩（轟二郎）になかなか振り向いてもらえない寂しさと、それでも先輩への思いを貫くことを決意するまでを描いた。この回での蔦木の芝居は真に迫り、本当に涙を流し、本当に叫んでいた。一世一代の名演である。また最後に流れる曲は、物語の内容に合わせて、この回だけさだまさしに変えられていた。

第二十六話では、主人公の高校生カップルをめぐる物語の結末が描かれた。同居していた大好きなヒロイン（桂木文）が去り、悲しみに沈む男子高校生（芦川誠）。背後に流れるバラード曲「ＳＯ　ＬＯＮＧ」を歌うのは、牛窪が敬愛するという矢沢永吉だ。そこへ現れるヒロインの幻。そして頭上から「翔んだカップル　おわり」と書かれた幕が下り、その前に出演者たちが登場して、一人ずつ別れのあいさつをした。この奇抜な演出は、演劇の好きな牛窪が、舞台のカーテンコールを模したものである。同世代の出演者たちは別れがたく、この最後の場面でみんな泣き、現場にいた小野原も目頭を熱くしたという。

そして、最終回にあたる第二十七回は全編がNG集で、シリーズ最高の視聴率を記録して有終の美を飾った。

その後、番組の好評を受けて、ほぼ同じ出演者とスタッフにより、さらに二シリーズが制作・放送された。

●『翔んだライバル』全二十四回　主演＝柳沢慎吾、辻沢杏子
●『翔んだパープリン』全二十三回　主演＝デイビー、服部まこ

いずれもオリジナル企画だが、「学園ラブコメディー」の路線を第一弾から引き継いだ。また話題になったNG集も取り入れられたが、見慣れたせいか、回を重ねるごとに新鮮さは薄れていった。同じ感覚が、スタッフや出演者にもあったようである。なお『翔んだパープリン』の第二回には、『翔んだカップル』の主人公だった二人が、新婚夫婦として登場。番組のファンは、二人との思わぬ再会を喜んだ。また同じく『パープリン』では、シンガーソングライターの所ジョージが、役者として初めてレギュラー出演。その後、数々のドラマや映画で活躍することになる。

それから三シリーズを通じて、当時の東京でとりわけ新鮮な喜劇を演じていた二つの劇団、すなわち東京ヴォードヴィルショー、東京乾電池の役者が数多く出演したが、ここにも牛窪ディレ

クターの好みが表れている。

第二弾の『翔んだライバル』では、小野原和宏が演出家として独り立ち。またドラマ演出家としての評価を得た牛窪ディレクターは、これ以降も数々のドラマを手がけることになる。そのなかには『新・翔んだカップル』の単発もの二本があり、主人公を、アイドルの石川秀美と新人時代の永瀬正敏が務めた。

あれから四十余年。この『翔んだ〜』シリーズに出演した役者たちのうち、その後、芸能界を去った人も多い。またその三作を通じて特に笑いをふりまいた、生徒役の轟二郎と蔦木恵美子は、惜しくもすでに故人だが、柳沢慎吾は今も俳優、タレントとして活躍中である。

フジテレビの躍進に貢献

今から振り返ると、『翔んだ』シリーズは、その後のフジテレビの躍進に多大な貢献を果たしたことがわかる。

「マンガの実写ドラマ化」は単発枠の「月曜ドラマランド」シリーズを生み、脚本家の三谷幸喜、映画監督の堤幸彦ら、のちに大きく羽ばたく多くの若手クリエイターが、このシリーズで初めてドラマを作った。さらに、このシリーズはバラエティー関係の人材にも門戸を開き、とりわけ志村けんが企画主演した『バカ殿様』は大好評で、年に数本が作られる長寿シリーズとなった。その後もフジテレビは「マンガの実写ドラマ化」に力を入れ、一九九一年には柴門ふみ原作の『東京ラブストーリー』を作って、特大のヒットを放っている。

「ドラマとギャグの合体」「スタッフの番組出演」はバラエティー番組に影響を与え、『オレたちひょうきん族』などへ受け継がれた。また、本来は隠しておくべき「出演者のNG映像」も商品にするという発想は、同番組の「ひょうきん懺悔《ざんげ》室」に取り入れられた。加えて『プロ野球ニュース』では、野球選手の試合中のミスなどを放送する「好プレー珍プレー特集」コーナーが誕生して、これも話題になった。

それから「女性アイドルのドラマ主演」も活発になり、演出の小野原和宏は、会社側の方針もあって、長年にわたってその種の連続ドラマを一手に引き受けた。主演俳優を放送順に挙げると、原田知世、武田久美子、宮崎ますみ、中山美穂、南野陽子、工藤静香、斉藤由貴、宮沢りえ、菊池桃子、井森美幸、西田ひかる、野村佑香、前田愛、モーニング娘。などで、時代を画した女性アイドルばかりである。また小野原は、休みなくアイドルドラマを作るなかで、『窓を開けますか』『葡萄が目にしみる』を演出。大人向けの社会派もの、文芸ものを初めて手がけて、長年の夢をかなえた。

シリーズ第二弾『翔んだライバル』で初演出を経験した河毛俊作は、のちにトレンディードラマの火付け役となった『抱きしめたい！』を演出した。新人の編成部員として『翔んだカップル』の誕生に関わった岡正は、同じキティフィルムと組んでアニメ『うる星やつら』を企画し、視聴率の面でも成功した。さらに、東映と組んだ『スケバン刑事』ではマンガの実写ドラマ化、女性アイドルの主演という『翔んだカップル』の特徴を巧みに取り入れ、その人気ぶりは社会現象にまでなった。

『翔んだ』シリーズの放送が終わった翌年の一九八二年。フジテレビはついに苦境を脱して、初めて年間世帯視聴率の三冠王を獲得し、その後も十一年にわたって首位を保った。歴史的大逆転である。この偉業を成し遂げるきっかけの一つになったのが『翔んだカップル』であり、偶然から生まれた「今週のNG集」だったのだ。そしてNG特集は、今では目新しさが薄れるくらいひんぱんに放送され、テレビ業界の定番企画となっている。久しく再放送がなく、商品化もされていない『翔んだカップル』だが、その先見性がもっと評価されることを願って止まない。

（『小説推理』二〇二三年四月号に載った原稿へ大幅に加筆した）

第3章

アニメ特撮編

成田亨作品集

トワイライト・タイム
TWILIGHT TIME
Chorus：ミンツ
s/w モア "MORE" from MONDO CANE

シェリー／オズの魔法使い

『ウルトラマン』～ヒーローと怪獣をデザインした芸術家

どの分野でも先駆者には試行錯誤がつきものだが、一九六六年放送の日本初の巨大テレビヒーロー、ウルトラマンも例外ではない。去る一月に発売された同番組のDVDボックスに、初公開のNG映像が収録されたが、ウルトラマンが怪獣を投げ飛ばそうとしてよろけるなど、放送では使われなかった場面の連続で、撮影の苦労がしのばれる。

『ウルトラマン』（TBS）の初放送を毎週、夢中になって観たのは六歳のときだ。慈悲深い菩薩のごときウルトラマンの顔だち。地球の平和を守る科特隊の、逆三角形をした未来的な基地。そして生物らしさに乏しい、抽象的な姿の怪獣たち。いずれも子ども番組では目にしたことのない斬新さで、幼い心を射抜かれた。これらをデザインした伝説の人物、それが今は亡き彫刻家の成田亨である。

その成田さんに会って話したことがある。一九八八年一月、場所は新宿駅前の喫茶滝沢。友人が成田さんから絵を買ったので、絵を受け渡す場に同席させてもらったのだ。気むずかしい人かな……。だが不安はすぐに吹き飛んだ。持参した絵をしばったひもが解けず、成田さんが困っていると、店員の若い女性が、注文したコーヒーを運んできた。彼女の長いつめを見るなり、成田さんはこう言ったのだ。「お嬢さん、ドラキュラのつめを持ってませんか？ このひもを切りたいんだけど」。女性は当然、困惑したが、ぼくと友人は、思わず声を出して笑ってしまった。

成田さんは赤ん坊のころに、事故で左手の指に重大な障害を負った。その後、彫刻家になり、映像の世界でも活躍したが、彼が創造した怪獣には、力強さと同時に、異形の者としてこの世に生を受けてしまった哀しみが感じられる。その怪獣たちが作者の分身だとは言わないが、成田さんにしか生み出せなかった、唯一無二の作品であることは間違いない。

別れ際に、持参した色紙にサインを書いてもらい「成田さんが一番好きな怪獣も描いてくれませんか」とねだった。するとこの芸術家は、「この顔はね、魚のコチを意識してデザインしたんだよ」と言いながら色紙にペンを走らせると、瞬時に絵が完成した。ぼくの大好きな『ウルトラQ』に登場したガラモンだ。そのへの字にゆがんだ口は、滑稽で可愛いのに、悲しげにも見える。その複雑な豊かさこそが、成田デザインの真骨頂だと思った。

(『月刊てりとりぃ』第四十七号　二〇一四年)

『ルパン三世』～「主題歌その3」を歌ったのは誰だ

今では名作アニメと呼ばれる『ルパン三世』も、三十年前の第一弾の初放送では視聴率が伸びず、テコ入れが行なわれた。ルパンのキャラクターも番組の雰囲気もコミカルなものとなり、テーマソングもアップテンポでラテン調の陽気な曲に変わったのである。この通称「主題歌のその3」は、オープニングテーマとして第十六話から最終話まで使用された。この曲を歌っているのは、初代主題歌と同じくチャーリー・コーセイだというのが定説だったが、本誌が本人に取材した際に、キッパリと否定している。では、いったい誰が歌っているのか――?

「主題歌その3」を収録したルパン関連のCDをみると、そのすべてに「歌:チャーリー・コーセイ」とクレジットされている。『ルパン』のBGMを収録し、八万枚ものセールスを記録した『ルパン三世 '71MEトラックス』も例外ではない。これを制作した株式会社バップの高島幹雄さんによれば、「その3」をチャーリーが実際に歌っているかどうか、確かめるすべがない、という。「まず、映像上に歌唱者のクレジットがないし、その当時、レコード化もされていない。しかも、歌唱者のデータが記されている可能性のある劇伴音楽用のマスターテープが紛失したままなんです」。では、以後のCDに「歌:チャーリー・コーセイ」と記されているのはなぜか?それは、JASRAC(日本音楽著作権協会)に、「その3」はチャーリーが歌ったものとして登録されているからである。

取材を続けるなかで、ある男の名が浮かび上がった。「よしろう広石」。一九八〇年に、ルパン再評価の追い風を受けて作られたアルバム『オリジナルスコアによる「ルパン三世」の世界』で、ヴォーカルを担当した人物である。このアルバムは、作・編曲を手がけた「ヤマタケ」こと山下毅雄の指揮のもと、『ルパン』の主題歌&BGMを再レコーディングしたものだ。現在、静養中の山下毅雄に代わり、先のアルバムにも参加したヤマタケの次男で作曲家の山下透さんに話を聞いた。

「広石さんとは面識がないんですよ。再録音に呼んだのはオヤジじゃないかな。あのアルバムには〝セニョ〜ル!〟とか〝ア〜イ!〟とか景気のいい男性の合いの手があちこちに入ってますが、あのラテンっぽいかけ声を出しているのが広石さんだと思いますよ」

しかし、再録音されたレコードに参加しているからといって、本放送用の録音に参加しているとは限らない。今度は、『ルパン』の録音監督を務めた田代敦巳さんに尋ねてみた。

「チャーリー・コーセイは、ぼくの仲介で『ルパン』の主題歌を歌ってもらいました。録音スタジオに彼がいたのは覚えてますが、ほかに歌手がいましたかねぇ。そうだ、名前は忘れたけど、たしか新人のラテン歌手がいたはずですよ」

奇しくも、山下さん、田代さんの口から「ラテン歌手」という言葉が出た。どうリサーチを進めようかと考えていたところ、よしろう広石が、わが国初の本格派「ラテン歌手」であることが判明! 本人に聞けばすべてがわかるはずだ! 取材班は、彼のアドレスを探しあて、ご自宅へ押しかけた。

「よしろう広石」こと広石吉郎は、一九四〇年、大分県に生まれた。十代の頃から本格派ラテン歌手を目指したが、「歌謡ラテン」しか受けない日本の音楽界に失望。本場のベネズエラで修業を積んだのち、一九七一年に一時帰国し、歌手・佐良直美の事務所に入った。

「その頃、六本木のスタジオでデモテープを作っていたら、隣のスタジオでたまたま山下毅雄先生が仕事をされていたんです。それで、ぼくの歌声を廊下で聞いて、面白い！と思ってくださったようで、ある曲を歌ってほしいと頼まれました。それが『ルパン』だったんです」

ここで広石さんに放送で使用された「その3」を聴いてもらったところ、「これ、間違いなくぼくの声ですね」と力強く答えてくれた。やっぱりそうか！

「録音には少し手間取りましたね。ぼくはずっとスペイン語で歌ってきたから、どうしても言葉が後ノリになるんです。ところが山下先生はリズムと歌詞を合わせてほしいとおっしゃるので、どうにかそのように歌ったんですが、また問題が起きました。ぼくの歌声は澄んでいるので、ラテンには合うんだけど、『ルパン』を観る子供たちの心はキャッチしにくい、と。それで山下先生からアドバイスを受けて、〝ルパン〜〟の〝ル〟を巻き舌で歌ったんです」

かくして「主題歌その3」は誕生した。

これにて一件落着！　さて、広石さんの近況だが、現在はYOSHIRO広石の名で、ラテン歌手として主に海外で活動中。中南米では掛け値なしの大スターである。十年前にベネズエラのテレビショーで歌ったときのビデオを見せてもらったが、歌いながら腰を振り、客席で歓声をあげる女の子たちにキスする！　フェロモン大放出のパフォーマンスに度肝を抜かれた。これが目の前にいる小柄なおじさん（失礼）と同じ人物とは！　一九九一年以降、日本でもソロアルバムを三枚発売し、今年の十月には、自身のバンド「東京サルサボール」を率いて歌手生活四十五周年記念コンサートを都内の五反田ゆうぽーとで開く予定だ。これまでライブなどで「主題歌その3」を歌ったことはないそうだが、別れ際にうれしいひと言を聞いた。

「今度、歌ってみようかな」

（『映画秘宝』二〇〇一年六月号）

『ゲゲゲの鬼太郎』〜主人公が木の上で暮らす理由

わが国にツリーハウスの存在を広めた先駆者といえば、まず思い浮かぶのが『ゲゲゲの鬼太郎』である。これまでまんがほか、いろんなメディアに登場してきた主人公の鬼太郎少年。この幽霊族ただひとりの生き残りは、悪の妖怪と戦うヒーローなのに普段は怠け者で、木の上に作った小屋で居眠りばかりしている。なんて鬼太郎はのんきで、幸せそうなんだ。あんな家に住んでみたいなあー。木の上に作った小屋、いわゆるツリーハウスに「身も心も安らげる場所」というイメージが生まれ、見る者の憧れをかき立ててきた。

では、なぜ鬼太郎はツリーハウスに住んでいるのか。答えは、作者の漫画家・水木しげるさんが味わった、凄絶な体験にある。

水木しげるの戦争体験と、南洋への憧れ

水木さんは今年八十六歳。第二次世界大戦では、南太平洋のラバウルで連合軍と戦った。爆撃で片腕を失い、死を覚悟しながら、ひとりでジャングルをさまよった水木青年。木蔭に敵の兵士を見つけ、あわてて身を隠すと、兵士の正体は人間の形をした木だったという。そうした体験から感じたことについて、かつて本誌の取材にこう答えている。

「木には何か人を包み込むような力があると思うんです。生き物たちの母としての力、といったらいいんでしょうかね」

「包み込む」というイメージは、鬼太郎が暮らすツリーハウス、通称「ゲゲゲハウス」にも色濃く反映。水木さんは原作まんがのなかで、驚くほど多様なハウスをいくつも描いたが、大きな木のほこらに作った家などは、まさに人間と木が一体化していた。また、作品中に出てくる森やジャングルが、いつも葉の一枚一枚まで細かく描き込まれている所からも、作者が自然に注ぐ愛情の大きさが伝わってきた。

鬼太郎が誕生したのは、半世紀近くもまえに発表された貸本まんが。その後、少年誌に連載され、一九六〇年代後半に大ブームを巻きこおこした。今も世代を超えて愛されている作品だが、それ

は一九六八年以来、フジテレビがくり返しアニメ化してきたことで、新たなファンを増やしてきたことが大きい。ではアニメ版は、ゲゲゲハウスをどう描いてきたのか。

少年の夢に寄りそうアニメ版ツリーハウス

まんが版では都会で暮らしたり、各地を放浪したりした鬼太郎だが、アニメ版ではツリーハウスにほぼ定住。またその住まいは、妖怪が暮らす森と人里の境界、いわゆる里山の雑木林にあり、ツリーハウス＝人と自然をつなぐ場所、という原作者のイメージを、きちんと反映していた。これは、フジテレビ系で放送中の第五シリーズにも引きつがれているが、今回はこれまでにはなかった描写も見られる。「実際に住むことを意識して、ハウスの中央にいろりを作りました」（シリーズディレクターの貝澤幸男さん）。またストーリーの面でも、シリーズ初の試みに挑んだ。「鬼太郎の家が、井戸仙人の作った薬を浴びて活性化し、歩きだすんです」（プロデューサーの櫻田博之さん）。この回には「鬼太郎の家に住みたい」と願う少年が登場。誰の心にも宿る、ツリーハウスへの憧れを美しく描いた名作だった。

さらに鬼太郎は、スクリーンにも登場。昨年、初の実写映画版が公開されて大ヒットし、この七月に続編が公開される予定だ。映画に出てくるゲゲゲハウスのセットは、人里離れた池や川のほとりに実際に建てたもので、まんがやアニメにはないリアリティーが圧巻である。

美術担当の稲垣尚夫さんによると、「映画の第二弾では、沖縄に鬼太郎の家を建てましたが、柱にはチャーギ（沖縄方言でイヌマキの意）を使い、壁は編んだ竹、屋根はヤシの葉と、建材は現地でそろえました。床には、沖縄特有の大きなドングリを並べたんですよ」。たとえ撮影用に作った家であっても、大自然の匂いを感じさせたい。かつてRVキャンピングに熱中した、ネイチャー派の稲垣さんらしい気配りだ。

水木さんは、一九七〇年に、「その後のゲゲゲの鬼太郎」を発表。ここで鬼太郎はいかだで日本を脱出、南へ進んで「幸福の島」へたどり着く。海面から突き出た巨木の上に作った小屋で暮らす島民たち。物語は、鬼太郎が酋長の娘と結ばれ、島のリーダーとなるところで終わった。ツリーハウスに託した南洋への憧れ。人と自然がひとつに溶け合った、ユートピアを求める熱情。作者は鬼太郎の姿を借りて、自らの夢をかなえたのだ。

こうして水木さんは、鬼太郎の物語にピリオドを打った。だがその人気は、この先も決して衰えないだろう。せわしない日常を忘れさせてくれる、ツリーハウスという「自分だけの楽園」を欲する気持ちは、いつの世も変わらないからである。

（『BE-PAL』二〇〇八年五月号）

『アルプスの少女ハイジ』〜主題歌を歌った幻の外国人

初放送は四十八年も前なのに、今も新たなファンを生み出している。のちに数々の人気アニメ映画を監督した宮崎駿と高畑勲も参加した、フジテレビの『アルプスの少女ハイジ』である。スイスの大自然のなかで暮らす少女の成長を、一年をかけて描いた名作アニメだ。

その冒頭で毎回流れたのが、オリジナル曲の「おしえて」。歌は伊集加代子（現・伊集加代）で、作詞は詩人の岸田衿子である。

「口笛はなぜ　遠くまで　聞こえるの　あの雲はなぜ　わたしを　待ってるの」

作曲は故・渡辺岳夫。私と友だち二人は、十三年前に氏の仕事仲間らに取材し、『作曲家・渡辺岳夫の肖像』というタイトルで書籍化したが、取材の際に、「おしえて」の録音にまつわる、初めて知る話を耳にした。

この曲の前奏、間奏そして後奏で流れるのが、女性が歌うヨーデルである。これはスイスのアルプス地方に古くから伝わる、裏声を使った独特の歌い方で、番組の始まりで、視聴者を物語の舞台であるスイスの高原へと誘う上で、絶大な効果があった。

このヨーデルを『ハイジ』のテーマ曲に取り入れると決めたのが、番組を企画制作した高橋茂人だ。その五年前に、同じフジテレビでアニメ『ムーミン』を手がけるなど、すでにプロデューサーとして実績があった。

学生時代に山登りを楽しみ、ヨーデルにも馴染みがあった高橋は、さっそく本格的にヨーデルが歌える人を探したが、身近にはいなかった。ならば現地で見つけて、そこで録音しよう。だが制作費は、通常の倍以上もかかる。でも、良い曲は必ず売れると信じて、スイスでの録音を決行した。

「おしえて」のレコードが、日本コロムビアから発売されることが決まり、担当ディレクターの木村英俊は、スイスへ飛ぶ準備を始めた。さっそく会社に、旅費の前払いを頼んだのだが……。

「出発間際になって経理部長から呼び出されて、「スイスに遊びに行くんだろう」と、こう言うわけですよ。こっちは「冗談じゃない、時間がないんだから何とかしてくれ」って言ってもダメで」(前述の本より)

アニメ主題歌の海外録音は、日本では前例がなく、社内でも理解されなかったのだ。やむなく木村は自ら旅費を払って、録音技師とともに機上の人となった。

録音場所は、スイス最大の都市チューリッヒ。木村たちと現地で落ち合ったプロデューサーの高橋茂人が、目的地に着いた。

「録音スタジオはこじんまりとした建物でしたが、現場に行って驚きました。床は今にも抜けそうだし、音は外へもれるしで、いやあー参ったなと」（前述の本より）

歌手探しも苦労した。売れっ子のヨーデル歌手たちは、海外公演のために出払っていたからだ。探し回ってようやく出会ったのが、スイス人のシュワルツ親子、すなわち母フレネリ、娘ネリーである。

この二人を迎えて、一九七三年の十一月五日に先ほどのスタジオでリハーサルを行ない、翌六日と七日にヨーデルを録音した。曲名は「おしえて」と「まっててごらん」で、さらに娘のネリーは、単独で挿入歌の「アルムの子守唄」を歌唱。録音に立ち会った編曲の松山祐士は、日本語が話せない彼女に根気強く発音を教えながら、作業を進めた。

録音後、高橋プロデューサーは、親子の労をねぎらうために夕食会を開いた。ネリーは艶やかなチャイナドレス姿で登場し、出席者から喝采を浴びた。そのそばで、母フレネリが穏やかな表情で娘を手助けしていたという。

その二ケ月後に『アルプスの少女ハイジ』の初回が、全国に放送された。人気はうなぎ上りで、「おしえて」のレコードを発売すると大ヒット。宣伝を兼ねてシュワルツ親子を日本へ呼ぼうという声も上がったが結局、立ち消えとなった。また、スイスで録音した際の写真も残されておらず、その後この親子は、有名な曲に参加したにも関わらず、顔さえわからぬ「幻の歌手」となってしまった。

では、この母と娘は何者だったのか。

今回、各所で調べたところ、親子が一緒にヨーデルを歌ったレコードが、母国スイスで数点、発売されたことがわかった。そのなかには「おしえて」を録音した時期に発表されたらしいアルバムもあり、ジャケットには、スイスの民族衣装を着た二人の姿が写っている。ふくよかな体型で、優しそうな笑顔の母フレネリ。当時はおそらく二十代で、面差しが美しい娘ネリー。またフレネリ（別名フレニ）は、一九五〇年代から複数のレコードに歌を吹きこんでおり、その内の一枚は、六〇年代の半ばにわが国でも発売されている。なおその一部は、有料のネット配信で聴くことができる。

この原稿に書くにあたって、親子が『ハイジ』のために吹き込んだ三曲を、改めて聴いてみた。「おしえて」のヨーデルは声が若く、明らかにネリーだが、毎回の最後に流れた曲「まっててごらん」のそれは、ネリーと母の歌声に聞こえる。CDなどには、ヨーデル担当はネリーと記されているが、もはや真相はわからない。

次に、二人のその後を追ってみた。ネリーは、結婚してネリー・ネロの名前で歌手を続けたとの情報もあるが、確証は得られなかった。また、八〇年代には作曲の仕事を始め、彼女の作品が収められたアルバムも世に出たが、その後、若くして亡くなったという。母のフレネリも歌手活動を続けたようだが、年齢から考えて、すでに故人だろう。

果して、この親子は知っていたのだろうか。自分たちが歌った『ハイジ』の曲を、その後も多くの日本人が愛し続けていることを。

（『小説推理』二〇二三年二月号）

『怪奇大作戦』～その人は初恋の女優

学生時代に本気で考えたことがある。もし大金が手に入ったら、探偵を雇って〈初恋の人〉を見つけてもらおうと。相手の名前は、斉藤チヤ子。大昔に活躍した女優である。

彼女を初めて見かけたのは、ＳＦドラマ『怪奇大作戦』（ＴＢＳ・一九六八年）で放送された「京都買います」の回だった。斉藤が演じた美弥子は仏像を溺愛する女だが、ある男と恋に落ち、男も彼女に引かれていく。だが密かに犯罪に手を染めていた美弥子は、ある事実を知ると身を切る思いで決心し、男のもとから去っていく。恋する女の匂い立つような美しさ、愛を失う悲しみを巧みに表現したこの女優に、九歳の私は心を奪われた。〈大人の女〉が放つ色香を初めて感じて、胸の高鳴りが止まらなかった。だが、ほどなくして彼女の姿をテレビで目撃することは、なくなってしまった。彼女はどこへ消えたのか。

斉藤チヤ子は、俳優業を始める前はカントリー系の歌手として数年活動しており、そのころ発売した楽曲を集めたＣＤが、のちに発売された。音楽評論家の黒沢進が書いた同封の解説文は、こう結ばれていた。斉藤チヤ子は「イギリス人と結婚して渡英。現在も英国在住です」。そうか、かつて憧れたあの人は、海の向こうに行ってしまったのか。思わずため息がもれた。

斉藤は三十歳で結婚し、芸能界を引退。インテリアのデザイナーである夫の母国である英国で新婚生活を始め、以来マスメディアに一度も登場していない。なおご主人は、自身の友人で、ビートルズの一員でもあったリンゴ・スターと会社を興し、斉藤も運営に関わった。

それから月日は流れ流れて、都内の新宿で催された「実相寺昭雄をしのぶ会」に足を運んだ。二〇〇七年三月のことである。実相寺さんは「京都買います」を演出した人物で、生前に仕事で何かとお世話になったので、「しのぶ会」に参加させてもらった。

混雑する会場内をうろつくと、グラスを手にした女の人の姿が視界に飛びこんだ。長い黒髪、すらりと伸びた脚、どこか憂いを帯びた笑顔。ひと目でわかった。あの、斉藤チヤ子である。思いがけない出会いで気持ちが波立ったが、深呼吸をして心を静めた。つづけて足ばやに近づくと、名刺を渡しながら自己紹介し、そして尋ねた。「今はどんな暮らしを?」。元女優は「毎日、庭いじりばかりしてますよ。手も荒れてしまって」と、まっすぐで細い指を差し出した。今回の里帰りは、昔の仕事仲間と語らうためとのことで、翌日には、歌手時代の先輩や友人に会うという。

「京都買います」は今でも特撮ファンに人気があるので、そのことを伝えた。すると、斉藤は小さく微笑んで言った。「なんだか私、浦島太郎みたい。不思議ですね。あれから長い時間が経っているのに、私のことを知っている人がいるなんて」。このときの彼女は、ずっと昔に芸能界とは縁が切れた一般人。だが黒色の服がよく似合い、物静かだが、どこか神秘的なたたずまいは、紛れもなく女優・斉藤チヤ子のそれであった。

歌手としても俳優としても、成功を収めることはできなかった。しかし彼女の才能に惚れこんだ同業者もいて、例えば実相寺監督は『怪奇大作戦』の前にも、『おかあさん』『風』といったテレビドラマを手がけた際に、斉藤に出演してもらっている。しかも、いずれも与えられた役柄が〈悲運の女〉で、監督はこの女優に憂いや哀しみを見ていたのだろう。

その実相寺監督などについて雑誌に駄文を書くと、英国で暮らす彼女に記事を送った。すると、すぐにお礼のメールやお返しの品を頂いたが、添えられたカードには、東山魁夷ら有名画家の描いた絵がいつも印刷されていた。自身も油絵を描くのが好きらしい。少しだけ残念なのは、女優時代についてメールで尋ねると、いつもかわされてしまうこと。十年間ほどの芸能活動は、きっと胸の奥にしまっておきたい、大切な思い出なのだろう。

調べてみたら、芸能人時代の彼女は、私が想像した以上に人気があったらしい。例えば『アサヒグラフ』『週刊TVガイド』『毎日グラフ』といった有名雑誌の表紙を飾っているし、多くのホームドラマで明るく快活な女の子を演じて、好評だったという。また前職を生かして歌手を演じることも多く、二十代後半には、その美貌で男を手玉にとる悪女の役にも挑んだ。映画では小さな役しかもらえなかったのが惜しまれるが、映像が残っている数少ないテレビドラマの内、彼女の魅力を最も味わえるのは、やはり「京都買います」である。

人の記憶は薄れるが、映像は残る。きっと「京都買います」も時代を超えて愛されつづけ、そして、斉藤チヤ子という俳優に魅せられる人たちを新たに生み出すことだろう。

（『特撮秘宝』第四号、『月刊てりとりぃ』第七号に載った原稿を再構成）

『アサヒ黒生CM』〜たぶん、これもゴジラ

劇場公開されているアメリカ製の新作映画は、思いのほか楽しめた。その主役は今年で生誕六十周年を迎えた、日本が世界に誇るゴジラである。

この怪獣は昔から子供にも大人気だが、スターの宿命なのか、多くの「そっくりさん」がテレビに登場してきた。だが、本家にえり巻きを付けただけの『ウルトラマン』のジラースには、思わず苦笑い。また、タモリ主演の『今夜は最高！』に登場したモジラは、ゴジラとモスラの二大怪獣を合体しただけの、パロディーとしては、何とも微妙な仕上がりであった。

これらゴジラもどきのほとんどは、ニセモノ感まるだしで魅力に乏しかったが、ぼくが今も強く愛着を感じているのが、大学時代に見たテレビのCMに出てきた怪獣だった。一九八三年のことである。

それはアサヒ黒生ビールのCMで、ビールで満たされたジョッキを手にした恐竜のごとき巨大

生物が、ビル街を二本足で悠然と歩き、そして海辺にたどりつく。その全身を照らす、沈みゆく赤い夕日が美しく、怪獣の背中に、気だるさと哀愁が張りついているように見えた。仕事に追われて疲れたサラリーマンが、憂さを晴らそうと、会社帰りにビアガーデンへ向かう姿と重なったからだ。

この怪獣は全身の皮ふに細かな凹凸があるなど、一見するとゴジラである。だが、本家は複数ある背びれが大きくて、鋭く尖っているのに、CM版のそれは小さく、丸みを帯びている。人類に警鐘を鳴らす恐怖の破壊神として、この世に生を受けた初代ゴジラに比べて、その顔つきはどこか愛らしい。

そのCMに流れた曲が、米国の三人組ザ・スリーサンズが演奏した名バラード「トワイライト・タイム」のカバーだった。そのレコードを久しぶりに取り出して、ジャケットを眺めたら、新たな発見があった。CMに登場した怪獣の写真の下に、Ⓒ東宝と記されているではないか。そうか、あいつはゴジラを最初に作った映画会社の、公認キャラクターだったのである。

とすればゴジラとの関係やいかに。背びれが小ぶりだから実の子供かも。そういえば、のちに作られたゴジラ映画の一本に登場した、ベビーゴジラと呼ばれた幼少期のゴジラ。あれとCMの怪獣はそっくりじゃないか。だが待てよ。怪獣の子供がビール好きというのは、いかがなものだろう。謎は深まるばかりである。

（『月刊てりとりぃ』第五十四号　二〇一四年）

『宇宙ライダーエンゼル』～口だけ実写の怖いアニメ

小学生のころに、テレビで恐ろしいものを観てしまった。今でも夢に出てきてうなされるほど、その光景は不気味だった。

学校から帰宅すると、テレビのスイッチを入れた。見知らぬアニメをやっていた。おや、何かおかしいぞ。登場人物も後ろの景色も、なぜかほとんど動かない。思わず画面に見入った瞬間、背筋が凍った。人物の口だけが、セリフを発するたびによく動く。しかもその口元は実写、つまり実際の人間のそれなのだ。その上、くちびるの色がやけに赤く、話すたびに口の位置がかすかにずれる。出来そこないの福笑いみたいで、実に怖い。

その番組は『宇宙ライダーエンゼル』という題名で、一九七〇年代の終りまで、全国各地で再放送された。さらに調べたら製作国はアメリカで、原題は『SPACE ANGEL』。わが国での初放送は一九六三年とわかった（局は東京のTBS）。しかも本国でDVD版が発売中というので、さっそく買い求めた。

毎回の物語は単純で、地球捜査局で働く青年＝通称スペースエンゼルが、宇宙で事件が起きるたびに仲間とロケットに乗って駆けつけ、悪党を倒すというもの。登場人物のデザインがアメコミ風でカッコよく、これを描いた人物は、のちに名門ハンナ・バーベラ・プロへ移って、数々の人気アニメを手がけたらしい。

さて、幼い私を震え上がらせた「真っ赤なくちびる」だが、久しぶりに見直したら、やはり奇怪だった。人物の表情にほとんど動きがないために、口だけがまるで別の生き物のように、勝手にパクパクと動いているように感じられるのだ。

このアニメと実写の合成は、制作費が少ないところから生まれた、苦肉の策とか。しかも特殊な技術を使っているそうで、番組をつくった会社は特許まで取ったという。ところが同社は数年後に倒産。せっかく発明した技術に、買い手が付かなかったのだろうが、それも無理からぬ話ではある。

ところで、主人公と行動を共にするひげづらの操縦士トーラスは、日本語吹きかえ版では、なぜか役名が変えられていた。その名は、日本橋博士。言うまでもなく、元ネタは『鉄腕アトム』のお茶の水博士だ。自分の弟子に「水道橋博士」の芸名を与えたビートたけしにも負けない、なかなかの遊び心ではないか。


（『月刊てりとりぃ』第十一号　二〇一一年）

『オズの魔法使い』～世界初の3Dドラマは日本製

二〇〇九年の映画『アバター』の大ヒット以降、世界各国で3D映画が制作・公開されている。さらに、専用メガネが要らない立体テレビが発売されるなど、すっかり身近になった3D。だが、ここに驚きの事実がある。世界で初めてその趣向が取り入れられたテレビドラマは、なんと日本製だったのだ。

番組名は『オズの魔法使い』という。放送は今から三十七年も前で、再放送や商品化がなかったこともあり、以後、マスコミが取り上げることは皆無だった。では『オズ～』とは、いかなる作品か。関係者への取材で得た証言を交えつつ、その実像に迫りたい。

同ドラマの原作は有名な児童文学で、少女ドロシーが仲間のライオン、かかし、ブリキマンと助け合いながら、魔法の国を旅する冒険ファンタジーだ。これまで何度も映画化され、特に一九三九年公開のジュディ・ガーランド主演のものは、名作のほまれが高い。

この原作の連続ドラマ化を、人形劇団のピッカリ座が発案。日本テレビでの放送が決まり、テレビマンユニオンが制作にあたった。同社はわが国初の番組制作会社。斬新な番組を作りつづけ、現在はTBS系『世界ふしぎ発見！』、NHK『サラメシ』などを手がけている。

同社の担当プロデューサーだった重延浩《しげのぶゆたか》さんは、『オズ～』の中身を煮詰めるなかで、ある提案を行なったという。3Dの導入である。

「ぼくは中二のときに、米国製の3D映画『肉の蝋人形』を観て、とても怖いを思いをしたんですよ。以来3Dのとりこになり、あの驚きをテレビでも伝えたくて、『オズ～』に3Dを取り入れようと考えたわけです。それに内容がファンタジーだから、映像で冒険しても違和感はなかったし。当時、日本でも定着していた〈立体映画〉という言い方をもじって、〈立体テレビ〉と名付けました」

3Dの歴史は古く、最初の流行は一九五〇年代の前半である。欧米の映画会社が、新興のメディアだったテレビへの対抗策として、立体映画を多く作ったのだ。観客を驚かせる上で効果ありとの判断から、その多くがスリラーものかホラーもの。巨匠アルフレッド・ヒッチコック監督も、『ダイヤルMを廻せ!』を3Dで撮った。日本では、東映が六〇年代から七〇年代にかけて、自社で作った特撮ドラマの映画版を〈飛びだす映画〉として名付けて公開した。『仮面の忍者　赤影』『人造人間キカイダー』『イナズマン』など。

映画では実績のある3Dだが、テレビ界では前例がない。では手本のないなかで、『オズ～』の立体テレビは、どのように実現したのか。その仕組みを考案したのが、佐藤利明さんである。重延さんら後輩スタッフから尊敬をこめて「師匠」と呼ばれる、ベテランの映像カメラマンである。さらに佐藤さんは、数々の撮影機材を自ら作り出した発明家としても、後輩たちから慕われている。

「テレビは映画と異なり、不特定多数の人が見ます。だから専用メガネをかければ、画面から飛びだすように見えるし、メガネをかけなくても、画面にブレやにじみがなく、違和感なく鑑賞できなくてはいけない。しかも当時は、まだ白黒テレビを見ている家庭もあったから、そちらも普通に見てもらう必要がある。これらの条件を満たすには、どうすればいいか。そこで思い付いたのが、ダイクロイック・ミラーでした」

ダイクロイック・ミラーとは鏡の一種。ある波長の光は透過するが、そのほかの波長の光ははね返す特性がある。

「そこでダイクロイック・ミラーと、それを組みこんだアダプターを業者に作ってもらい、ビデオカメラに装着しました。そうすることで、撮った映像が赤の成分と青の成分に分解され、その二つを再び重ね合わせることで、専用メガネをかけて見た場合、飛びだすように見えるのです」

過去にいくつも新しい技法が開発された立体映像。その仕掛けを自ら考えた佐藤さんには、ただ驚嘆するばかりだ。そのことは、権威ある雑誌『科学朝日』も、立体テレビを高く評価したことでわかるだろう。

魔女が水晶玉をのぞくと3Dに！

撮影の準備は整った。だが演出の近藤久也さんいわく、スタジオでの収録には手間がかかったという。

「立体テレビの効果を高めようとして前後の動きを強調すると、どうしても役者の芝居が不自然になる。そこでどう折り合いをつけるか、苦労しました。照明の当て方も難しくて、撮り直しもしばしば。一定の明るさがないと、飛びだす感じが薄れるんですよ」

『オズ～』の監修と主題歌、劇中歌の作詩は、没後も人気が衰えない歌人の寺山修司。チーフプロデューサーの萩元晴彦（テレビマンユニオン創設メンバーの一人）とは旧知の仲で、おそらく氏から声をかけられて番組に参加したのだろう。重延さんの推測によると、「寺山さんは映画版の『オズ』が大好きだったので、番組を手伝ってくれたのでは？」とのことである。

主人公のドロシーには、ハーフの美少女歌手で十七歳のシェリーが選ばれた。モデル出身で、歌手デビューして間もなかった。いきなりの連続ドラマ主演は、大抜擢である。

また登場人物が劇中で歌い踊るという、ミュージカル風の趣向が毎回あったため、共演者には歌える役者が選ばれた。すなわち佐藤博＝ライオン、高見映（故・高見のっぽ）＝かかし、常田富士男＝ブリキマンである。なお佐藤は演出の近藤さん、高見は重延さんがそれぞれ推薦したものである。また高見は、NHK教育の『できるかな』で演じていた、「のっぽさん」という無言を貫くキャラクターが大変な人気だったが、『オズ』ではセリフをしゃべり、劇中で歌声を響かせた。世の子供たちは驚き、同時に「のっぽさん」の知られざる魅力を知ったのだった。なお、高見を含む出演者たちが歌うテーマ曲、劇中歌を収めた同名のLPが放送後に発売されたが、未だにCD復刻されていない。

第一話の放送は一九七四年十月。演出は先の近藤さんで、脚本は、重延プロデューサーが「汀《みぎわ》浩《ひろし》」の変名で書いた。「当初は、東宝で娯楽映画の脚本をたくさん手がけた、笠原良三さんにお願いしましたが、うまく行かず結局、ぼくが書くことになりました」。宝塚歌劇の人気舞台『ベルサイユのバラ』の中継番組を作った直後だったので、主演の汀夏子から名前を頂いて、ペンネームにした。

第一話の予告編と放送当日の新聞広告で、第五話から立体テレビを導入すると公表した。画面から飛びだすように見えるのは毎回、一、二分ほど。オズの国を支配する魔女が水晶玉をのぞきこむと、旅を続けるドロシーたちの姿が、玉の中で浮き上がって見えた。また視聴者が3Dに興味を持つように、水晶玉をのぞく場面で魔女もメガネをかけたり、画面のすみに「立体テレビ」の文字を小さく出した。

専用メガネは左目が赤、右目が青緑。私たちが映画館で3D作品を観るときにかける物と同じである。その作り方は、新聞や雑誌の広告で宣伝。さらに番組の提供主だったホンダも、番組P

Rをかねて販売店でメガネを配った。このとき十四歳の筆者も、文具店で画用紙、青と赤のセロファンを買ってメガネを作り、『オズ～』の立体テレビを楽しんだ。

「子供たちは自分でメガネを作ると思ったら、どこで買えるかという問い合わせが多く来たので、驚きました。宮内庁からも連絡があったんですよ、あのメガネが二つほしいって」（重延さん）

放送は、毎週土曜のよる七時三十分から八時まで。数年前から視聴率が振るわない番組枠で、このときも裏番組は強敵ぞろい。大人たちは、NHK『連想ゲーム』やTBS『お笑い頭の体操』にチャンネルを合わせ、少年たちは、テレビ朝日の『仮面ライダーアマゾン』に熱中した。だが3Dへの関心は高く、第十五話で立体テレビを長めに放送したら、目標の視聴率十パーセントを超えたという。

演出スタッフには、テレビマンユニオンの若手だった白井博が途中から参加。また脚本には、近藤さんの知り合いだった香取紀秋が加わった。なお二本だけ脚本を書いた足立明は、一九六〇年代に『妖怪人間べム』などの人気アニメに参加した人物で、『オズ』制作当時は、番組を発案したピッカリ座の幹部になっていた。

立体テレビの撮影には予想以上に時間がかかってしまい、頭を抱えた重延プロデューサーは、自身が演出した回で一計を案じた。すなわち、冒頭のシーンから最後まで、順番通りに、しかもカメラを一度を止めずに撮ったのである。つまり生放送と同じような「失敗できない」という緊張感を、出演者やスタッフに与えたのである。

現存する『オズ～』の映像は、テレビマンユニオンが保管する二話分のみ（第二十三回と最終話の二十六回）らしい。それが事実だとすれば誠に残念な話だが、その映像は、三十七年前に3Dドラマが放送された事実を今に伝える貴重な資料である。

「前に調べたところ、『オズ～』は〈世界初の3D連続テレビドラマ〉という結論に達しました。もし先例があるなら、ぜひ情報を寄せてほしいですね」

予定通り半年間放送して、番組は終了。話題になった3Dだが、以後、二〇一一年放送の『TOKYOコントロール』（フジテレビ）まで、その種の実写ドラマが作られることはなかった。「番組を作るときは、今まで誰もやっていないことに挑みたい」と重延さん。映像作品を進化させるのは、技術だけではない。その技術を使うクリエーターに、独創力と冒険心が不可欠なのである。『オズ～』を支えた物作りの姿勢には、今も学ぶことが多い。

（『宇宙船』二〇一一年夏号に掲載の原稿に加筆した）

第4章

ドラマ編　その2

スチュワーデス物語
深田祐介
新潮文庫

あいつの事なんか、
忘れました。
チロルの挽歌
-後編-
高倉 健
大原麗子

でも、何かが違う
鈴木ヒロミツ

『岸辺のアルバム』～レコードを売り歩く謎の紳士

昭和を代表するテレビドラマは数多いが、忘れがたい一本が、一九七七年放送のＴＢＳ『岸辺のアルバム』である。脚本は、名匠の山田太一。ホームドラマの全盛時代にあえて家庭崩壊を描いたところが際立っていたが、主題歌に外国の曲を使ったのも斬新だった。それまでのドラマは、劇中の音楽を作曲する音楽家が主題歌も作るのが通例だったからだ。

その曲は「ウィル・ユー・ダンス」というタイトルで、歌ったのは米国のシンガーソングライター、ジャニス・イアンである。

「誰かが血を流しています／夜に映える深紅の血を……」

ジャニス自作の歌詞は不穏な空気をまとい、劇中の平凡な一家を襲う悲劇を予感させた。この曲を選んだのは担当プロデューサーの堀川とんこう（当時ＴＢＳ）だが、氏がジャニスの曲をドラマ主題歌に使ったのは、実は二度目だ。『岸辺のアルバム』の前年に自ら企画演出した『グッドバイ・ママ』がそれで、曲名は「ラブ・イズ・ブラインド」。「恋は盲目」という日本語の副題が付けられていた。

「愛とはあなたの愛撫……やさしさ……そして束の間の苦痛なのです」

このドラマのヒロインは二十一歳のシングルマザーで、白血病に侵されて余命わずかと知った彼女は、二歳の娘の父親になってくれる男性を探して回るが、思い通りにいかない。歌詞に描かれた愛することの喜びと哀しみが、ヒロインの心情に重なって聴こえた。

海外の曲をドラマ主題歌に使った前例がなく、堀川は決断するまでに数ケ月かかった。関係するレコード会社と音楽出版社も、どう事務処理をすればよいか迷った。ところが放送が始まると、毎回冒頭に流れた「ラブ・イズ～」は大好評で、シングル盤を発売したら、なんと三十五万枚も売れてしまったのである。

紹介した二曲を和訳したのが、私の知人で、現役のラジオＤＪでもある山本さゆりさんだ。五年間の米国留学を経て、売れっ子の音楽評論家だった湯川れい子の助手を務めつつ、自分を売り出しているころだった。「歌詞を和訳するにあたり、ジャニスの繊細で傷つきやすく、少し陰のある心を汲みとるようにしました。それから彼女の声質もかんがみて、暗めに、静かに、です・ます調を取り入れました」。彼女が訳した歌詞を読んだ十六歳の私は、英語の奥深さを知って感動し、英語の勉強にのめり込んでいった。

のちに堀川プロデューサーの著書『ずっとドラマを作ってきた』を読んだら、「ラブ・イズ〜」の思い出が詳しく記されていた。ご当人にとっても大切な曲らしい。そこで紹介された思い出話のうち特に引きこまれたのが、堀川がジャニスを知ったきっかけである。

職業上、流行をいち早く知りたいが、仕事に忙殺されてレコード店へ行くひまがない。すると、都内の放送局や録音スタジオを訪ね歩きながら、最新の輸入レコードを売るセールスマンが現れた。「ジャケットに可愛い女の子が写ったレコードが欲しいんだ」。堀川がそう頼むと、数日後に男は、日本では未発売の新作アルバムを何枚も抱えてやって来た。男が、その中から一枚を差し出した。裏ジャケットに写った女の子は、かぶった麦わら帽子のひさしで、顔がほぼ見えない。すると、すかさず男は言った。「きれいな子よ、これは」。堀川はその言葉を信じて、そのレコードを買った。それが、たまたまジャニス・イアンのアルバムだったのである。

堀川は彼女の曲と歌声にすぐに魅せられた。だがのちにジャニスの顔を見て、困惑した。若くて可憐だが、世間で言うところの美人ではなかったからだ。そのとき堀川は思った。もし、あの麦わら帽子をかぶった女の子の顔も写っていたら、レコードは買わなかっただろうと。購入をためらう堀川に気づいたその瞬間、「きれいな子よ、これは」とひと押ししたセールスマンは、一流の商売人である。

のちに堀川さんに取材する機会があり、そのセールスマンについて尋ねた。「見たところ五十歳前後の細身の紳士で、いつも背広にネクタイというていで立ち。確かマージャンが好きだと言ってましたね」。さらにその男について調べたが、名前も素性もわからなかった。だが面白い話も聞けた。とあるＴＢＳのスタッフによると、ドリフターズのいかりや長介も男の常連客で、ジャズのコーラスものなどを買っていたとか。ドリフ主演の『8時だョ！全員集合』が大当たりしていたころなので、コント作りの参考にしたのか。男が昭和のテレビ界に与えた影響は、想像する以上に大きいのかもしれない。そう思うたびに、謎のセールスマンへの興味が募るのである。

『岸辺のアルバム』以降、ドラマ主題歌に洋楽を使うことが一種の流行となり、特にＴＢＳの作品が多かった。『家族熱』『沿線地図』『幸福』『金曜日の妻たちへ』、そして堀川が企画演出した「モモ子」シリーズなど。いずれも歌詞の内容とドラマのそれが重なりすぎず、その両方をうまく引き立てていたが、どれもさほど話題にならなかった。柳の下に二匹目のドジョウはいなかったらしい。

十六歳でプロ歌手になったジャニス・イアンは、六十九歳の今も現役で歌っている。私生活では二度の離婚を経験し、同性愛者であることを十七年前に公表。彼女が作った愛の歌がどこか淋しげで、歌詞に複雑な心もようが感じられるのは、当時の彼女が、密かに生きづらさを抱えていたからにちがいない。

（『小説推理』二〇二一年三月号）

『スチュワーデス物語』

～知られざる敏腕女性プロデューサー

俳優の芝居が「くさい」、セリフが「くどい」、話が「暗い」。その頭文字を取って〈3Kドラマ〉と呼ばれたこともあった。番組制作会社の大映テレビが作った連続ドラマ、いわゆる大映ドラマである。その独特の作風が広く注目されたきっかけが、一九八三年に放送されたTBS『スチュワーデス物語』で、最終回にはシリーズの最高視聴率二十六・七パーセントを記録している。

主人公の松本千秋は、スチュワーデス、今でいうCA（キャビン・アテンダント）を目指して訓練学校で勉強する十九歳。自称〈ドジでノロマな亀〉であがり性の劣等生だが、持ち前の根性と明るさで夢の実現に向かって突き進む。生徒たちを厳しく指導する教官の村沢浩は、その千秋に次第に魅せられるようになり、彼女もその思いに応えようとする。だが、村沢にはくされ縁の婚約者がおり、別れたくても彼女が受け入れようとしない。

ヒロインの千秋を演じたのが、前年に歌手デビューしたアイドルの堀ちえみ。演技は未熟だが、何事にも体当たりで一所懸命に取り組む姿勢が千秋の性格に重なり、特に十代の視聴者から支持された。また、千秋と村沢の「教官！」「松本！」というかけ合いや、千秋が自らに気合いを入れる際に発する「やるっきゃない！」が流行語になった。

また過剰な表現が目立ち、たとえば「泣いて、泣いて、思いきり泣いて」のように同じ言葉を重ねることが多かった。それから千秋が苦手な水泳を練習する場面で、彼女は廊下で腹這いになって、カエルのように手足を動かした。しかも、そばには声援を送る同期生たちの姿があるではないか！「それで上達するわけないだろ」と、大人は思わずテレビ画面にツッコミを入れたが、そのひたむきな姿を見た十代の多くは、素直に感動した。

この人気作を企画制作したのが、大映テレビの野添和子である。彼女はそれ以前にも『ザ・ガードマン』、アイドルの山口百恵が主人公に扮した「赤い」シリーズ、コメディアンの坂上二郎が初主演した『夜明けの刑事』など、話題のドラマを次々に世に放っている。ところが、これほど実績があるにも関わらず、この女性はこれまで表舞台に出ることが皆無に等しく、私も過去に何度か取材を頼んだが応じてもらえなかった。果してどんな人物であり、いかなる信念を持ってドラマを作ってきたのだろうか。

全編、怒鳴りまくれ！

野添和子の生い立ちは不明な点が多いが、実妹の野添ひとみが書いた本『浩さん、がんばったね』によると、本名を野添和《かず》といい、医師の家系である弁護士の父と、学生結婚した母の第四子としてこの世に生を受け、双子の妹・明がいる。のちに、第六子で末っ子の元《もと》が「野添ひとみ」

の芸名で大映専属の映画女優になったこともあって、彼女の付き人を経て大映に入り、一九六三年に同社のテレビ室へ。そこでフジテレビの芸能ニュースなどを制作したのち、一九六五年にTBSから声がかかって初めて連続ドラマを企画放送したところ、六年も続く人気作となった。『ザ・ガードマン』である。以後、連続ドラマを切れ目なく作り、名実ともにテレビ界を代表するプロデューサーとなった。

『スチュワーデス物語』で旅客機の客室乗務員を養成する学校の教官に扮したのが、俳優の風間杜夫である。子役の経験もある彼は、つかこうへい演出の舞台で頭角を現し、主演した二時間ドラマ『マザコン刑事の事件簿』(フジテレビ)で、野添プロデューサーと出会った。おそらくこの時の芝居を、野添が評価したのだろう。その翌年に作られた『スチュワーデス物語』の主役に抜擢されたのだった。

ところが風間は、初回の撮影に臨んで困惑した。演出の瀬川昌治によると、「何しろ渡された台本の台詞には全部「!」が付いている。全編、怒鳴りまくれという記号である」(著書『乾杯!ごきげん映画人生』より)。さすがの風間も「監督、恥ずかしいです」と弱音を吐いた。すると、そばにいた共演の石立鉄男が喝を入れた。「お前プロだろう。恥ずかしくないように見せるのが役者の芸だ。腕っぷしでねじ伏せろ!」。大映ドラマの常連だった石立のひと言で、風間は覚悟を決めたのだという。

こうした戸惑いは、大映ドラマに出演したどの俳優も少なからず味わった。大映テレビの専属俳優で、野添ドラマの常連であったベテランの宇津井健も、当初は面食らった。「いきなりワンカット目から、そのための準備というんでしょうか、ヒートアップさせて、充満させてセットに入っていかないと。入ってからゆっくり、そのペースに乗ろうなんて思うと、とんでもないことになっちゃいますから」（藤井浩明監修『映画監督・増村保造の世界』より）。ちなみに、同じ野添プロデュースによる山口百恵主演の『赤い衝撃』（一九七六年）、その第二十話の脚本を読むと、会話の途中に「！」が全部で百一個も打たれ、演じる俳優たちは、いつも喜怒哀楽を大げさに表現することを求められたことがわかる。大映テレビの作風を端的に示す事実である。

では『スチュワーデス物語』は、いかにして誕生したのか。

放送は火曜日の夜八時から一時間で、大人に向けた夜九時台のドラマしか作ってこなかった野添にとって、子供を含めた家族全員で見る時間帯に挑むのは、これが初めてだった。TBS側のプロデューサーだった野村清は、番組が大当たりした理由を、当時こう分析している。「今、教育問題が子どもにとっても親にとってもいちばんニーズがあるからだと思うんです。共同制作者である野添和子プロデューサーとも意見が一致したことなんです」（『商業界』一九八四年六月号）。ここで言う「教育」とは、CA養成学校の教官が訓練生を教えることを指しており、野添は〈学園もの〉の要素も取り入れることで、視聴者の多くを占める十代の興味を引こうとしたのだ。野村によるとスタッフの狙いは的中し、ＴＢＳに大量に届いた、番組の感想をつづった視聴者からの手紙は、ほとんどが十代が書いたものだったという。

また『スチュワーデス物語』は〈恋愛もの〉の要素もあり、客室乗務員の仕事を詳しく描いた〈職業ドラマ〉でもあった。すでに野添は出世作の『ザ・ガードマン』で、一般には知られていなかった、警備員の世界を描いて成功を手にしていた。このプロデューサーは、企画を考えるにあたって綿密に取材することで知られ、『スチュワーデス物語』でも、日本航空による全面協力を得て、ＣＡ養成学校に三ケ月あまり通った。テレビドラマは絵空事に過ぎないが、だからこそ現実味を持たせたい。そう考えていたのである。

映画監督の増村保造が脚本を監修

ドラマのプロデューサーは、自身の番組を成功に導くために、絶えず決断を迫られる。何かを選び取るには勇気がいるし、不安もつきまとうが、野添プロデューサーには、実は絶大な信頼を置く相手がいた。その人は、映画監督の増村保造である。『ザ・ガードマン』では、演出のほかに変名を含めて多数の脚本を書き、その後も野添が企画したドラマの初回や節目となる回を演出して、番組を軌道に乗せる大役を果たした。『スチュワーデス物語』でも初回を撮り、さらに脚本を十三話分も書いている。

増村は一九二四年、山梨県に生まれた。東大法学部を卒業して大映に入社し、助監督を経て映画『くちづけ』で初監督。以後『巨人と玩具』『妻は告白する』などの話題作を撮った。とりわけ江戸川乱歩原作の『盲獣』は野心作で、いわゆるカルト映画と呼ばれて海外でも評価が高い。

野添ドラマに力を貸した増村だが、その貢献度は想像以上に大きかった。そのことを知ったのが、先ほど引用した『映画監督・増村保造の世界』という本に載った、『スチュワーデス物語』の脚本を書いた安本莞二への長いインタビューである。

「増村さんはクレジットには名前がありませんけど、野添和子さんが手掛けたテレビシリーズのほとんどの脚本に絡んでいるんですね」

今は亡き安本莞二は一九四四年生まれで、大映の企画部を経て、同社の倒産後に野添プロデューサーと出会う。以後、彼女の信頼を得て、特に「赤い」シリーズでは主力脚本家としてシナリオを量産した。『スチュワーデス物語』でも、シリーズの半分にあたる計十一話分の脚本を執筆している。

安本によると、野添のドラマの作り方は、まず彼女が増村から助言を受けながら、新ドラマの企画を煮詰める。出来上がった企画書は分厚いもので、登場人物の経歴や性格設定などが、こと細かに記されている。「その時点で基本的なストーリーはできているんですよ。それを二十六話分に分けて、それぞれの話の運びを、野添さんがつくる場合もあるし、ぼくがつくる場合もある」。

続いて脚本家たちに執筆を頼み、シナリオが一話分ずつ書き上がってくるたびに、増村と野添が目を通す。「増村さんは、どんな脚本でも必ず百ケ所ぐらい直すところがあるという考えだから（略）一時間ものの打ち合わせでも、最低、五、六時間はかかるんじゃないですか」。

これは非常に労力のいる作業である。しかも、同席した野添も脚本に対して遠慮なく感想を述べたが、増村と意見がぶつかることも多く、その場合は、双方が納得するまで徹底的に話し合った。「すごいですよ。テニオハまで言われますから（略）単なるテニオハじゃなくて、こういう性格の人間は、こういうしゃべり方はしないということで議論になるんですよね」。意見の衝突が激しくなって結論が出ないと、安本が二人の間に入って、突破口が見つかるように導いた。

安本は、両者によるドラマ作りを長いことそばで見ていて、それぞれの役割がわかってきたという。「リアリティをある程度無視しても、おもしろくしたい、波瀾万丈にしたいというのが野添さんで、それにリアリティを持たせて着地させるのが増村さんでした」。大映ドラマといえば、現実にはありえない状況設定や、都合よく偶然が続けて起きるストーリーなど、〈作りもの〉としての魅力を存分に味わえた。その一方で、そこで展開される人間ドラマに、〈真実味〉を加えるように尽力したのが増村であった。

とりわけ野添＋増村のドラマ作りが際立ったのが、一九七〇年代の「赤い」シリーズで、いつも物語の中心に親子の絆、男女の恋愛を置きながら、その関係を引き裂くものとして、出生の秘密、禁じられた愛、不治の病といった〈不幸〉を次々に放りこんだ。ストーリーに絶えず起伏を与えることで、視聴者をドラマの世界へ引きずりこんだのである。

また野添は、企画の時点で決めたストーリーとその結末を、決して変えなかった。ひとたび放送が始まれば「視聴者に受けようが受けまいが、最初に作った構成を崩さず、その通りに突っ走るだけ」と、彼女は珍しく引き受けたインタビューで答えている（『赤いシリーズＤＶＤマガジン』第十四号より）。それから新たな企画を考えている時から、出演俳優もすべて自身で選んでいた。ドラマ作りにおいて、全権を握った独裁者になることを選んだ野添。それは自信の表れであろうし、もし番組が失敗すれば、責任はすべて自分が負うという、覚悟の証でもあったにちがいない。

恥も外聞もなく欲望を表現する狂人

では、増村が描こうとした〈人間〉とはいかなるものか。増村は大映に入社後に二年間イタリアに留学し、映画実験センターで映画論を学んでいる。この経験から得たものは非常に大きく、とりわけ彼の人間のとらえ方に多大な影響を与えた。

「私は情緒をきらう。何故なら、日本映画に於ける情緒とは抑制であり、調和であり、諦めであり、哀しみであり、敗北であり、逃走だからである（略）私が描きたいのは、聡明に現実を計算し、その計算の中で過不足なく欲望を表現する着実な人間ではない（略）恥も外聞もなく欲望を表現する狂人を描きたい」（『映画評論』一九五八年三月号より）

増村が留学先で見つけたのは、自立した〈個人〉である。ところが帰国して失望を味わった。建前と調和ばかりを重んじ、状況の変化に流されやすい人間ばかりだったからだ。のちにテレビドラマの制作に参加した彼は、自らが理想とする人間たちを劇中に登場させた。どんな境遇に置かれても、自らの思いを貫くために、強い意志と情熱と行動力で人生を切り開こうとする人間たちを。

また増村は、演出においても確固たる信念のもとにドラマを撮り続けた。

「テレヴィ・ドラマは、映画が観客を暗い映画館にとじこめて、鑑賞を強制するのと異なり、茶の間で談笑する人たちの恣意によって眺め棄てられ、チャンネルを切り換えられてしまう。それ故に、コントのように、いささかの無駄もなく、明快で、寸鉄人を刺す鋭さと迫力を持つべきではなかろうか」。では、どうやってドラマに〈鋭さ〉〈迫力〉を与えたのか。「テレヴィの画面には、さほど現実感がないので、いかなる音でも、自由に大胆に誇張して使うことができる（略）ストーリイの展開も、映画のそれより、はるかに切迫した、ピークからピークへの緊張した流れでなければならない。映画のように、雰囲気やディテイルの中で遊ぶことが許されないからである」（いずれも『テレビドラマ』一九六〇年七月号より）

引用した文章は、増村がドラマ演出を経験する前に書いたものだが、彼が思い描いたことをのちに実践したことに驚かされる。特に〈自由に大胆に誇張〉というひと言には、大映ドラマ最大の特長が明快に言い尽くされている。

野添と増村を結びつけたもの

増村は映画監督としての実績もあったし、大映がつぶれた後も、自身で会社を作って映画を撮り続けた。不思議でならないのは、その増村がなぜ野添に協力し、しかも膨大な時間とエネルギーを注いで、テレビドラマを作り続けたのか、ということだ。大映テレビには、古巣の大映から移ったスタッフや俳優が数多くいたので、それで同社に愛着を抱いていたのか。あるいは、テレビドラマ作りに賭ける野添の情熱と才能を買っていたからか。今回の調査では確かな答えは得られなかったが、俳優の宇津井健が晩年に著した自伝本『克己心』に、その手がかりを見つけた。

宇津井は大学を卒業すると、映画の新東宝から俳優デビュー。だが八年目に同社は解散し、大映に移ったものの、こちらも数年後に倒産。そして本体から独立した大映テレビに移籍している。主演したドラマ『ザ・ガードマン』が大ヒットしたことで、スターの座を手に入れたが、当初はつらい思いをしたと、先の本で告白している。

ドラマを撮るためのセットは、いつも撮影所のもっとも奥まったトタンぶきの建物で、室内には冷暖房もない。しかも、昼ごはんを食べにスタッフと撮影所内の食堂へ行くと、大映本体のスタッフから「『ザ・ガードマン』のスタッフはあと、あと」と追い払われ、宇津井は悔しさをかみしめた。

これは日本映画が斜陽になる少し前の話だが、宇津井と同じような屈辱を、自らテレビ業界に飛びこんだ映画監督の増村も、新米プロデューサーの野添も味わったと想像できる。そして二人は〈映画人〉としての誇りを胸に秘めながら、映画に決して負けない、あるいはそれを上回るテレビドラマを作ってみせると、決意したのではないか。年齢の上でも仕事の実績でも差があった増村と野添。両者を強く結びつけたのは、同じような立場に置かれた二人の境遇であり、同志としての絆だったにちがいない。

松本清張原作『黒い福音』を初ドラマ化

連続ドラマを休みなく作っていた野添が、『スチュワーデス物語』から一年が経った一九八四年に、TBSである単発ドラマを企画放送した。『黒い福音』である。

物語は、日本に赴任してきた若い外人宣教師が、交際を始めた客室乗務員を自らの身勝手で殺してしまうところから始まり、宣教師に疑いの目を向けた刑事が、彼を逮捕するべく執念を燃やす。原作は、人気作家の松本清張の手になる推理小説だが、なぜか過去に一度もテレビドラマ化されたことがなかった。

この番組の成り立ちに関わった、樋口祐三さんに話を聞いた。氏は一九五八年にTBS入社。演出部で『ウルトラマン』などを手がけたのち、映画部のプロデューサーとなり、当時は、制作会社が持ちこむ大量のドラマ企画から放送する作品を選び、制作するための予算や日程などを管理していた。

『黒い福音』は二時間半もある大作だが、難なく企画は通ったという。

「なにしろTBSで実績があった野添さんからの提案でしたし、演出は、有名な映画監督の増村保造さんですから。ただし原作を読むと、外人宣教師が日本人の恋人を殺す話で、視聴者には身近ではない素材でした。だから、冒頭に映画評論家の白井佳夫さんによる解説を入れたのは、視聴者をドラマの世界に誘う上で効果がありましたね」

この作品では、社会問題から人間ドラマを紡ぎだす名手だった松本清張の小説らしく、アメリカの占領が終わった直後に実際に起きた殺人事件を取り上げている。そして物語の後半では、刑事が犯人を追い詰めるものの、アメリカとの関係をこじらせたくない上層部からの圧力によって、犯人の宣教師は逮捕されることなく海外へ逃げてしまう。

刑事に扮したのは、〈大映ドラマの顔〉とも呼べる宇津井健。とりわけ宣教師を取り調べる場面における芝居は、〈熱演〉のひと言で表しきれないほど激烈で、その気迫に圧倒された。

決定的な証拠が見つからないので、刑事は言葉を積み重ねて宣教師を追いこみ、自白させようと試みる。ところが、彼はなかなか口を割らない。ついに業を煮やした刑事は、「吐け！　吐け！」と叫びながら宣教師の首を両手で締めてしまい、上司に止められる。増村が映画やドラマで描き続けた〈情熱と信念の人〉を、宇津井健は、まさに全身全霊を傾けて演じたのである。

大晦日の夜も映像を手直し

TBSの樋口は『黒い福音』の前にも野添と何度か仕事で組んでおり、彼女の仕事ぶりに感服する瞬間が何回もあったという。

「プロデューサーは、撮り終えたフィルムを監督がつないだものを必ず見て、放送前に出来ばえを確かめます。野添さんの場合は、見たあとでほぼ毎回手直しをしていたし、時には一部を撮り直すこともあった。その分だけ金も時間もかかったが、放送されるといつも視聴率が良いので、社内でも問題になりませんでした」

野添が作る連続ドラマは、完成までに手間がかかるため、作業に遅れが出ることが多かったという。

「大晦日の夜なのに、野添さんが編集室にこもって作業していたことがあった。そうしないと、放送に間に合わなかったのでしょう。野添さんも申し訳ないと思ったのか、NHKの『紅白歌合戦』を見たいスタッフのために、小さなテレビを編集室に持ちこんでいましたよ」

多くのプロデューサーと仕事を共にした樋口だが、野添の印象は？「編集だけでなく企画、脚本作り、配役、撮影それから番組スポンサー、協力企業と、ドラマ作りに関わるすべてに細かく気を配る人。そういうプロデューサーは、ぼくの知る限り、野添さんと、『Gメン’75』などを一緒に作った、東映テレビ部の近藤照男（故人）さんだけですね」。野添と近藤はいずれも映画界の出身で、年齢も近かった。またTBSを舞台にして、ひとつの時間枠を長いこと担当したり、マスコミの取材に応じず裏方に徹するなど、共通点も多かった。二人は情報を交換するなど仕事上での交流も盛んで、互いに刺激を与える存在だったようである。

のちに野添と一緒にドラマを作ったTBSの知人によると、彼女は「『黒い福音』、あれが私の代表作ね」と語っていたそうだ。また大学時代に法律を学び、一時は検事を目指した増村にとっても、この作品は実際に起きた犯罪を扱ったという点で、大いにのめりこんで取り組んだにちがいない。

異様に光り輝く主人公のおでこ

『黒い福音』から二年後の一九八六年に、野添は悲しい別れを経験する。増村が、わずか六十二歳で亡くなったのだ。野添は敬愛する先輩を失って気落ちしたはずだが、大映ドラマの看板プロデューサーである以上、仕事を休むことはできず、ドラマを作り続けた。一九九一年には、かつて『スチュワーデス物語』が放送された火曜夜八時の枠で、『デパート！夏物語』全十回を制作している。

郊外のデパートで研修生として働き始めた高山大介は正義感と思いこみが強く、客とトラブルを起こして、上司（小林稔侍）から落ちこぼれのレッテルを貼られる。私生活では案内係の小百合（西田ひかる）にひと目惚れするが、同期入社の女性に追いかけられて困り果てる。

主人公の大介を演じたのが、連続ドラマ初主演の高嶋政宏。いつも感情を大げさに表現して大映ドラマらしさを全身から発散したが、一方で「元気いっぱい熱演してるのはいいが、張り切りすぎて、一人浮き上がってしまった感じ」（毎日新聞の番組評）といったマスコミの冷静な反応もあった。物語の中心には〈恋愛〉があったが、伊勢丹の全面協力のもとに作られた、野添が好んだ〈お仕事ドラマ〉でもあった。

この時、TBS編成部員の立場で本作に関わったA氏に取材したところ、興味深い逸話を明かしてくれた。

「野添さんは生活のすべてが仕事という人で、早朝でも夜中でも電話がかかってきた。多い時には一日に十回も。でも用件は、提案したいことや確かめたいことがあるというもので、無理難題を押しつけられることはなかったですね」

A氏はそれまで番組制作に関わったことがなく、野添が超売れっ子のプロデューサーであることは先輩から聞いていたが、大映テレビの個性的な作風は知らなかった。

「『デパート！夏物語』の初回か二回目でしたが、納品された映像を見たら、主演した高嶋政宏さんのおでこが、なぜか異様に光ってる。なんだこれは⁉　と思いましたよ。しかもTBSの社内基準に照らすと、その輝きが「明るすぎる」と放送部からダメ出しされて、放送の直前に急いで手直しをしました」

なぜ、おでこが異様に光っていたのか。答えは『デパート！夏物語』の宣伝コピーにあった。

「こんがりと顔になる。恋も仕事も七転八倒。一生懸命が生んだとっておきのイイ顔、お見せいたします」

それから接客で失敗ばかりしている主人公の大介は、上司からこう諭された。

「デパートマンは、いついかなる時も、ベストの顔をしてお客様に接するのが原則。君の一番イイ顔を見せなさい」

このセリフは、おそらく現場のデパート関係者への取材から拾ったものだろうが、どうやら野添は、主人公の〈顔〉を強調したかったらしい。そこで〈イイ顔〉を視聴者に強く印象づけるために、編集でおでこに輝きを足したわけだが、きわめて独創的な発想であり、大映ドラマの作風を象徴する話である。

さらにA氏は、編集室を訪ねた際に不可解な光景を目にした。「監督がつないだ映像を野添さんが見ていたのですが、編集マンに命じて、登場人物が椅子から立つ瞬間に、擬音を足しているんです。しかもかなり大きな音を」。あまりにも奇妙な演出が続くので、野添に理由を尋ねた。「今から思えば怖いもの知らずでしたが、野添さんによると『デパート!~』は夜八時台の放送で、裏番組はバラエティー番組ばかり。その中で視聴者に見てもらうには、とにかく〈明るいドラマ〉にする必要があるのよ、とのことでした」。野添のひと言には、経験に裏打ちされた、自信がみなぎっていたそうである。

視聴率について言えば、最大の競争相手がフジテレビの『火曜ワイドスペシャル』で、売れっ子の芸人たちを使って、毎週異なる企画をぶつけてきた。しかし、野添の狙い通り『デパート!~』は視聴率を稼ぎ、好評を受けて翌年に続編が作られたのだった。

野添和子の素顔とは?

高い打率でヒットを飛ばし続けた野添和子。その人となりは、どうだったのか。

まずは、当時の大映テレビ社長・安倍道典の人物評から。野添は「TBS中心の仕事だったが、身びいきなところがあり、あの人が仕事を決めてくれた、当たらないとあの人に迷惑をかけると考え、どの作品にも全力投球で打ち込んだ」(著書『昭和　思い出の記』)。野添がTBSでしかドラマを作らないのが前から不思議だったが、それは彼女の義理固さによるものだったのだ。

次に、元TBSの樋口祐三さんに尋ねてみた。「今も昔もドラマのプロデューサーは、私生活でも俳優やスタッフと遊ぶ人が多い。もちろん仕事にもメリットがあると考えて。ところが野添さんには一切そういうことがなく、芸能人とは親しく付き合いませんでした」。仲が良くなれば相手に情も移るし、仕事を共にした時に、余計な気遣いをしたくなる。だが、それではプロデューサーとしてやりたいことができなくなると、野添は考えたにちがいない。

元TBSのA氏によると、打ち合わせの場所は都内・代官山のレストランが多く、雑談の中で映画の話題がよく出た。「映画がすごくお好きだったようですね。増村監督の思い出話もひんぱんに出ました。ご自身のドラマ作りにおいて、強く影響されたのではないですか。そういえば、ちょうど公開されたばかりだった『ボディガード』を大絶賛されてました。あの映画はカンペキねって」。米国映画『ボディガード』は恋愛ありサスペンスありで、しかも、主人公が特殊な職業に就いている〈お仕事もの〉でもある。野添は、一つのドラマにいろんな要素を盛りこむことを得意としただけに、きっとプロデューサーの目線で、この映画をほめたのである。

最後の輝きを見せた二時間ドラマ

九〇年代に入っても、野添はTBSで精力的にドラマ作りを続けたが、以前ほどのヒットを飛ばせなくなっていた。また、歌手の中森明菜を悲劇のヒロインに迎えて、新しい「赤い」シリーズの構想を練ったが、実現には至らなかった。そんな一時の勢いがなくなりつつあったころに、一話完結の二時間ドラマを、五本ほど企画放送している。

●『証明』（一九九四年）原作／松本清張、脚本／大石静、演出／大岡進　出演／風間杜夫、原田美枝子

●『ひとさらい』（九五年）脚本／田向正健　演出／せんぼんよしこ　出演／田中美佐子、平田満

●『誰かが私を愛してる』（九七年）脚本／田向正健　演出／南部英夫　出演／清水美砂、内野聖陽

●『顔』（九九年）原作／松本清張　脚本／大石静　演出／大岡進　出演／戸田菜穂、斉藤慶子

●『影の車』（〇一年）原作／松本清張　脚本／橋本綾　演出／堀川とんこう　出演／風間杜夫、原田美枝子

いずれのドラマも、徹底して大衆受けを狙ったそれまでの連続ドラマとは、多くの点で異なる。特に目立つのは、〈誇張〉〈過剰〉に代表される、大映ドラマならではの演出がないことだ。

TBSの編成部員として『証明』と『ひとさらい』を担当したA氏の回想。

「風間杜夫さんを除く出演俳優が、大映ドラマの常連ではないのが意外でした。演出家も大

岡さんはＴＢＳ所属、せんぼんさんは日本テレビ出身で、それまで大映ドラマとは無縁でした」

ほかの作品についても、演出の堀川とんこう（当時ＴＢＳ）、脚本の橋本綾など、初めて手合わせするスタッフばかりである。俳優では風間杜夫が二作で主演したが、あえて彼を型にはめた『スチュワーデス物語』とは打って変わって、自然な芝居を見せているのが興味深い。きっと野添は風間の演技力をとても買っていて、二時間ドラマでは、その魅力が存分に出せるように気を配ったのだろう。

そのころ二時間ドラマは各局で量産されていたが、連続ドラマほど視聴率を気にせずに作ることができた。Ａ氏も「野添さんは、二時間ドラマで、好きなことを伸び伸びとやれたんじゃないですか」と振り返る。調べてみたら、『影の車』は野添がプロデューサーとして関わった、実質的に最後の作品である。もしかしたら自身の仕事納めとして、今までやりたくてもできなかったことを、そこで実現したのかも知れない。なお賞には無縁だった野添だが、『ひとさらい』でＡＴＰ賞をもらった。だが、いかなる時も表舞台に出てこない人なので、授賞式にはＡ氏が代わりに出席したそうだ。

その後は第一線から退き、大映テレビの後輩プロデューサーたちに道を譲った。近況は不明だが、おそらくすでに八十代の後半ということもあって、高齢者専用の施設で暮らしている、との未確認情報もある。

昭和時代のテレビ業界は、圧倒的に男性優位だった。そんな状況にあって野添和子は、ドラマプロデューサーの石井ふく子（TBS）、武敬子（テレパック）、ドラマ演出のせんぼんよしこ（日本テレビ）らと共に、数少ない女性のスタッフとして大きな仕事を成し遂げた。おそらく平坦ではなかったその道のりを、ぜひとも自ら語ってもらい、書籍にまとめて後世に残してほしいと思う。

おしまいに、『スチュワーデス物語』の裏話をもうひとつ。

このドラマの企画を練っている時の話である。脚本の安本莞二に、野添プロデューサーから命令が下った。監督の増村保造とすぐに打ち合わせをせよ、と言うのだ。ところが安本いわく、「増村さんが映画のロケでイタリアに滞在中だった。野添さんに、あなたが行かないと、この番組、成立しないのよ！　と執拗に責められて（笑）」（『週刊テレビ番組』一九八九年四月二十八日号）。

ところが、安本は極度の飛行機恐怖症である。意を決して機上の人になったものの、イタリアに着いたら着いたで帰りのことを考えてしまい、再び気が重くなったという。

野球について全く無知だった脚本家の佐々木守が、野球マンガ『男どアホウ甲子園』の原作を書いて成功へ導いたように、飛行機嫌いが『スチュワーデス物語』の脚本を書き、しかも高い視聴率を取ってしまう。名作が誕生する瞬間には、理屈では割り切れない、不可思議なことが起きるようである。

（書き下ろし）

『チロルの挽歌』〜高倉健の早口ことば

かつて大人気を博した任侠映画の看板役者といえば、俳優の高倉健である。演じた役柄は、いつも物静かで、義侠心にあふれ、情に厚い男。だが健さんは、邦画が下火になると古巣の東映を離れ、映画に出演しながらテレビにも進出し、八十三歳で世を去るまでに、計四本のドラマに主演した。

その二本目が、一九九二年放送のＮＨＫ『チロルの挽歌』で、これは異色作だった。ここでこの名優が演じたのは、口の重い自分を変えたくて、おしゃべりになろうと努力する男。健さんの無口なイメージとの落差が大きく、非常に意表を突かれた。

健さんが扮した中年男の実郎は、仕事熱心な鉄道技師だが、あるとき上司からテーマパークの運営を命じられて困惑する。生マジメな上におしゃべりが苦手で、冗談も言えない。そんな自分に、客を相手にするサービス業が務まるのか……。悩んだあげく実郎は、自らの性格を変えようと、ある「練習」に励む。それは新たな魅力を身に付けることで、男を作って家出した愛妻（大原麗子）を振り向かせるためでもあった。

とりわけ笑いを誘ったのが、実郎が妻の父と再会し、畳に正座して小さなテーブルをはさんで向かい合う場面だ。実郎が「結構しゃべれるようになりました」と少し胸を張ると、義父が「ほんとか?」と疑う。直後に実郎が披露したのが、新たな職場に移ってから練習を始めたこと、それが早口ことばだった。

「親亀の背中に子亀をのせて、子亀の背中に孫亀のせて。生むぎ、生ごめ、生たまご」

一度も突っかからずに言えた実郎が、ほっとした表情を見せる。これだけでも愉快なのに、さらに笑いをふくらませるひと言が飛び出す。義父が「たいしたもんだ!」と、大げさにほめたのである。その瞬間に照れまくる実郎が、何とも愛らしかった。

脚本は名匠・山田太一。かつて当人に取材した際に語ったところでは、早口ことばの場面を書いたのは、「健さんの喜劇的な面を引き出すため」だという。意外なことに健さんは、コメディー系の映画やテレビ番組を見るが大好きで、のちに志村けんに声をかけて、自身の主演映画に出てもらったこともある。山田はこの老練な俳優の知られざる一面を、しっかりと見抜いていたのである。

山田は脚本を書く際に、登場人物の心理状態や動作などを記した「ト書き」を、とても綿密に書くことで知られる。NHKのドラマ演出家・富沢正幸は、その理由について、山田は「自分の思いを他人に正確に伝えることが、どんなに難しいことなのかをよく御存知だからでしょう」と記し、自身が『チロルの挽歌』を演出した際、撮影後にト書きの読みちがいに気付き、その場面を撮り直したと告白している（『ドラマ』一九九二年五月号より）。

この演出家は「早口ことば」の場面も脚本に忠実に撮っているが、ト書きにはない描写を足した部分がある。健さん扮する実郎が妻の父と対面した際に、きちんと正座し、さらに両手をひざに置いて身を小さくしているのだ。妻の家出を申し訳なく思って恐縮している感じが、よく出ているではないか。また早口ことばをしゃべる際には、視線を宙にやりながら、ひと言ずつ慎重にそらんじて見せた。絶対に言い間違いをしたくないという実郎の真剣さが、より強く伝わる芝居である。こうした描写はリハーサルの最中に生まれたものだろうが、動きなどを決める際に、健さんから提案したのかも知れない。

当時の山田太一は、健さんのみならず、その他のベテラン俳優にも、その人のそれまでのイメージをくつがえす役柄を演じてもらい、新たな魅力を引き出している。

ＴＢＳ『岸辺のアルバム』（一九七七年）では、清純派の八千草薫が、夫に失望して不倫に走る貞淑な妻に扮した。ＴＢＳ『深夜にようこそ』（一九八六年）では、アクションが得意な野性派の千葉真一が、仕事に疲れた巨大商社の企業戦士を演じ、人との温かな交流を求めて、素性を隠してコンビニで働いた。

これも忘れがたいのが、健さんと並ぶやくざ映画のスターだった鶴田浩二が、吉岡という初老の警備員に扮したＮＨＫ『男たちの旅路』（一九七六〜八二年）。吉岡は自分より三十歳も若い部下の女（桃井かおり）から、愛の告白を受ける。吉岡は独身で、この女に好意を持っているが、彼女が不治の病と闘っていることもあって、気持ちを受け止める勇気も覚悟もない。ほどなく彼女は亡くなり、吉岡は後悔と自責の念から仕事を辞め、酒びたりの日々を送るようになる。鶴田浩二は、映画で身も心も「強い男」を演じつづけた。だが吉岡には心の弱さがあり、脚本の山田は、そのことを愛情を込めて描いていた。

また山田は、日本テレビ『ちょっと愛して』（一九八五年）で、樹木希林に、それまで男に縁がなく、婚活を始めたものの成果が出ないデパート店員を演じさせた。物語の後半で、彼女は冴えない男（川谷拓三）と生まれて初めて口づけを交わし、のちに彼と結婚する。このときの、唇を重ねた瞬間、緊張のあまり全身が固まってしまう樹木の芝居が、とても可笑しかった。樹木が恋する女を演じたのも珍しいし、あのキスシーンは、俳優人生初の体験だったはずである。

山田太一によれば、高倉健は『チロルの挽歌』の「早口ことば」の場面を、とても素直に、そして気持ちよく演じたという。喜劇的な場面では、俳優はあざとく笑いを狙わずに、ひたすら一所懸命に演じるべし。その鉄則を、健さんはよくわかっていたにちがいない。

（『小説推理』二〇二二年九月号）

『おやこどん』～樹木希林と小林聡美の親子漫才

夜遅くに帰宅し、眠い目をこすりつつテレビの電源を入れた。すると女優の樹木希林と小林聡美が関西弁で漫才をやっている。芸達者な二人だけに、息もぴったりで面白い。コントかと思ったらドラマだった。題名は『おやこどん』。のちにインターネットで何度も調べたが、なぜか情報がない。あれは夢だったのか。

そこで調査を始めた。放送直後に書き留めたメモによると、放送局はフジテレビで、演出は小泉守。現在は番組制作会社を率いる氏に会って、話を聞いた。

「演出を頼まれたときは、すでに出演者が決まっていたが、脚本を読んでやる気になった。特に事件が起きず、劇中の会話もありふれている。なのに、そこについ忘れがちな大切なものがあって、心が温かくなったんです」

小泉に声をかけたのが、プロデューサーの三宅川《みやがわ》敬輔さんである。

「ドラマ『LUCKY 天使、都へ行く』に参加した際、出演者の小林聡美さんと、所属事務所の安藤社長と知り合った。その後、社長から、聡美さんと樹木希林さんの主演でドラマができないか、と提案されました」

実は樹木と小林は、その前に映画で二度、親子役を演じている。かつて取材した希林さんいわく、自分の丸い顔が小林と似ていることを面白がり、二回目の共演作『さびしんぼう』では、わざと髪形も髪飾りも同じにしたという。もう一度、小林と親子を演じたい。その思いが『おやこどん』で実を結んだのだ。

物語の主人公は、大阪で活動中の漫才師、サンデー・イキルのぞみ。四十六歳のイキル（樹木）と娘のぞみ（小林）のコンビである。

なかなか売れない二人に、運が向いてきた。まずのぞみにラジオ出演の話が舞いこみ、ある青年との間に淡い恋心が芽生える。一方、イキルは言語学者で漫才好きの猫田（岸部一徳）と出会い、引かれ合う。だがのぞみは、悩んだ末にラジオ出演の依頼を断ってしまう。もし自分だけが売れたら漫才ができなくなる。母がそう心配すると思ったからだ。また青年との恋も実らず、イキルの方も、猫田と婚約したものの「結婚アレルギーや！」と一方的に別れを告げてしまう。そして、なんとなく大阪に居づらくなった二人は夜逃げをし、着の身着のまま夜行列車に飛び乗るところで、物語は終わった。

脚本は新人の妻鹿年季子《めがときこ》。のちに夫となる和泉務と「木皿泉《きざらいずみ》」の名前で創作を始めたばかりで、話題のドラマ『すいか』を書くのは十年後である。彼らの名を広めたフジテレビの人気ドラマ『やっぱり猫が好き』への参加は、その『すいか』にも主演した、小林聡美の推薦がきっかけだった。無名時代の木皿が書いたラジオドラマに出演した小林が、その内容を気に入っていたからだ。

のちの木皿ドラマと同じく、『おやこどん』でも、平凡な会話から、真理を突いたりクスっと笑えるひと言が飛び出す。たとえば、いつもは冗談ばかり言うイキルが、珍しく娘ののぞみに人生を語る。「人は誰でも、泣いて、忘れて、また生きる。ええがな」。また、劇画家のつげ義春が好きなイキルは意外に物知りで、自戒をこめて犬につぶやく。「人間は楽な方へ流れてしまうからなぁ。慣性の法則やね」。博識だが浮世離れした猫田が、のぞみに幸福論を語る。「タコ焼きがまん丸に焼けるのを見てると、幸せなんです。でも家で一人で焼いたタコやきは、半円になる。うまいこと球にならない、不幸なタコ焼きです」。特に傑作なのが、のぞみが生まれて初めて発した言葉で、母イキルに「バイバイ！」と言ったというのだ。タコ焼きの話は、関西出身の妻鹿の実感から出たセリフか。また見せ場の親子漫才は三度あり、軽妙なボケツッコミのかけ合いが愉快である。このあたりは、漫才の台本を書いてきた夫の和泉務も、アイデアを出したのかも知れない。

撮影は大阪市内で行なわれた。だが親子漫才だけは、都内の浅草にある演芸場の木馬亭で収録し、三宅川プロデューサーも立ち会った。自身が大阪出身なので、東京の下町で生まれ育った樹木と小林に、地元ことばの微妙な言い回しについて助言したのだ。「そうしたのは、関西出身ではない役者さんが使う大阪弁に、前から不自然さを感じていたから。それから主人公の親子を、訳あって東京から大阪へ逃げてきたことにして、もし関西弁に難があっても不自然ではないようにしました」。

衣装担当は石田節子さんで、ほぼ前例がなかった、着物専門のスタイリストとして修行中だった。「ドラマ『やっぱり猫が好き』に参加した際に、小林聡美ちゃんの事務所の社長と出会い、その流れで『おやこどん』も頼まれました」。イキルのぞみが身につける着物を選び、舞台衣装を自ら作った。「外見がそっくりな親子なので、対のイメージが思い浮かび、年代ものの振り袖を二つに切って仕立て直し、黒い方を希林さん、オレンジの方を聡美ちゃんに着てもらいました」。交流は撮影後、着物好きの樹木に声をかけられ、彼女が所有する着物の仕立て直しを手がけた。交流は樹木が亡くなるまで続き、『おやこどん』の台本を、記念の品として今も大切にしている。

撮影は一九九二年で、金曜夜九時から二時間ドラマとして放送されるはずだった。だが予定が変わり、数年後、深夜にひっそりと放送された。「殺人もサスペンスもないので、二時間ドラマとしては地味。でも実現したい内容だったので、フジテレビには半ば強引に企画を通しました」。こう振り返る三宅川も演出の小泉守も当時、名演出家の久世光彦が率いたKANOX《カノックス》に所属。だが同社はのちに解散し、映像の所在もわからない。この掛け値なしの名作、どなたか録画していませんか。

（『小説推理』二〇二二年三月号）

『ムー一族』～迫るミイラ男とイメージの飛躍

ありふれたホームドラマにギャグ、歌、美少女、生放送、特別ゲストを大胆に放りこんだTBSの『ムー一族』。一九七八年放送の本作の演出は、TBSのディレクター六人が手がけた。そのなかでも特に強烈な印象を残したのが、宮田吉雄である。

その最大の特長は「イメージの飛躍」と「シュールな笑い」。たとえば第二十七回は、ミイラ男に追われる少女の悪夢が延々と描かれ、そのなかで自由奔放、奇想天外な映像イメージがうず巻いていた。その途中で退廃的な空気に包まれた酒場が出てくるが、これは映画『愛の嵐』にささげたオマージュ。本家では美形男優のダーク・ボガードが演じたナチスの親衛隊員を、あえて老境にあった伴淳三郎に演じさせたところに、シャレっ気が感じられた。

宮田吉雄は一九三八年に東京で生まれ、慶応大学を卒業後、TBSに入社した。テレビ放送が始まって九年目の、一九六二年のことである。音楽バラエティーなどを演出したのち、先輩の久世光彦に請われてドラマ班へ移り、『時間ですよ』第三シリーズと、『寺内貫太郎一家』の二シリーズで数本撮った。かつて筆者がご当人に取材したところ、小説全般、クラシック音楽、オペラ、それに映画、とりわけ怪奇ものが大好きだと教えてくれたが、『ムー一族』でも怪談調の演出が多かった。

また映画ファンらしく、『寺内貫太郎一家』第十四回では、長女を演じた梶芽衣子を使って、彼女の当たり役である「女囚さそり」をパロディー化。さらに第三十五回では、主演の小林亜星に、かつて映画で見た名優ジョン・ウェインのしぐさを演じてもらった。それに加えて、ケンカに巻きこまれる夫婦（夫は怪優たこ八郎！）、寿司屋の出前持ちとお坊さんの一群がお茶の間に乱入と、スラップスティック感覚あふれるギャクで楽しませてくれた。

自らプロデュースし樹木希林が主演した『ばあちゃんの星』では、事件が起きた。宮田の演出した一本が放送されなかったのだ。運良くその映像を見ることができたが、その冒頭で、セーラー服の少女を見ると欲情し、ナイフで切りつける殺人鬼が登場（演じたのはコメディアンの内藤陳）。全身黒づくめで、真っ白な顔に赤い口べにを塗っているという、見るからに不気味な殺人鬼で、ナイフについた少女の鮮血を見つめて、にやりと笑いながら「トマトケチャップ！」。ところが番組スポンサーはケチャップ会社で、試写を見てこの場面に激怒、放送中止が決まってしまったという。この一件を語る宮田は、うなだれることもなく、むしろ誇らしげだった。どれだけ伝説を残せるか。当時のテレビマンは、いつも番組作りを通して遊び、仕事仲間と競っていたのだ。また宮田は、この回でもたこ八郎を呼び、あろうことか、セーラー服を着たホステスを演じさせた。なんて素敵で悪趣味な冗談だろう。さらに、たこの声が女性に変えてあり、この吹き替え版の映画みたいなギャグにも、思わず吹きだしてしまった。

一九八〇年代に入ると、宮田は主に情報番組を作った。また、ハイビジョンドラマの先がけとなる『陰翳礼讃』と『芸術家の食卓』を演出。海外の映像コンクールで賞を得るなど評価された。前者は谷崎潤一郎の同名エッセイをもとに作ったもので、実体のない「陰」に美を見つけた日本の文化を、現在と過去をたくみに交錯させて浮き彫りにした。加えて、近年話題になったプッチーニの「トゥーランドット」ほか、大好きなクラシックの名曲たちを全編に流して、すばらしい効果を生んだ。その後、二時間ドラマを数本演出。多くは凡作だったが、主人公の悪夢・妄想シーンになると、生気がみなぎった。宮田の才能は、「テレビドラマ」という枠のなか、もっと言えば、「テレビ」という小さな箱に収まらないほど型破りで、スケールが大きかったのだ。

先輩の久世光彦が「野蛮な教養人」とたたえた宮田吉雄。残念ながら二〇〇四年十月に六十六歳で亡くなったが、『ムー一族』で撮った三本は、無邪気で明るい冗談にあふれ、大胆不敵な試みがくり返されたシリーズにあって、今もなお異彩を放っている。

（DVDボックス『ムー一族』同梱パンフレット　二〇〇八年）

『家路』～ブレイク前のＹＭＯが乱入

早いもので、今年でデビュー三十周年である。ＹＭＯことイエロー・マジック・オーケストラが、同名の初アルバムをリリースしたのが一九七八年。彼らのファンは今も多く、その音楽や活動が詳しく調査研究されてきた。だが、彼らがたった一度だけテレビドラマに出たことは、あまり知られていないようである。

ＹＭＯがデビューした翌年に、ＴＢＳ系で『家路　ママドントクライ』という連続ホームコメディーが始まった。主演は郷ひろみ。若き日の近田春夫とタモリが料理人を演じており、大好きな二人を見るために、私は毎週テレビのチャンネルを合わせた。その『家路』の第八回にゲスト出演したのが、ＹＭＯだったのである。

まずスーツ姿の男が、ドラマの舞台となる中華料理店を訪れる。彼の名は村井邦彦。そして、この天才作曲家、ＹＭＯのプロデューサーは、声高にこう言った。「フロム・トーキョー・ジャパン！　イエロー・マジック・オーケストラ！」。すると、赤い人民服を着た彼ら三人が、さりげなく登場。とぼとぼと歩きながら店に入り、着席した。そこへインタビュアーに変身した近田春夫が、元気いっぱいにマイクを向けるが、なぜか三人は何もしゃべらない。細野晴臣はまるで瞑想しているようだし、「教授」こと坂本龍一と高橋幸宏は、場違いな所に来てしまったという感じで、あたりをキョロキョロと見回した。

私は教授の初アルバム『千のナイフ』を聴いて気に入り、ＹＭＯの初アルバムもすぐに買ったが、彼らの動く姿を見たことはなかった。飢えがあったぶん、彼らの特別出演にたまたま出くわしてより興奮し、一分に満たない登場シーンは、私の記憶に深く刻まれた。だが、不幸にも『家路』は視聴率が悪く、再放送もほとんどないまま忘れ去られた。そして「ＹＭＯ出演」の事実も、時のかなたに埋もれてしまった。

フリーライターの私は、『「時間ですよ」を作った男』という本を書き、昨年出版した。これは伝説のドラマ演出家、久世光彦さんに生前取材したもので、調べを進めるなかで、『家路』の担当プロデューサーと知り合った。

その人の名は、ＴＢＳの宮田吉雄（故人）。久世さんに可愛がられた異能の映像作家で、ＹＭＯの件については、彼らを売り出した、友人の川添象郎から頼まれたと教えてくれた。しかも彼らのレコードを聴かずに、直感で出演をＯＫしたという。いい加減な話ではある。だがあのころのテレビ界には、作り手が自分の好みを番組に反映させる自由がまだ残っており、そのことが番組に活気を与えていたのである。

ＹＭＯが出演した幻の『家路』。もう見返すことはできないのだろうか。そう思うと、余計にいとおしくなってくる。

（公式サイト「コロムビア・レディメイド／レコード手帖」二〇〇八年六月）

『七人の刑事』～ひとりぼっちのジュリーと「レット・イット・ビー」

つい先ほどインターネットで調べたら、歌手で俳優の〈ジュリー〉こと沢田研二は、今年で七十五歳だという。十数年前に彼のコンサートに足を運んだが、自身のヒット曲を歌うだけでなく、平和憲法をテーマに自ら作詩した新曲を披露するなど、現役歌手としての自信を全身から放っていた。

ぼくが初めて沢田を見かけたのは、彼がザ・タイガースで歌っていた時代。のちにソロ歌手に転じてからはヒット曲を連発したが、同じころに役者としても数々の素晴らしい仕事を残している。そのなかに、今ではあまり語られないテレビドラマの傑作がある。TBS系『七人の刑事』の第四話として放送された「ひとりぼっちのビートルズ」である。

放送は一九七八年五月五日、子どもの日。刑事ドラマの『太陽にほえろ!』、アントニオ猪木のプロレス中継といった強力な裏番組にはさまれて損をしたが、当時テレビっ子のあいだで評判になった。

沢田が扮した梶元隆《りゅう》という青年は、誰にも心を開かない、無口で孤独なタクシー運転手だ。ただ一人の〈友だち〉は毎晩、運転中に聴いていたラジオのDJだが、一面識もない彼女は一年前に自ら命を絶ってしまった。ある日、青年は驚くべき事実を知る。客として乗せた彼女の仕事仲間たちが彼女を強姦し、自殺に追いやったのだ。怒りに震えた青年はライフル銃を手に入れ、男たちを見つけ出して一人ずつ射殺。そして最後の一人を処刑すると、安堵した顔つきでつぶやいた。「ようやくぼくも、あの人の所へ行ける。ぼくのたった一人の話し相手の所へ……」。そして追ってきた刑事たちの目の前で、青年はビルの屋上から身を投げてしまう。

あのころの役者・沢田研二には、ハマリ役があった。実母の妹を愛してしまった青年、その美貌で女たちを手玉にとる三億円強奪事件の犯人など、どこか狂気を感じさせる人物を演じたのである。越えてはいけない一線を踏み越えた者にしかわからない苦悩と快楽に身悶える人物を、沢田は狂おしいまでに色っぽく、そして涙も枯れ果てたように、どこまでも哀しい顔で演じた。そして彼らの未来には、いつも破滅が待っていた。

そうした人物像は「ひとりぼっち〜」で演じたタクシー運転手も同じだった。彼は安アパートの狭い部屋に一人で暮らしている。室内は殺風景で、そこにあるのは壁に貼られたビートルズのポスター、立派なオーディオセット、レコードそして机に置かれたテープレコーダー。ビートルズといえば今やナツメロだが、そのころはバンドの解散からまだ八年目で、彼らの楽曲に対する世間の認知度はまだまだ高かった。

青年は毎夜、仕事から帰ると、まずテープレコーダーのスイッチを入れ、そしてマイクに向かって胸の奥にしまっている本心をつぶやき、日記のように録音する。青年はあらゆるものを拒絶し、唯一の〈友だち〉が死んでからは、さらに心を閉ざしていた。

演出はTBSの浅生憲章、当時三十二歳。沢田とはそれまでにドラマ『寺内貫太郎一家』『悪魔のようなあいつ』、音楽番組『セブンスターショー』で組んだ経験があり、一話完結の『七人の刑事』を撮るにあたって、その沢田を主演に迎えることにした。脚本を頼んだのは、新進の映画監督だった長谷川和彦、愛称ゴジである。彼と浅生は東京大学時代の同期で、共に劇団駒場という学生演劇のグループに所属。また浅生の進言により、長谷川が『悪魔のようなあいつ』の全話の脚本を書くなど、公私にわたり交流があった。

では、声をかけられた長谷川和彦はどうしたか。そのころの彼は二本目の監督作品の準備で忙しかった。そこで物語の原案だけを考えて、あとは浅生に任せることにしたのである。かつて雑誌『映画秘宝』の仕事でゴジさんに取材した際、「ひとりぼっち〜」の話を持ち出してみた。すると詳細は忘れていたが、あらすじを話すと、少し照れながらつぶやいた。

「まるで『太陽』と同じだな……」

『太陽』とは、ゴジさんが監督し、「ひとりぼっち〜」が放送された翌年の一九七九年に劇場公開された映画『太陽を盗んだ男』のこと。原発からプルトニウムを盗んだ教師が、自らの手で原子爆弾を作って日本国民を脅し、恐怖のどん底に叩きこむ話である。その教師に扮したのが、沢田研二だった。孤独な彼は、まだ会ったこともない女性ラジオDJにだけ心を開いた。しかし、彼は原爆を作る途中で放射能を浴びてしまい、破滅への道を歩み始める。

お気づきのように「ひとりぼっち〜」と似た点の多い映画だが、実は二つの作品はほぼ同じころに作られた。また両作とも、マーティン・スコセッシ監督の米国映画『タクシー・ドライバー』に多大なる影響を受けており、特に「ひとりぼっち〜」は、主人公の描写に共通点が多い。孤独なタクシー運転手であること、犯罪に手を染めること、そして日記を付けていることなどである。

なぜビートルズの曲が選ばれたのか

「ひとりぼっち〜」は沢田の醒めた芝居もさることながら、劇中でくり返し流れた「レット・イット・ビー」も鮮烈な印象を残した。この曲は、自殺した女性ＤＪが番組の主題歌に使っていたこともあって、青年にとってひときわ愛着があった。

その「レット・イット・ビー」は劇中で計三種類が流れた。一つ目は、青年がタクシーを走らせる場面で流れた、ビートルズによるオリジナル版。二つ目は、回想シーンでかかったピアノ演奏だけのもの。そして三つ目は、青年の自殺後、刑事たちが彼の部屋を調べる最後の場面で流れたもので、これは沢田が自ら歌っていた。

ゴジさんに会った際、うっかり聞き忘れた。なぜ「レット・イット・ビー」だったのか、と。もしかしたら、ビートルズの華々しい活動の最後を飾ったこの曲を、青年の悲しい末路に重ね合わせたのだろうか。

「ひとりぼっち〜」の音楽担当は、「ピコ」こと樋口康雄である。映像の仕事も多い人だが、このドラマは思い出深いにちがいない。なぜなら樋口にとってビートルズは、少年時代に最も影響を受けた音楽家だから。自身も参加したＮＨＫの音楽番組『ステージ１０１』の関連レコードでも、彼らの曲を取り上げていた。

ここで疑問が浮かんだ。歌なしの「レット・イット・ビー」における見事なピアノ演奏は、樋口によるものなのか。そこで、ぼくの古い友人で、樋口と公私にわたって交流がある、音楽プロデューサーの濱田高志くんを介して、ご本人に問い合わせてみた。すると、あのピアノは樋口さんが弾いたものであること、そして、沢田が歌った「レット・イット・ビー」は、氏が劇中音楽として録音したものに、あとで歌声を重ねたと教えてくれた。やっぱりそうか。あの心に響く詩的なピアノ演奏は、樋口さんによるものだったのだ。未だに商品化されていないのが残念である。

十八歳のときに「ひとりぼっち〜」をテレビで見終えた際に、違和感が残った。ぼくにとっての沢田研二は、根っからのローリング・ストーンズ派だったので、「レット・イット・ビー」はしっくりこなかったのだ。確か沢田は、少年時代からビートルズと同時代に活躍した英国のバンド、ローリング・ストーンズのファンで、ザ・タイガース時代にも、コンサートで彼らの持ち唄をよく歌っていた。またステージ上の動きも、腰を色っぽく左右に振るなど、ストーンズのヴォーカル担当、ミック・ジャガーを明らかに意識していた。

なんとしても、ビートルズが選ばれた理由を探り当てたい。しかし演出の浅生はすでに故人なので、まずは国会図書館が所蔵する完成脚本を読んでみた。すると、各ページに鉛筆による書きこみが数多くあり、その内容からすると、浅生が演出で使ったものらしい。物語の終盤で梶元が飛び降り自殺する場面の計四ページが、なぜか切り取られているが、その前後の流れから察するに、脚本の段階では、梶元が死を決意する直前に、彼が愛した今は亡き女性DJと、幻想のなかで語らう展開だったようだ。

その脚本には作者の名がなく、きっと浅生が、ゴジの原案を元に自ら書いたのだろう。副題もすでに「ひとりぼっちのビートルズ」となっており、劇中で流れる曲も「レット・イット・ビー」と指定されている。それから最後の場面では、自殺した梶元の部屋を調べる刑事たちの姿に、沢田が歌う「レット・イット・ビー」が重なるが、脚本のト書きには、刑事たちの「耳には、どこからか殺人犯・梶元隆のうたう「レット・イット・ビー」が聞こえてきているように思える」とある。もしかしたら沢田の歌は、あとで映像を編集する際に付け足されたのかも知れない。

かつてゴジさんに取材した際に、音楽についても少しだけ尋ねた。すると、学生時代にミュージシャンを目指したものの夢破れたが、その後も音楽を聴いたり歌うのは好きで、映画を撮るようになってからも、音楽を付けるのが楽しかったと語っていた。

また、雑誌『ロック画報』第二十二号に載ったインタビューによると、学生時代は特にビートルズが大好きで、新しいアルバムが発売されるたびに買って聴いたとのこと。自分とほぼ同世代のビートルズには強い愛着があったようで、初めて撮った映画『青春の殺人者』（一九七六年）の劇中に、彼らの曲を流そうと考えた。だが、彼らの著作権を持つ会社が要求する音楽使用料が高すぎて支払うことができず、涙を飲んでいる。

ところが当時のテレビ界では、高名な海外ミュージシャンの楽曲も、ほぼ自由に番組で流すことができた。ビートルズもしかり、である。各テレビ局は、日本音楽著作権協会に対して、決まった金額の音楽使用料を定期的に納めており（いわゆる定額料金制）、歌詞に放送禁止用語が使われていない限り、いかなる楽曲も番組で放送することができたのだ。思い入れがあるビートルズの曲を選び、それを映像作品のなかで流す。自身の映画では果たせなかった夢を、ゴジは「ひとりぼっち〜」で叶えたわけである。

残念ながら沢田研二に会ったことは、まだない。この先、もし本人に会って話をする幸運に恵まれたら、必ず「ひとりぼっち〜」の思い出を尋ねよう。もちろん、彼の歌が最高に素晴らしかった「レット・イット・ビー」のことも。

ゴジさんについて、もう少しだけ

長谷川和彦が沢田主演で撮った映画『太陽を盗んだ男』を、公開当時に都内の日比谷で観た。帰りに買ったパンフレットを開いたら、ラジオ局プロデューサーの役名が「浅井」となっていた。すぐに「ひとりぼっち〜」を思い浮かべた。演出の浅生憲章を明らかに意識した役名だったからだ。

東大を中退して映画業界に飛びこんだ長谷川は、助監督として何年も撮影現場を這いずり回って実績を積んだが、なかなか監督に昇進できなかった。そんな悶々としている時期にテレビの世界に誘ったのが、友人の浅生だったわけだが、実は彼よりも先に、ゴジと共にテレビ番組を作ったディレクターがいる。浅生とは同じ一九六九年にＴＢＳに入社し、のちにドラマ演出家として活躍した近藤邦勝である。

近藤は京大時代に演劇に打ちこみ、ＴＢＳに入ってからは、同世代の映画人たちと酒場で交流するなかで、にっかつの契約助監督だった、一歳上のゴジと知り合った。近藤にそのころの話を尋ねたところ、自身が演出したバラエティー番組の台本を、ゴジに書いてもらったという。「助監督の仕事が忙しくて断られるかと思ったら、快く引き受けてくれました」。その番組は『火曜歌謡ビッグマッチ』で、ＴＢＳ系で火曜の夜八時から生放送された音楽バラエティー。ゴジが担当したのは第七十一回で、放送は一九七四年八月六日。国会図書館所蔵の台本を読んだところ、〈妹〉をテーマにしたミニドラマが三本と、ゲスト歌手たちによる歌が数曲という内容だった（構成は長谷川と田村隆の連名。田村はコントを得意とした、当時の超売れっ子放送作家である）。

「当時はめったにテレビに出なかった、かぐや姫という大人気のフォークグループが出演してくれました。自分たちの曲を最後まで歌わせてくれるのなら、という条件付きで。それから彼らのヒット曲を使った映画が、ちょうど公開されるタイミングでもあったから、宣伝を兼ねての出演でもありました」（近藤）

その「映画」とは『妹』のことで、番組では主演の秋吉久美子、監督の藤田敏八、俳優の藤竜也をスタジオに招いて、司会の黒柳徹子が見どころなどを質問した。なお、藤はこの映画には出演していないが、後述するコーナーで「妹」に関する歌を披露している。台本によると、四人の背後には、人気イラストレーターの林静一が描いた〈妹〉の絵を大きなパネルにしたものが置かれていた。そのコーナーの次には、かぐや姫の三人が「妹」を歌う様子が流れ、そのおしまいに、にっかつ制作による同名映画の撮影風景が紹介された。「にっかつの協力を得られたのは、ゴジが会社とかけ合ってくれたから。彼は同社でずっと仕事をしていたし、『妹』を撮った藤田監督の下で助監督をやった経験もあったから」（近藤）。

さらに〈妹〉に関連した曲が二つ放送された。まずは、演歌の五木ひろしとアイドルの山口百恵が一緒に歌う「兄妹心中」。そして、俳優の藤竜也が渋い声で語りつづける「花一輪」である。後者の内容は、死を予感しているやくざ者の男が、遠くで暮らす妹への情愛をメロディーに乗せて独白するというもの。詞を書いた小谷夏は、近藤にとってTBSの先輩にあたる演出家・久世光彦のペンネームで、長谷川が全話の脚本を書いた『悪魔のようなあいつ』のプロデューサーでもある。

その「花一輪」については、台本に、映像の撮り方が細かく指定されている。「語りの内容に合わせて、バックのホリゾントの映像が変わっていく。流れる雲、とびかうホタル、咲き乱れ風に吹かれる花など。それに林静一の絵と妹（秋吉久美子）のイメージ……リアルではなく、シルエッット、ハイキー処理で象徴的に……がダブって」。こうした映像の見せ方は、本来はディレクターが考えるものだが、長谷川があえて詳しく書きこんだのは、なかなか映画を撮る機会に恵まれなかった彼の、「オレならこう撮りたい」という監督としての意欲が、思わず表に出てしまったのだろう。

長谷川は『太陽を盗んだ男』を撮って以降、四十年以上にわたって新作を撮っていない。もちろんその間に企画をいくつも立てたが、いずれも実を結ばなかった。そんな長谷川に声をかけるテレビ業界の友人たちもおり、八〇年代には内田裕也の企画による『ニュー・イヤーズ・ロック・フェスティバル』ほか、音楽ライブの収録にも手を染めている。また近藤邦勝からの誘いに再び応じて、番組を演出したこともある。「ぼくが『新世界紀行』という旅行番組を担当した際に、撮影のために、彼と一緒にカリブ海まで行きました」（近藤）。

その後も近藤は、それまでテレビには縁がなかった、映画業界の先鋭的な異才と組んで、個性豊かなドラマを世に放っている。それが、脚本の荒井晴彦が全話を書いた『誘惑』（一九九〇年）と、監督の若松孝二が撮り、明石家さんまと柳葉敏郎が主演した『極道落ちこぼれ・カタギになりたい！』（一九九三年）である。近藤は前者では企画と演出を手がけ、後者では、編成局長の立場から、『男女7人夏物語』を大ヒットさせた武敬子プロデューサーが持ちこんだ企画が実現できるように尽力。荒井も若松も古くからの友人だが、こうした異色の組み合わせは、両者の個性が殺される危険もあるが、思わぬ化学反応を起こして、作品をより光らせることもある。挑戦や冒険を恐れぬ演出家やプロデューサーがかつてのテレビ界には数多くいたが、近藤もその一人だったのだ。

なお「ひとりぼっちのビートルズ」は、数年前にCSの「TBSチャンネル」で再放送され、本当に久しぶりに鑑賞することができた。さらにDVDで発売されたら、より多くの人が手軽に楽しめるのだが、その場合、オリジナルの形での発売は難しいだろう。なぜならビートルズの楽曲は使用料が高額すぎるために、DVDを発売する会社が、きっと二の足を踏むからである。実にもったいないことである。

（書き下ろし）

『ネットワークベイビー』～インターネット時代の到来を予見

今では日々の生活にすっかり根づき、無くてはならない物となったのがスマホであり、インターネットである。日本で広く普及する前に、そのインターネットを大きく取り上げたテレビドラマがあったのをご存知だろうか。一九九〇年にNHKで放送された、『ネットワークベイビー』という一時間の作品がそれである。

物語の主人公は岡野京子、二十二歳。ゲームソフト会社の経理部に勤めていたが、ゲーム開発課への異動を命じられ、機械オンチなのにコンピューターを渡され、オンラインゲームの社内モニターをさせられる。京子はゲームの世界で出会ったCGキャラクターを奈美と名付け、日夜コンピューターに向き合いながら、彼女を育てていく。実は「奈美」とは、京子が自らの不注意から死なせてしまった娘の名前である。少しずつ感情や人格を備えていく奈美に対して、京子は亡き娘の姿を重ね合わせ、感情移入していく。だが、ほどなくして二人を引き裂く事態が起きてしまう。

企画演出は気鋭の若手ディレクター

企画と演出は、ＮＨＫの片岡敬司《ひろし》という、当時三十歳の若手ディレクターである。一九五九年、東京都生まれ。ＮＨＫに入局後、赴任先の大分放送局にて五年間、あらゆる種類の番組の制作に携わった。現在は関連会社のＮＨＫエンタープライズでドラマを作っている当人に会って、『ネットワークベイビー』の制作秘話を聞いた。

「当時のＮＨＫでは、ドラマ演出家として独り立ちするには、ＡＤ（アシスタント・ディレクター）を十年ほど経験する必要がありました。ところが、ぼくが東京の本局に移ったのが二十七歳で、スタートラインに立つのが遅かった。そこで、ＡＤの業務をこなしながらドラマの企画を考えては、上司に提案していたんです」

その中の一本が、運良く上司の興味を引いた。それが、のちに『ネットワークベイビー』へと発展する企画だった。

「その企画は、インターネットの世界を舞台にした男女の恋愛を、オカルト風に描くものでした。当時はネットが普及する前で、ＮＨＫでも、パソコンはまだ局員に支給されていなかった。でも、ぼくは大学時代に土木を専攻していたこともあって、かなり前からパソコンを使っていたんですね」

片岡は東京大学の工学部に在籍。卒業後は建築関係の仕事に就こうと考えたが、十代から大好きだった映画制作への憧れも捨てがたい。そこで映画会社を受験したが採用されず結局、ＮＨＫに入ってドラマを演出する道を選んだ。

東京の本局へ戻ってから、幸運な出会いがあった。相手は、脚本家の一色伸幸である。一色は片岡より一歳若く、映画『私をスキーにつれていって』『彼女が水着にきがえたら』といった話題の青春映画の脚本を書いて、気を吐いていた。そのころの一色はテレビゲームの業界を取材し、それを元にした映画の企画を考えたが、頓挫していた。

「一色さんにぼくが考えたドラマの企画を話したら、すごく興味を持って提案してくれたんですね。ネットはまだ普及していないから、その世界を理解できる人は少ない。より多くの視聴者にドラマを見てもらうには、たとえば母と子の話みたいな、誰でも取っつきやすい要素を入れた方がいいと」

その提案が的を射ていたので、片岡は、ストーリーの軸を男女の恋愛ではなく、母と娘の話に変えることを決めて、脚本の執筆を一色に頼んだ。一色にとってＮＨＫとの仕事は初めてだった。

間もなく脚本が完成し、局内の仲間や先輩にも読んでもらった。

「でも内容が理解できた人は、ほんの数人。「モバイル通信でネットゲームをやる」なんて、何言ってるのかチンプンカンプンで当然ですよね。ただ「母子もの」だよねと、かろうじて納得してもらえました。あのときは、一色さんありがとう、という気持ちでした」

主演は若手の売れっ子・富田靖子

ついに『ネットワークベイビー』が始動し、さっそく出演俳優を選んだ。主人公の富田靖子は当時二十歳。映画『さびしんぼう』などに主演して、演技力のある若手俳優として、世の青年たちに絶大な人気があった。また、彼女の元夫を演じた螢雪次朗はピンク映画『痴漢電車』シリーズに連続主演して、一部の映画ファンから注目されていた。なお、螢はこの『ネットワークベイビー』がＮＨＫドラマ初出演である。

「当時のぼくは東京へ戻って二年目で、芸能事務所との付き合いもなかった。脚本の一色さんは、すでに多くの映画やドラマに参加していたので、富田さんも螢さんも、一色さんと話し合う中で名前が出たんじゃないですか」

ちなみに螢雪次朗は、片岡がその後に手がけた全てのドラマに出演しているが（一シーンのみの場合も多数）、その理由は？

「どんな人物を演じても、その人物に素敵な「何か」を足してくれるところが好きなんですよ。それからぼくのドラマに出ると、必ず内容について手厳しく批評してくれるので、闘争心に火がつくんです。螢さんにけなされるようなドラマは、絶対に作らないぞ！　って」

撮影が始まった。だが、片岡は本格的なドラマ演出は未経験だったこともあり、試行錯誤の日々が続いた。

「ぼくの頼りない様子を見かねて、ドラマ演出の先輩である富沢正幸さんが、演出について基本から教えて下さいました。演出の役目とは水道管修理のようなもので、物語の流れをつまる所なく流れるようにすることだとか、前のシーンとのつながりを考え、俳優のテンションに無意味な段差ができないようにするとか。基本中の基本なのですが、今でも自分に言い聞かせているような、大事なことを教えてもらいました」

出演者の演技で特に印象に残るのが、主人公の京子に扮した富田靖子が、パソコン画面に現れる奈美に向かって語りかける場面だ。これが時間を空けて何度かくり返されるのだが、顔の表情やキーボードの叩き方などで、その瞬間の喜怒哀楽を巧みに表現していた。

「撮影の時点で奈美のＣＧは未完成だったので、靖子さんには、奈美の動きを描いた絵を見てもらった上で演じてもらいました。当時の靖子さんは、まだパソコンを使っていませんでしたが、すごく助かったのは、彼女はインターネットという異次元の世界に、すぐに没入できるんですね。彼女は少女マンガを読むのが大好きで、想像力が豊かだし、馴染みがないネットの世界を、感覚的にわかってくれたんだと思います」

苦労したCGキャラクター制作

海外でCGが本格的に映像作品に導入されたのが、一九八〇年代。私がこの映像技術を初めて体験したのが、一九八二年に日本で公開された、アメリカ産のSF映画『トロン』だった。その後わが国でも、CGを取り入れたテレビドラマが少しずつ現れ始めた。しかし、それらの先行作品と『ネットワークベイビー』には、決定的な違いがある。CGで作られた奈美も、ほかの出演俳優と同じようにちゃんと芝居をしており、その動きや仕草から「感情」が強く伝わってきたのだ。例えば、主人公が投げかける言葉が理解できないと、首を小さく傾げたりするのである。

「奈美にどんな演技をさせるか、そしてそれをどうCGで表現するか。このドラマを作る上で最大の課題でしたが、美術担当の佐々木和郎くんが、コンピューターにとても詳しかった。まだパソコン通信すらやっている人が珍しかった時代に、アメリカの仲間とチャットを楽しむような人だったんです。アメリカに行けば、きっとうまい方法が見つかるよと彼に勧められて、上司を説得して二人で渡米し、コンピューター学会の主催するシーグラフという展覧会に参加したら、データグローブの初期モデルを見つけたんです」

「データグローブ」とは、人間の手の動きを、コンピューター内にデータとして取り込む技術。片岡は、この最新技術と人形操作のアナログ的なテクニックを結びつければ、CGキャラクターを人形劇のように操れるにちがいない、と考えた。現在であれば簡単にできることでも、当時の機材や技術では、思うように表現できない場合が多かった。そこを突破するために不可欠だったもの、それが前例に囚われない、大胆な発想だったのだ。

だが当時の日本には、まだデータグローブがなかった。そこである商社と交渉してアメリカから取り寄せ、ついにCGキャラクターの制作に取りかかったのだった。

「まず初めに、人形劇団プークの皆さんに頼んで、人形を操作してもらいました。そのときに最も大切にしたのが、CGの奈美に対して、視聴者に感情移入してもらうこと。そのためにはどんな動きをすればいいか、長い時間をかけて工夫しました。まだCGのキャラクターをリアルタイムで動かせる時代ではなかったので、余計に大変でしたね」

自らの心と対話するドラマ

放送に際して、脚本の一色とドラマのキャッチフレーズを考えたという。

「ええ、「コンピューターは人の心の写し鏡」という。パソコン画面というのは、それを使っている人の心を写し出すと思うんですね。それは何年も前からパソコンを使ってきた、ぼく自身の実感でした。番組内ではあえて伏せましたが、奈美の声を富田靖子さんに担当してもらったのも、奈美は「主人公の分身」と解釈したからです」

奈美に語りかけつづける主人公は、奈美という分身を通して、自分の心と対話していた。そして、亡き娘を今も愛している自分を発見していった。

ここで原稿を書く手を休めて、私が愛用するノートパソコンの検索履歴を調べてみた。すると、その時々の自分が何に興味を持っていたかが、手に取るようにわかるではないか。まるで自分の脳内を覗いているようで少し気恥ずかしいが、パソコンやスマホが「自分の心を写す鏡」という感覚は、放送当時は実感できない人が大勢いたはずだが（私のように、まだパソコンを使っていない人が大半だった）、今であれば多くの人が共感するはずだ。

「もう一つ『ネットワークベイビー』を作りながら確信したのが、今後コンピューターやインターネットは急激に普及するだろうし、その結果、私たちの生活は劇的に変わるということでした。あのドラマの時代設定を、放送から二年後の一九九二年にしたのも、それが理由です」

物語の後半で、主人公は奈美に感情移入するあまり、「わが子」のように溺愛するようになる。寝食を忘れてパソコン画面に向き合う彼女の姿には鬼気迫るものがあり、インターネット社会が抱える負の側面を感じさせる。必ずしも明るい未来だけを描いていない点も、このドラマが今も強く記憶に残っている理由だ。またドラマの放送から六年後に、「たまごっち」というキーホルダー型の玩具が発売されて、空前の大ヒットを記録。架空のキャラクターを自分で育てる所に新しさと楽しさがあったが、その発想を先取りしたのが『ネットワークベイビー』であった。

大切なのは新鮮かつ刺激的な視点

ついに作品が完成し、全国に放送された。一九九〇年五月一日、夜十時のことである。「ニューウェーブドラマ」と名付けられた、NHK特集の一本だった。のちにこの企画はシリーズ化され、NHKに所属する新人ディレクターの登竜門となった。

「実は『ネットワークベイビー』の企画を上司に提案した際に、内容は評価してもらえましたが、それ一作だけを放送することは難しいと言われました。でも、そのまま日の目を見ないのは惜しいということで、「ニューウェーブドラマ」という、三夜連続の特別企画を設けてもらったんです」

放送前から局内での期待が高かったこのドラマは、放送後の評判も上々で、片岡はドラマ演出家として順調なスタートを切った。ほどなくして再放送があり、ビデオテープとレーザーディスク、それに脚本を小説に仕立て直した書籍も発売された。

片岡に初めて取材したのはそれから九年後で、ドラマ作りで心がけることを尋ねたら、こう答えた。「いつも新鮮かつ刺激的な視点を、視聴者に提供すること」。その後も、NHKの看板番組である大河ドラマ（『元禄繚乱』『天地人』）や朝の連続テレビ小説（『風のハルカ』）ほか、年に一、二本の割合でドラマを作りつづけているが、その全てに先ほどの〈信条〉が貫かれている。

それからその後、飛躍的に進化したCGも、大胆かつ効果的に使用。全編をハイビジョンで撮影し、映画館でも上映された『東京龍』（一九九八年）では、都心の夜空を舞う巨大な龍を映像化し、〈大河ファンタジー〉と銘打った全二十二回の大作『精霊の守り人』（二〇一六年）でも、戦の絶えない架空の世界を幻想的に表現した。

「その後もずっとドラマを作ってきたおかげで、演出の技術がたくさん身に付きました。『ネットワークベイビー』を作った時には、技術は全くなかった。でも、その代わりに「今どうしてもこれを作りたい！」という情熱は、有り余るくらいありましたね」

新しいこと、前例のないことに挑めば、時には失敗するし、周りの評価が割れることも多い。しかし、片岡は『ネットワークベイビー』以降もひるむことなく、ドラマ作りで冒険をつづけてきた。今回取材した際に、今年（二〇二一年）も新作を撮る予定と聞いた。きっとその作品も、新鮮な発見に満ちたものになるにちがいない。

（書き下ろし）

『夜明けの刑事』〜美声を響かせた二人のロック歌手

昭和の時代から現在に至るまで、テレビドラマで洋楽の曲が流れることは、さほど珍しくはない。だが、海外の人気ロック歌手がドラマのために挿入歌を書き下ろし、しかも自ら歌ったとなると、ある作品しか思い当たらない。TBS系で一九七四年から二年半放送された『夜明けの刑事』である。

その挿入歌として毎回、劇中で流れたのが「Yoakeno Keiji」で、英国のロックバンド、バッド・カンパニーで歌っていたポール・ロジャースが詩と曲を書き、ギターを弾きながら歌唱したものだ。そのややかすれた歌声、情感あふれる歌い方、哀感が伝わるメロディーが心にしみる名バラードである。

この曲は、主に犯人を追う刑事たちが聞きこみ捜査を行なう場面で流れたが、サビの部分でくり返される「ヨアケーノ　ケージ」という、たどたどしいポールの日本語が耳に残った。中学生だった私は、放送の翌日に学校へ行くと、同級生たちと少しふざけながら「ヨ・ア・ケーノ・ケージ！」と合唱したものである。

では、なぜ海外のロックスターが日本のドラマに参加したのか。縁を結んだのが、清水真智という女の人である。

作詞家として活動していた彼女は、フリーという英国のロックバンドが初めて来日した際に、友人の仲介で彼らと知り合った。そのバンドのヴォーカル担当が、当時二十二歳のポール・ロジャース。意気投合した二人はすぐに結婚し、真智は夫と共に英国で暮らし始めた。ほどなくしてフリーを解散したポールはバッド・カンパニーを結成し、最初のアルバムが世界各地で大ヒットを記録するなど、一躍時の人になっていた。

里帰りがきっかけで生まれた挿入歌

結婚して三年目の真智が、一人息子を連れて初めて里帰りした。一九七四年の夏のことである。その際に、都内の目黒区三田にあった叔母の自宅に二ケ月ほど滞在し、途中から伴侶のポールも合流した。叔母の職業はテレビドラマのプロデューサーで、名前は野添和子という。制作会社の大映テレビに所属し、高い視聴率を取った『ザ・ガードマン』、山口百恵主演の「赤い」シリーズ（共にＴＢＳ）などを企画して、テレビ業界でも一目置かれる存在だった。ポールは自分と家族を歓待してくれた御礼として、野添が準備を進めていた連続ドラマのために、曲を書いて贈った。それが「Yoake～」だったのである。

ここまでの話は、当時『週刊朝日』で紹介されたものだが（一九七五年三月二十一日号）、この逸話を裏づける記事を見つけた。雑誌『ニューミュージック・マガジン』のために、音楽評論家の大貫憲章が来日中のポールに取材した際、先方が指定した場所が野添和子邸だったのだ（取材の模様は、同誌の一九七四年十一月号に載った）。

いくつかの偶然が重なって誕生した「Yoake～」。歌詞はすべて英語だが、果してどんな内容なのか。私の友人で、海外でも活躍している音楽家のＣＯＰＰＥさんに聞き取りをお願いし、小生が日本語に訳してみた（なお、テレビ音源は俳優のセリフや効果音がかぶって歌詞を確認できない部分が多いため、聞き取りに際しては、のちにポールがライブで歌った時の音源を使った）。

彼は外に立っているが　視線は中へ向いている
あの男を捕まえろ
誰かを連れ出して　殺そうとしている男を
表通りのそばで
犯罪が今、起きようとしている
彼らには　太陽も　月もない
「夜明け」の人たち

これを読むと、ポールが〈刑事もの〉というドラマの内容を理解した上で書いた歌詞であることがわかる。伴奏はギターとハーモニカだけの簡素なものだが、おそらくポールが妻子と英国へ帰ってから、自宅で録音したものだろう。

「Yoake～」は一九七五年二月、『夜明けの刑事』の第二十一回から最終回まで劇中で流れた。そして番組の最後には毎回、曲名に続けて「作詞・作曲・歌　ポール・ロジャース（バッド・カンパニー）」と画面に出た。なおこの曲は、全国のロック好きの間で話題になったものの、今もって商品化されていない。そのころのポールはバッド・カンパニーの活動に全精力を注いでおり、ソロ歌手として自分を売り出す気持ちはなかったようだ。ちなみに彼が率いたバッド・カンパニーは、「Yoake～」がテレビから聞こえるようになった翌月の、一九七五年三月に初来日。オリジナル・メンバーによる最初で最後の国内コンサートを、都内の日本武道館で開いている。

のちにポールはバッド・カンパニーを解散し、妻の真智とも別れた。その後は、クイーンの二代目ヴォーカリストに迎えられるなど、七十三歳の今も歌っている。また真智との間に設けた一男一女はいずれもミュージシャンとなり、海外で活動中である。そして二〇一〇年に、ポールは再結成したバッド・カンパニーと共に来日し、ギターの弾き語りで「Yoakeno Keiji」を歌って、彼らのライヴを見に来た観客から喝采を浴びている。この曲を愛する人が今も日本に多くいることを彼は知っていて、期待に応えてくれたにちがいない。

主題歌「でも、何かが違う」誕生秘話

『夜明けの刑事』という連続ドラマでは、もう一つ忘れがたい楽曲が毎回、画面から聞こえてきた。「でも、何かが違う」というバラードである。歌ったのは刑事の一人をコミカルに演じた鈴木ヒロミツで、詞と曲はマチ・ロジャース。すなわち「Yoakeno Keiji」の誕生に深く関わった当時のポール・ロジャース夫人、清水真智である。

話を先へ進める前に、彼女の経歴を見ておこう。

生まれは一九四七年十月二十五日。叔母には大映映画の人気女優だった野添ひとみ、テレビプロデューサーの野添和子がいた。幼いころから自立心が強かったようで、十代から雑誌『幼稚園』編集部で三年近く働き、その間にテレビ番組でインタビュアーを務めたり、声優に挑んだりした。二十一歳のときに『週刊プレイボーイ』に紹介記事が載ったが（一九六八年十月十五日号）、そこには自作の短い詩が添えられていた。

子どもの頃／夢などみなかった／おとなになりはじめる頃／おとなへの夢をみた／おとなになってはじめて／子どもの頃の夢をみようと／私は／あせった

幼いころから詩を書くのが大好きで、一九六九年には、自ら作詞したシングル盤が数枚発売されている。吉川英司「二人でデュオ」、浅野順子「たそがれの2人」、ザ・クェッションズ「ママ・ロボット」、アイドルス「さよならは朝が来てから」など。また同じ年に、テレビ東京の『田宮二郎ショー』内で詩の朗読コーナーを持ち、翌七〇年には「光源氏の殺し文句」で歌手デビューを果たす。幼女のような、甘くて可愛いらしい歌声が印象的な曲である。なお、ジャケット裏に記された自己紹介欄によると「身長一五八センチ、体重四十キロ」で、肩書きは「作詞家、インタビュアー、ナレーター、司会、声優、ミュージックテープのディレクター」とある。なかなかの多才ぶりだが、のちに自身を「詩人」と紹介していることでもわかるように、特に力を入れたのが詩を創作することだった。

では、その真智が、なぜ「でも、何かが違う」の制作に携わることになったのか。手がかりを求めて音楽プロデューサーのすずきまさかつさんを訪ね、話を聞いた。場所は、すずきさんが都内の恵比寿で営んでいる、音楽ライブも楽しめるアートカフェ・フレンズである。

「『でも、何かが違う』ですか。懐かしいですね。あの曲は、ぼくが企画したものなんですよ」

すずきさんは本名を鈴木正勝と言い、かつては大手芸能事務所のホリプロに籍を置き、音楽プロデューサーとして、四十年にわたって三千曲余りの制作に携わった。和田アキ子、片平なぎさほかホリプロ所属の歌手はもとより、俳優の梶芽衣子、西田敏行、真田広之、ベテラン歌手の美空ひばりなど、他社のアーティストにも進んで声をかけ、一緒に楽曲を作ってきた。若いころから作曲家を志し、社会人になってからも別名で曲を書くなど、音楽へ注ぐ愛情がいつも仕事の原動力になっていた。

「でも〜」を歌った鈴木ヒロミツもホリプロの所属で、入社した時期も年齢もすずきと近かった。ヒロミツは、不良っぽいイメージで売り出した、モップスというロックバンドでヴォーカルを担当。だが、五年間の活動を経て一九七四年にバンドは解散し、その後は、喜劇的な芝居がうまい役者として、そして軽妙な話術を生かした司会者として、売れっ子になっていた。バンド解散の直後にレギュラー出演したのが『事件狩り』というTBSのドラマで、そのプロデューサーだった野添和子が企画した後番組の『夜明けの刑事』にも、連続登板していた。

「そのドラマの主題歌を、ヒロちゃんに歌わせたいと思ったんですね。さっそく野添プロデューサーに会って頼んだところ、難色を示された。でも、あきらめずに何度も説得して、ようやく主題歌を歌わせてもらえることになりました。ところが野添さんが、曲はこちらで用意しますと言うんです。ぼくとしては曲作りから任せてほしかったが、これ以上は無理を言えないので、そこで妥協しました」（すずき氏）

実は野添は、その前にも自らが企画制作した連続ドラマのために、劇中歌の歌詞を清水真智に頼んでいる。『ザ・ガードマン』に出演していた俳優の藤巻潤が歌った「ポルトガルはヨーロッパの果て」「恋のグァム島」がそれである。これを身びいきと批判するのはたやすいが、野添プロデューサーは、自身の手がける番組を当てることに全力を傾けた人物。清水の才能を買っていたからこそ、彼女に作詞を任せたのだろう。

しばらくして、すずきの元へ、いくつかの候補曲が録音されたテープが届けられた。その中でヒロミツが歌うのに一番ふさわしいと直感したのが「でも～」だった。

「デモテープの伴奏はギターだけで、女性が歌っていたと記憶しています。あの声の主が、真智さんだったのでしょう。曲を作るにあたって、彼女と野添プロデューサーの間でどんなやりとりがあったかは、わかりません。なにしろ最後まで、真智さんとは、会うことも話す機会もなかったので」

メロディーも歌詞もほぼ直すことなく、作業を進めた。モップス時代には、海外の激しいロックの曲を、かすれぎみの声で叫ぶように歌っていた鈴木ヒロミツ。かたや「でも～」はゆったりとした曲調で、感情を爆発させずに抑えながら歌わなくてはいけない。

「録音には時間がかかりました。ぼくが納得できるような歌が、なかなか録れなかったので。編曲は、当時は新人だった、あかのたちおさんに頼みましたが、ぼくが望んだ通りの、素朴なサウンドを作ってくれました」

ようやく録音が終わり、「でも～」は一九七五年十月、『夜明けの刑事』第四十三回から毎回の最後に、主題歌として全国へ放送された。また第六十五回では、捜査のために素性を隠してクラブに潜入した刑事役のヒロミツが、ギターを爪弾きながら「でも〜」を歌う場面が飛び出すなど、番組を挙げて宣伝を行なった。発売されたシングル盤は、オリコンのヒットチャートで四十八位を記録し、五・五万枚を売り上げた。

歌詞に託された望郷の思い

こんどは「でも〜」の歌詞を見てみよう。その冒頭で、想い出の丘には懐かしい人たちが住んでおり、その場所に残してきたものを取りに行きたい、と歌われる。しかし、直後の歌詞で様子が変わってしまう。

駆けてゆくには　遠すぎる
歩いてゆくには　もう若くない
想い出の丘が　そこにあるなら
それだけで　それだけで　幸福《しあわせ》だよ

でも、何かが違う
でも、何かが違う

でも、何かが違う
でも、何かが違う

くり返し歌われる「でも、何かが違う」の部分は、ヒロミツの感情の乗せ方がそれぞれ微妙に異なっており、聴く者の心をゆさぶる。歌手としての天賦の才を感じさせる瞬間である。

では、清水真智はどんな思いを抱いて「でも～」の歌詞を作ったのか。その答えは、五十九歳になった彼女が、離婚した夫ポールとの出会いから別れまでを記したエッセイにあった。それは「Miles Away　緑の記憶～こんにちはロックンロール」という題名で、音楽雑誌『ザ・ディグ』の第三十六号から計十三回連載された。その第十回にこんな記述がある。

「私はいつも「でも何かが違う」という詩曲を口ずさんでいました。（中略）音痴だし楽器も弾けませんが、私はよく自分の詩に節をつけて口ずさんでいました。心の奥深いところでいつも日本への郷愁を抱えて暮らしていたのだと思います。私の家族は英国に居る……そう自分に言い聞かせて日本への思いは我慢していました」

有名ロック歌手の妻として、二人の子を育てる母として、英国で多忙な日々を送っていた清水真智。これが今の私のすべきこと、これでいいんだ。そう思うたびに、「でも、何かが違う」という気持ちが頭をもたげた。自分が生まれ育った国・日本、そしてそこに暮らす親族や友人たちへの思い。いわゆる望郷の念が、あの「でも～」の歌詞を書かせたのである。

彼女が歌手としてただ一枚出したレコードのB面は、自ら作詞した「私のゆくところ何処《どこ》」という曲で、その冒頭はこうである。「私のゆくところ何処／この空の果て／私の帰ることは何処／あの海の中」。ここではない場所に思いを馳せるところが、のちに作った「でも〜」に重なる。彼女自身、どんな状況にあっても理想の自分を思い描き、何かを求め続けた人なのかも知れない。

「でも〜」のレコードを見ると、作曲者もマチ・ロジャース（清水真智）になっているが、先のエッセイによると、彼女は自作の鼻唄を歌うのが好きで、それを面白がった夫のポールが、ギターでコードを付けて曲に仕上げることがよくあったという。さらに雑誌『レコード・コレクターズ』の一九九八年二月号に載った清水へのインタビューによると、後年になっても彼女が詞を書き、ポールと一緒にメロディーを作った曲を録音、そのデモテープは今も手元に残してあるという。その中には「黒田ブルース」「武士《もののふ》」と題された、ポールが日本語でこぶしを回して歌った〈演歌ロック〉もあったそうだ。おそらく「でも〜」も、そうした過程を経て完成させたのだろう。つまり、正確にいえばメロディーは夫婦の共作だが、おそらくポールがレコード会社と結んでいた契約の関係で、彼の名前を出せなかったのではないか。

初のソロアルバムで再録音

「でも〜」は、実はその後ヒロミツによって、もう一度録音されている。それはアルバム『永遠の輪廻《りんね》』に収められたが（一九七六年十月発売）、このヒロミツ初のソロアルバムを企画制作したのも、音楽プロデューサーのすずきまさかつさんだった。

「会社にソロアルバムを作りたいと話したら、売れないよと反対されましたが、どうしても実現したかったので、強引に押し切りました。アルバム名、ジャケットのイメージ、それから作詞作曲編曲を誰にするかも、すべて自分で決めました。ジャケットに巻かれた帯に書くキャッチコピーも考えましたよ」

「静かに流れ過ぎて行く日々の中で　時として　茫然と立ちすくむ瞬間がある。手さぐりでも歩かなければならない道は、哀しい……」（帯のコピーより）

ジャケットには、浜辺の波打ちぎわと、その奥で遊ぶ少女の姿がある。写真かと思って目を凝らすと、精緻に描かれたイラストである（作者は滝野晴夫）。さらにジャケットの裏面に目をやると、そこには浜辺だけがあり、少女の姿はない。そこから伝わるのは確実に流れ去ってしまった〈時間〉であり、『永遠の輪廻』というアルバム名との関連を強く感じさせる。

スタッフの顔ぶれを眺めると、作曲の下田逸郎、ジョニー大倉のように、歌謡界の最前線で活躍しているわけではないが、才能豊かな人を多く選んでいるのが目を引く。また歌詞についても、

〈面白くて楽しい人〉という、テレビ画面を通じて感じる鈴木ヒロミツのイメージをなぞったものではなく、青春の終わりを描いた、どこか淋しげなものが多い。あざとく売れ線を狙うのではなく、鈴木ヒロミツという歌手に対して、すずきプロデューサーが思い描く世界を表現することに重きを置いていたのだ。

「なにしろA面の一曲目が、いきなり歌のないインストゥルメンタルですからね。人気芸能人の初アルバムとしては、ありえない構成ですよ。でも当時のぼくは、ヒロちゃんのアルバムを作るなら、どうしてもそうしたかったんです」

再録音された「でも～」には、おごそかな雰囲気が漂うアレンジが新たに施されている。

「歌も伴奏も新たに録りましたが、今回は弦楽器を使いたかったので、クラシックの素養がある、小六禮次郎さんに編曲を頼みました」

『永遠の輪廻』がレコード屋の店先に並んだちょうどそのころ、『夜明けの刑事』の新しい主題歌「何処かで失くしたやさしさを」が、テレビから流れ始めた。歌は鈴木ヒロミツで、作詩作曲はマチ・ロジャース。「でも～」を世に送ったチームが再び集まって作り上げた新曲である。

すずきさんによると、当時の鈴木ヒロミツは歌うことに前向きではなかったという。

「彼とは前から親しかったし、どういう性格かもわかっていた。だから「でも～」の時も『永遠の輪廻』の時も口説きに口説いて、ようやく録音にこぎつけました」

すずきさんの口から、何度も出たひと言がある。「ヒロちゃんは、歌もギターもへただから」。

それに続く言葉はなかったが、鈴木ヒロミツという歌手に注ぐ愛情がひしひしと伝わってきた。たとえ歌はへたでも、その声や歌い方が聴く者を感動させることがある。それが音楽の不思議であり、魅力でもある。すずきさんはそう言いたかったに違いない。

取材の終わり近くに、すずきさんが一枚の写真を見せてくれた。ソファーに座った鈴木ヒロミツと、隣に立っているすずきさんが、歌詞が書かれた紙を見ながら話し合っている瞬間をとらえたものだ。歌を録音する前に、打ち合わせをしているのだろうか。二人の仲の良さが伝わる写真である。「「でも〜」を録音した際に、スタジオで撮られたものだと思うんですよ」。鈴木ヒロミツは二〇〇七年に病気で亡くなった。享年六十。「早すぎますよね。やりたいことが、まだたくさんあっただろうに……」。すずきさんが声を詰まらせ、私も黙った。手に持った写真を裏返すと、ヒロミツが亡くなった日付が、すずきさんの字で書かれてあった。

鈴木ヒロミツは、その後も歌うことに熱心ではなく、たまにテレビの音楽番組に呼ばれると、いつもモップス時代の代表曲「たどりついたらいつも雨ふり」を熱唱した。ところが、二〇〇四年八月にＮＨＫの番組に出演した際に、珍しく「でも、何かが違う」を歌った。この曲を彼が生で歌う姿を目撃したのは初めてだったが、改めてその歌声、表現力の豊かさを痛感し、心の震えがしばらく止まらなかった。

ポール・ロジャースと鈴木ヒロミツ。ドラマ『夜明けの刑事』ですてきな歌声を披露した、三歳違いの二人の偉大なロック歌手の物語は、これでおしまいです。

（書き下ろし）

『お坊っチャマにはわかるまい！』〜とんねるずと大混乱の生放送

このごろは個人での活動ばかりで、テレビで二人が並んだ場面を久しく目にしていない。石橋貴明と木梨憲武。だが彼らとんねるずは、間違いなく一時代を築いたタレントである。そして、二人とも私と同世代ということもあって、彼らが芸能界に入ったころからその活動に注目し、声援を送ってきた。

とんねるずが初めて主演した連続ドラマが、ＴＢＳの『お坊っチャマにはわかるまい！』である。放送は、一九八六年四月から七月までの計十三回。彼らは結成六年目で、バラエティー番組を足場に頭角を現しつつあった。さらなる飛躍を狙った『お坊っチャマ〜』の第六回では、当時としては珍しかった生放送に挑んだ。しかし途中でハプニングが発生して現場が混乱し、予定通りに番組を進めることが不可能になった。果してその舞台裏で、何か起きていたのだろうか。

『お坊っチャマ〜』は、子供専門のデパートを舞台にした青春コメディー。金もなく女にもモテない高卒の青年二人（とんねるず石橋、木梨）が、裕福な家に生まれ育った同世代の男性先輩社員二人に対抗心を燃やして、仕事と恋に情熱を注いでいく。

この番組の誕生に深く関わったのが、ＴＢＳの演出家だった近藤邦勝である。生まれは一九四四年で、京都大学を卒業すると、一九六九年にＴＢＳ入社。四年後に『時間ですよ』でドラマ演出家としての第一歩を踏み出した。『お坊っチャヤマ～』当時は四十二歳で、演出だけでなくプロデュース業も始めていた。

「後輩のエンタマが秋元康くんと親しくて、彼が、とんねるずでドラマをやりたい、と提案したらしいですね」

「エンタマ」とはＴＢＳ演出家の遠藤環《たまき》の愛称で、新人の放送作家だった秋元康とは、共に参加していた音楽番組の『ザ・ベストテン』で出会って意気投合。また秋元は、とんねるずの座付き作家、プロデューサーのような存在で、勢いに乗り始めた彼らがどうすればタレントとしてさらに成長するか、可能性を探っていた。

「エンタマから話を聞いて面白いと思ったので、ぼくが編成部の知人につなぎました。企画書を書くことなく、その知人との会話だけで企画が通ったけど、今のテレビ業界ではありえない話ですね。編成につないだ関係から、ぼくが担当プロデューサーになり、エンタマがディレクターをやりました」

ドラマの中身は、平たくいえば、二人の青年の友情物語。だが風変わりなのは毎回、至るところに脱線がある点で、とんねるずが役柄を離れて、彼ら自身の言葉でしゃべり、行動してしまう。

「当時のとんねるずは、若者だけに人気がある段階だったから、まずは彼らのファンに見てもらえる内容にしようと。それで脱ドラマ的なものを目指したんです」

脱ドラマの部分はとんねるずも生き生きとしていたが、役になりきって台本通りにせりふをしゃべる部分は芝居が固く、ぎこちなかった。チーフ演出の赤地偉史も、彼らの試行錯誤を肌で感じていた。「ギャグや笑いの部分と、ドラマらしいシーンの展開にめりはりを付けるのが難しかったようですね。それとロケ。路上の大勢の見物人の中で芝居をするのは勝手が違うようで、普段の数倍は緊張してました」（『週刊テレビ番組』一九八六年四月十二日号）。それまで石橋も木梨も役者としての訓練を受けていなかったので、撮影はかなり苦労したらしい。

大観衆が押し寄せて収録が中止に！

脱ドラマの最たるものが、第六回で行なわれた生放送だった。この回でもそれまでの回と同じく、とんねるずの二人がお坊っちゃまの二人と張り合ったが、その最後で突如として時代劇になり、収録している緑山スタジオ（神奈川県横浜市）のそばで彼らが刃を交わすという展開である。決闘が行われた場所は、同じTBSで放送されて好評だったバラエティー番組『風雲！たけし城』のために屋外に建てられた、巨大な城のセットだった。

当時のとんねるずはレコードも出して歌手としても売れていたが、彼らが歌番組に出演するたびに、必ず段取りにないことをやってスタッフを慌てさせ、若い視聴者から喝采を浴びた。つまり彼らは、テレビ界きっての、やんちゃないたずらっ子だったのだ。だからドラマで生放送をやると知って、彼らは必ず何かをしでかしてくれると期待したが、想像を上回る事件が起きてしまった。

近藤プロデューサーによると、生放送を提案したのは、とんねるず自身だという。

「彼らは子供のころに「水曜劇場」が大好きだったそうだから、自分たちも『ムー一族』のようなことを、やりたくなったんじゃないですか」

「水曜劇場」とはTBS系で放送されたドラマ枠で、その内容はホームコメディーが中心だった。とりわけ久世光彦プロデュースの『ムー一族』(一九七八年)はストーリーからの脱線が多く、生放送も驚くことに計十二回行われた。そのころも現在もテレビドラマの生放送は無謀と言われている。本番中に何か失敗があったら、取り返しがつかないからである。なお『ムー一族』には、近藤プロデューサーも演出の遠藤環もスタッフとして参加しており、そのときに生放送を経験済みであった。

とんねるずは自身のラジオ番組において、生放送のことを事前にしゃべった。そのこともあって、放送当日は『風雲!たけし城』の屋外セットに、想定以上の彼らのファンが集まってしまった。その数は、番組の冒頭で石橋が「一万五千人」と言っており、画面越しに見た限りでは、ほとんどが若い男だった。

番組も後半に入り、とんねるずと、彼らと戦うお坊っちゃまたちがバスに乗りこみ、大観衆の前に姿を見せた。すると大観衆の興奮はさらに高まり、とんねるずに向かって走り出すと、車の行く手を塞いでしまった。このままでは危険である、とスタッフが判断。急きょスタジオに映像を戻して他の出演者たちが芝居をつづけ、その間にとんねるずたちがスタジオへ戻ってきた。直後にディレクターが機転を利かして、たけし城前でやる予定だった芝居をスタジオで演じてもらったが、石橋も木梨も、暴徒と化した一部のファンに怒りをぶつけ、「悔しいよ！」と声を荒らげた。もちろん今回の失態は彼らのせいではなく、当日はどのくらいの人数が集まるのか、その読みをスタッフが間違えたのが原因である。

放送の明くる日、朝日新聞、読売新聞などにある記事が載った。『お坊っチャマ～』の生放送が終わった直後に、とんねるずを見ようと集まったファンに向かって何者かが石が投げ、群衆の中央にいた十一歳と十三歳の少年の頭に当たった。そして二人は、一週間程度のケガを負ったというのだ。番組が世間を騒がせた時に全責任を負うのが、担当プロデューサーの役目。近藤プロデューサーは人が集まりすぎたことで騒動が起きたことを、後日警察に謝りに行くと、幸いにも大目に見てくれた。それから集まったファンの一部が、緑山スタジオの近所でいたずらをしたために、住民に会いに行って丁重に詫びたという。

「もちろんこの時のハプニングは、計算外です。でもその一方で、予定にはない小さな失敗は起きてほしい、とも思っていました。なぜなら、すべてが予定通りに進んだら、わざわざ生放送でやる意味がないですから」（近藤）

『お坊っチャマ～』最大の魅力は、ドラマの部分よりも脚本からの脱線にあった。少なくとも、とんねるずの暴走を期待してこの番組を毎回見ていた私は、そう感じていた。とんねるずもスタッフもひらめいたアイデアは迷わず実行し、近藤プロデューサーもそれを許した。

「それはやりすぎだろ、と止めたことは一度もなかった。特にとんねるずはエンタマと気が合っていたので、ぼくの役目は、彼らを後ろから見守ることでした」

その当時でも、番組作りにおいて越えてはいけない一線はあったが、『お坊っチャマ〜』はそのギリギリを攻めた。裏番組が、プロ野球中継ほか強敵ばかりだったからだ。その結果、やりすぎて各所から何度もお叱りを受けたが、とんねるずも近藤プロデューサー以下スタッフもめげなかった。

「確か生放送の時に、とんねるずが興奮ぎみに言ったんですよ。近藤さんはオレたちのことを一番わかってくれてる人だ！　って。あのひと言はうれしかったな」

その後も演出の遠藤環は、盟友である秋元康の企画で、話題の連続ドラマを数多く制作。また、とんねるずの石橋がＳＭＡＰ時代の中居正広と司会を務めた音楽番組『うたばん』では、初代ディレクターを務めた。

とんねるずは、のちにいくつかのテレビドラマに主演したが、なぜか強い印象が残っていない。それらに比べて『お坊っチャマ〜』は、今も記憶に深く刻まれている。あの時期のとんねるずの持ち味であった「段取り破り」が毎回大胆に行われたのが痛快だったし、彼らが子供のころから大好きだった「テレビ」に出演できる喜びを全身から放っていたことも、私にとっての「名場面」

をいくつも生み出した理由だ。そのとんねるずの二人も、すでに還暦。『お坊っチャマにはわかるまい！』をより一層輝かせていたのは、当時二十五歳だった彼らの、怖いものを知らない「若さ」だったのである。

（書き下ろし）

『ばあちゃんの星』〜樹木希林のプロデューサー感覚

目の前にいるベテラン俳優が、思わぬことを口にした。「私ね、あるドラマに主演したときに、つかこうへいに頼んで脚本を書いてもらったのよ。まだあの人が有名になる前に」。今は亡き樹木希林に二〇〇八年に取材した際、雑談の途中で飛び出したひと言である。これには驚いた。初耳の話だったからである。

つかこうへいは一九七〇〜八〇年代に活躍した劇作家・演出家で、代表作には、のちに映画にもなった『蒲田行進曲』がある。その彼が初めて脚本を手がけたというテレビドラマが、そのころは悠木千帆を名乗っていた、樹木希林が主演した『ばあちゃんの星』だ。放送は一九七五年、制作はＴＢＳ。すでに俳優として十年あまりの実績があった樹木が主演した、二本目の連続ドラマである。

「笑えるもの」なら何でも関心を持った中学生の私は、このドラマを初回から見た。樹木希林はコメディーが上手だという印象があったからだ。『ばあちゃんの星』の内容をひと言で表すと、女性上位の鰐淵家と男ばかりの怪しげな下宿人たちによる、奇妙で騒々しい雑居生活である。

鰐淵家を牛耳るのは七十歳のトラ（樹木希林）で、強欲で意地悪だが情が深い。トラの家族には次男の朝男（小池朝雄）と妻の久美（水野久美）、その娘・圭子（秋本圭子）、久美の妹のれいこ（風吹ジュン）がいる。この家は下宿を営んでおり、住人の顔ぶれは、トラの孫タカオと男友だち三名（以上、ずうとるびの四人）、キャバレーで働くトランペット吹き（谷啓）。ほかにも謎めいた面々が出入りして、何かと騒ぎを起こす。主人公の老女トラは、前年に樹木が『寺内貫太郎一家』で演じて評判を呼んだキンばあさんに、性格も外見も重なって見えた。

放送は金曜日の夜八時から。他局は刑事ドラマ『太陽にほえろ！』（日本テレビ）とアントニオ猪木のプロレス中継（テレビ朝日）という人気番組で、TBSは何を放送しても苦杯をなめてきた。そこで新機軸を打ち出したのが『あこがれ共同隊』である。内容はバラエティー風のドラマで、主演の郷ひろみ、西城秀樹、桜田淳子ほか旬のアイドルが大勢出演。担当プロデューサーがTBSドラマ班の大山勝美、同じく音楽班の今里照彦で、ドラマと音楽番組の良いとこ取りを目指した。

後番組の『ばあちゃんの星』も同じ発想で企画され、『8時だヨ！全員集合』の居作昌果、『寺内貫太郎一家』の宮田吉雄という、二つの大ヒット番組からプロデューサーを迎えている。のちに二人とは一緒に仕事する機会を得たが、居作が演出部から放り出された先の教養部で出会ったのが、ＴＢＳでは後輩にあたる宮田だったそうだ。主演の樹木希林とずうとるびは、いずれもテレビが生んだ当時の人気者。樹木はすでに『時間ですよ』『寺内貫太郎一家』で宮田と組んでいた。また、デビュー二年目のずうとるびは『せんみつ・湯原　ドット30』などで居作と仕事を共にして、のちにバラエティーアイドル、略してバラドルと呼ばれるタレントの走りとして、十代の女の子から熱い視線を浴びていた。

脚本は新人時代のつかこうへい

さて、ここで注目したいのが、脚本を書いたという劇作家のつかこうへいである。

このとき二十七歳で、演劇界の新星として注目されていたが、一般的には無名の存在。だから新聞や雑誌の番組紹介でも、彼については詳しく触れていない。樹木の役者としての出発点も演劇であり、文学座で芝居の基礎を習い、のちに仲間と劇団を作って舞台にも立っている。演劇界にも多くの仲間がおり、つかと出会うのもごく自然なことだった。

『ばあちゃんの星』のビデオテープは制作したＴＢＳにも残されていないようで、番組に関する情報も少ないが、信用に足る情報を某所から入手できた。また国会図書館が保存する数点の台本も参考にしつつ、放送リストを作ってみた。

話数	脚本	演出	主なゲスト出演者
1	つかこうへい、斉藤憐	豊原隆太郎	北見治一
2	山県あきら	豊原隆太郎	荒井注、安田道代、マリア・エリザベス
3	山県あきら	豊原隆太郎	
		服部晴治	
4	つかこうへい	豊原隆太郎	絵沢萌子
		服部晴治	
5	鹿水晶子	服部晴治	
6	ジェームス三木	豊原隆太郎	宍戸錠
7	ジェームス三木	浅生憲章	
8	山元清多	服部晴治	
9	鹿水晶子	豊原隆太郎	長谷直美、山本昌平
10	ジェームス三木	浅生憲章	室田日出男
11	南川泰三	服部晴治	小林亜星、岸香織、加藤治子
12	ジェームス三木	豊原隆太郎	
13	山元清多	服部晴治	左とん平、伴淳三郎

右の資料によると、つかは脚本を二本執筆している。初回を共作した斉藤憐も劇作家で、テレビドラマへの参加は、これがほぼ初めて。のちに音楽劇『上海バンスキング』を書いて、高く評価された人物である。

まずは初回の内容から見てみよう。トラの次男の朝男が、古くなった自宅の建て替えを申し出るが、同居するトラは大反対。彼女は、戦死したと伝えられる長男の昭一が生きて必ず帰ってくると信じており、家も部屋もそのままにして昭一を迎えたいのだ。ところが突然、訪ねてきた初老の男が、トラの希望を打ち砕く。彼は昭一の戦友で、戦地で昭一の最期を見届けたというのである。絶望したトラは、若き日に慕った初恋の相手で、昔から信頼を寄せる住職（名優・嵐寛寿郎）に心の迷いを明かすと、これからは、たくましく、そしてしたたかに生きることを決意する。

二話以降は毎回、突然の来訪者によって、一家の平和がかき乱される。そして、そこに「昭一の母」という立場から解放されて、本性をむき出しにしたトラが関わることで、騒ぎを大きくしたり、逆に問題を解決したりする。

つかがもう一本書いた四話の物語は、新人の競輪選手でトラの孫である、タカオ（山田隆夫）の二十歳の誕生日に、差し出し人が不明の自転車が届くところから始まる。送り主は、三歳のタカオを置いて家出した、実母の萌子である。今さらタカオの母と名乗る資格はない、と冷たく言い放つ家族たち。だがトラは彼らの反対を押し切り、萌子に母親宣言させるべくタカオと再会させてしまう。

放送当時はまだ中学生だったので、つかの存在を知らなかった。だが、三年後に彼の出世作となった舞台『熱海殺人事件』を、都内の紀伊國屋ホールで観劇して、つかは毒のある喜劇が得意で、早口のセリフで観客を物語に巻きこむ作家だと感じた。それから登場人物がくり返し発した「ブス」という言葉を、これほど否定的に使った演劇は空前絶後だろう。つかが喜劇の作家だとすれば、『ばあちゃんの星』でも、特に笑いの部分に彼らしさが出ているのだろうか。面白かった場面を思い出してみよう。

●トラが、孫のタカオとその仲間たちと、いつもいがみ合っている。あるいは、あの手この手でいたずらを仕掛け合う。
●タカオと友人たちがたむろする部屋で、騒動が起きる。たとえば誰かが謎の呪文を唱えると、その人の身体が宙に浮く、彼らが大きな音を立ててバンド演奏する、など。
●鰐淵家は大きな家なのにトイレ、風呂、洗濯機がどれも一つしかなく、しばしば一家や下宿人たちが列を作り、順番を待つ間にもめごとが起きる。

ほかには「貸間あり」の札をなでると巨大化するといったナンセンスなギャグもあったが、毒気の強いダジャレや言葉遊びも多く、このあたりにつかの個性が出ていた。

謎の脚本家・山県あきら

では、つかはどんな気持ちを抱いてこのドラマに関わったのか。彼の死後に書かれた評伝『つかこうへい正伝』（長谷川康夫著）に、『ばあちゃんの星』に関する記述を見つけた。「このドラマは、企画自体がつかのものではないし、脚本も一話目を担当しただけである（略）どうやら、それっきり脚本陣からはずされたということだろう。つかものちの取材で「うまくいかなかった」と、はっきり口にしているし、その経歴の中でも、このドラマのことは一切触れられていない」。

おそらくつかは、初回を書いてみたものの、満足できる仕上がりにならなかったのだろう。二話三話でさっそく助っ人が加わっているが、その人物「山県あきら」の正体は、実は主演の樹木希林である。これも当人から聞いた話だが、この別名で初めて脚本を書いたのが『時間ですよ昭和元年』だった。

このドラマは向田邦子原作のホームコメディーで、脚本も彼女が中心になって書くという約束で、制作が始まった。ところが彼女は、昔からきわめて筆が遅い。収録が始まっても原稿が届かないことがあり、業を煮やした樹木が、自分で脚本を書くと言い出したのである。『ばあちゃんの星』でも、つかが思うように筆が進まず、やむなく彼女が自分で脚本を執筆したか、あるいは、つかが考えたアイデアを元にして脚本に仕上げたのだろう。

樹木は若いころから文章を書くのが好きだったそうで、三十代にエッセイを雑誌に連載したこともある。また、取材の際に私が「自叙伝を出したら、どうですか」と水を向けたら、「出してもいいわわね、私が自分で全部書くなら」と答えて、意欲を見せていた（結局、実現はしなかった）。

樹木に請われて脚本を書いたつかこうへいは、四話を最後に降板。計画が狂った制作スタッフは、売れっ子のジェームス三木を急きょ捕まえて書いてもらい、さらに新人の鹿水晶子、南川泰三にも脚本を頼んで、どうにか最終回までたどり着いた。

では、なぜつかは途中で番組を離れたのか。その後のつかはドラマ脚本をほとんど書いていないが、『ばあちゃんの星』に参加してみて、苦手意識を持ったと思われる。

つかは若いころから自ら舞台脚本を書き、そして演出したが、稽古ではいつも「口立て」を取り入れた。この方法は、役者たちと芝居を固めていく中でセリフをどんどん変えていくもので、再演が多かったつかの舞台は、同じ演目でも、再演されるたびに多くのセリフが変更された。『ばあちゃんの星』の場合も、もしつかが演出を兼ねていたら、もっと彼の色が出せたにちがいない。

タイトル画は樹木とずうとるびの似顔絵で、両者が拳銃を撃ち合ったり、刃を交わす様子が描かれていた。若者と老人の戦い。このドラマのテーマを表現した絵の作者は、高名なイラストレーターの和田誠で、かつて当人から直接聞いたところでは、交流があったつかこうへいから依頼されたものだろう、とのこと。その後も、和田はつかと多くの仕事で組んでおり、彼からタイトル画を頼まれた可能性は高い。

矢沢永吉が曲を提供

樹木は『ばあちゃんの星』に主演するにあたって、ほかにもスタッフ陣に頼んだことがある。作曲家の五大洋光にロックンロールを書いてもらい、それを番組で流そうと提案したのだ。これも生前の樹木から直接聞いた、おそらく一般には知られていない話である。さっそく国立国会図書館が所蔵する台本を確かめたところ、第五話の音楽担当は、確かに五大洋光とボブ佐久間の連名だった。五大洋光《ごだいようこう》。聞き覚えないのない名前だが、その正体は誰あろう、今も現役で活躍するロック歌手、矢沢永吉である。

そのころの矢沢は、人気ロックンロールバンドのキャロルを解散し、ソロ歌手として再出発したばかり。『ばあちゃんの星』が始まる前月には、初のアルバムを発売している。樹木いわく、矢沢とは夫の内田裕也を通じて知り合ったという。きっかけは、キャロルが内田の企画したロックコンサートによく出演していたことだった。実は樹木も、そうしたコンサートに歌手としてステージに立っていた。ロックバンドのクリエイションによる演奏に乗せて、「ロックンロールBAKA」という、夫に捧げた曲を熱唱したこともあり、多くのミュージシャンと親交を深めていたのだ。

『ばあちゃんの星』では毎回、威勢のいいロックンロールが劇中で流れたと記憶する。第五話の台本にも、タイトルバックで「激しいロックのリズム」が流れる、との記述があり、これが矢沢の手になる曲なのだろう。日本音楽著作権協会のデータベースで調べたら、矢沢は「五大洋光」の別名で、アイドルの南沙織、星正人、キャロルの弟バンドだったクールスに曲を提供している。だがその数は十曲に満たず、いずれも『ばあちゃんの星』が放送された、一九七五年に集中している。それ以降、他人に曲を贈ることはなかったようなので、その点でも『ばあちゃんの星』への参加は貴重である。

『ばあちゃんの星』以降も、樹木が考えたアイデアが、出演した連続ドラマに取り入れられた例は多い。私との対話でも、「きっと当時の私には、〈おかしいこと〉を見つける目、時代をフカンで見るくせがあった」と振り返っていた。そのころの樹木には、今は頭角を現していないが、若くて才気あふれる人物を見つける感受性があった。しかも、そうした人たちに声をかけて番組に参加してもらい、彼らが世間から注目され、売れていくさまを見ることに喜びを感じていた。つまり、彼女は「俳優」だけに止まらず、たえず番組全体に目を配る「プロデューサー」のような感覚を持ち合わせていたのだ。

彼女の没後に『エリカ38』という映画が公開された。主演の浅田美代子は、十代のころから樹木を母のように慕いつづけた俳優である。彼女に取材した際、裏話を教えてもらった。病魔に侵されて自分に残された時間は少ないと悟った樹木は、前から目をかけてきた浅田のために、彼女の代表作になるような映画を作ってあげたい、と思い立つ。そしてすぐに知人の映画プロデューサーに声をかけ、さらに各方面と交渉して、あっという間に話をまとめてしまった。浅田は彼女の行動力にとても驚き、そして深く感謝したそうである。

まさか！　七十歳の老女に生理が

トラばあさんはいつも着物姿で、全身が黒っぽいのが少し異様だった。当時の『週刊ＴＶガイド』によると、樹木は「企画の段階から参加し、服装からセリフまで話し合いながら、ドラマ作りに熱中。黒の江戸褄《つま》に黒のモンペ、白タビに黒のぞうり、特別注文という指先を切った黒の軍手という衣装を発案した」という。のちに彼女は大の着物好きとして有名になるが、すでにこの時代からそうだったことがわかる。テレビアニメや特撮ドラマだと〈黒〉は悪のイメージだが、きっと樹木は、トラばあさんを〈憎たらしいが愛すべき迷惑者〉ととらえていたのだろう。長谷川町子が描いた漫画『いじわるばあさん』がそうだったように。

では、樹木はこの老婆をどんな思いで演じたのか。

「あたしはあんまりおばあさんを演じてるって気がないの。やりたいことやってる。あの格好してると、なんでもできて便利よね（略）テレビに出ると、自分のウソをね、全部映し出してくれるでしょう。私生活というか、生の全部を映しちゃうでしょう。そこがたまらない魅力ね」（『週刊ＴＶガイド』一九七五年十月二十五日号）。なるほど、あの品行方正には程遠いトラばあさんは、ほとんど樹木の分身だったのである。

彼女が山県あきら名義で脚本を書いた第三話の物語にも、彼女らしさがあふれている。トラは自宅で下宿を営んでいるが、住まわせるのは男と決めていた。理由は、女は生臭いしトイレが長いからである。ところが、ガールフレンドが欲しい孫のタカオと友人たちに押し切られて、タレント志望の若い女を下宿させたことから、トラに変化が起きる。思春期の青年や女たちと暮らすなかで、今はもう失ってしまった女としての証、つまり月経が欲しくなったのだ。しかも、トラと同じ思いを抱く老女が大勢やって来たことで、トラはさらに「女」としての自分を取り戻したい、と強く願い始める。すると奇跡が起きた。トラに生理が起こり、彼女は無上の幸せを味わうことができたのだ。

この回では、女性が使う生理用品や思春期になると局部に生える毛など、「性」にまつわる明け透けな会話がものすごく多く、お茶の間で家族と共に放送を見ていた十代は、さぞかし気まずい思いをしたことだろう。

『寺内貫太郎一家』にレギュラー出演した樹木は、三十一歳の若さで老婆を演じて好評を博したが、その老婆も決して枯れた感じではなく、すてきな若い男に恋焦がれるような「女」の部分を残していた。いくら年齢を重ねても、女性は恋をするし、欲情もする。そうした人物像をより深く掘り下げ、世の女たちの本音を大胆に表現したのが、『ばあちゃんの星』のトラだったのだ。

実は、このドラマが最終回を迎えた二ケ月後の一九七六年二月に、樹木は第一子となる也哉子を出産している。ということは、『ばあちゃんの星』の収録中はすでにお腹もふくらみ、「女」としての自分をより強く感じていたはずだし、そうした気分が、第三話の物語を書かせたにちがいない。

共演者の江藤博利が見た樹木希林

トラばあさんに自身を投影しながら演じた樹木希林。共演したずうとるびの江藤博利さんに会って、彼女の思い出を語ってもらった。

「樹木さんとは初共演でしたが、演技については、いつも真剣さと厳しさがありましたね。ずうとるびのメンバーでは山田（隆夫）くんと絡むことが多かったので、彼によく助言していましたよ。でも普段は優しくて、収録後にぼくらを食事に連れていってくれたり、何かと気にかけてくれました。これからあなたたち、芸能界でどういう風にやっていくつもりなの？って」

ずうとるびは芸能界に飛びこんで二年目。歌もコントも司会もバンド演奏も器用にこなす、多芸多才なアイドルだった。

「『ばあちゃんの星』に出たのが一九七五年ですか。あのころは特に仕事が忙しくて、レギュラー番組だけで十一本もあり、その合間に新曲を録音したり、全国各地でコンサートもやっていました」

年末には、初めてNHKの『紅白歌合戦』に出演して、当代きっての売れっ子アイドルであることを証明している。そして同年の秋から収録を始めた『ばあちゃんの星』は、彼らにとって初のドラマ出演だった。

「担当プロデューサーだったTBSの居作（昌果）さんが、ぼくらを呼んでくれたと思うんですよ。その前に『せんみつ・湯原 ドット30』ほか、居作さんが作ったバラエティー番組によく呼んでもらっていたので」

樹木希林で思い出深いのが、彼女が乗っていた自動車だという。

「シトロエンという外車に乗っていましたが、色が鮮やかなブルーで、すごく目立ってね。あるとき樹木さんから鍵を渡されて、「私の車を持ってきてちょうだい」と。ぼくは当時十八歳で、運転免許を取って間がなかったから、「ぶつけたらどうしよう」ってすごく緊張しながら運転したのを覚えてます」。樹木は普段の服装も個性的で、しかもそれが奇をてらったものではなく、ごく自然に見えたという。「きっとご自分に自信があったからじゃないですか」（江藤さん）。それからずっと後のことになるが、私がじかに目撃した彼女の私服も、着物と洋装を合体したような斬新さが目を引き、その服は手持ちの古着を親しい洋服屋に仕立て直してもらったものだ、と明かしてくれた。

江藤さんは、二〇二〇年にずうとるびの再結成に参加し、現在も活動中だ。また演劇プロデューサーの顔もあり、自ら主演もこなす「昭和歌謡コメディ」と題した、芝居と歌と笑いが満載の舞台を年に二回、都内で上演している。別れ際に、『ばあちゃんの星』のために、若き日の矢沢永吉が変名を使って曲を書いたことを告げると、声を上げて驚いた。

「それはすごい！　矢沢さんとは、キャロル時代にラジオで何度も共演しましたよ。一体、どんな曲を書いたんだろう。それをずうとるびが歌った？　いやあ、記憶にないなあー。とにかく当時は、次から次へと仕事をこなすのが精一杯で、細かなことを覚えてなくて。そういえば、あのドラマに沢田研二さん、出ませんでしたっけ？」

まだ名もなき素人歌手だった沢田の才能を見出した内田裕也は、のちの樹木の夫であり、彼女が出演した『寺内貫太郎一家』や『時間ですよ昭和元年』にも、すでに大スターになっていた沢田がゲスト出演して話題になった。『ばあちゃんの星』でも、二人の共演があったとしても不思議ではないが、残念ながら私の記憶にはない。

演出の服部晴治に誘われて初めてドラマ脚本を書いたのが、当時三十二歳の放送作家だった南川泰三である、彼は自身のブログにこう書いている。『ばあちゃんの星』では「ドラマ冒頭、希林ばあちゃんが激しいロックのリズムに乗って登場し、最後に「ジュリー！」と叫ぶのだ。希林ばあちゃんは沢田研二の熱狂的なファンという設定だった」。もしかしたら、この場面で毎回、樹木が歌い、踊ったのが矢沢永吉作曲のロックンロールであり、しかも、ある回で沢田本人が飛び入り出演したのだろうか。謎は深まるばかりである。

放送中止事件

樹木の依頼に応えて力を貸した矢沢永吉とつかこうへいだが、理由は定かではないが、二人とも途中で番組を離れている。音楽担当は、矢沢に代わって売れっ子作曲家だったボブ佐久間が務めたが、制作現場はかなり混乱したと思われる。しかも、さらに騒ぎが起きてしまった。第十一話が最後の編集まで終わった段階で、放送中止になったのである。

運良くその回の映像を見ることができた。

黒づくめの怪しげな男が鰐淵家に現れた。聞けば男は女子高校の教師で、心を病んでいるらしい。セーラー服を着た学生を見ると頭に血が昇ってしまい、その後のことは何も覚えていないというのだ。一同は男の告白に首を傾げる。だがトラだけは、誰にでも興奮して我を忘れる瞬間がある、と男に共感を示す。

物語の冒頭で、セーラー服姿の女子学生が、夜道で何者かに襲われる。犯人は、鰐淵家にやって来た例の教師である。彼はカミソリで女子学生を斬りつけ、鮮血で塗れたその刃を見つめてニヤリと笑い、つぶやいた。「トマトケチャップ!」。この何気ないセリフが大問題を引き起こしたのである。

『ばあちゃんの星』の番組スポンサーはキッコーマン、ナビスコ、小林コーセー、立川ブラインド工業の四社。実はキッコーマンはデルモンテ社製のケチャップも売っており、放送前に試写を見た社員が激怒して、制作スタッフに放送の中止を強く求めたという。

演出の宮田吉雄は担当プロデューサーでもあるから、番組スポンサーの顔ぶれも、キッコーマンがケチャップを売っていることも知らないはずはない。だとすれば、「トマトケチャップ」というセリフは、彼なりの提供企業に対するサービスだったのか、あるいは軽い冗談だったのか。いずれにせよ、そのセリフが笑いを誘うものであれば、キッコーマンも見逃しただろう。ところが、男が女子学生を斬りつける場面にはホラー映画のような緊迫感があり、学生を演じた浅田美代子の芝居も、恐怖に顔をゆがめて悲鳴を上げるなど、真に迫っていた。思わず演出に熱がこもってしまったのは、宮田が大の怪奇映画好きだったからである。

結局、第十一話は放送されず、その穴埋めとして、十二話用の映像を急きょ仕上げて、放送に間に合わせた。当時の雑誌や新聞を調べると、十一話として「トマトケチャップ」の回を流す予定なので、放送の寸前になって中止が決まったことがわかる。

舞台裏で数々の事件が起きていた『ばあちゃんの星』は、予定通り第十三話をもって終了した。樹木希林とずうとるびというテレビの人気者を主役に迎え、さらにつかこうへい、矢沢永吉という若き才能が参加したにも関わらず、途中で失速してしまった感は否めなかった。

『ばあちゃんの星』から八年が過ぎた一九八三年。つかこうへいの原作脚本演出によるドラマが、

TBS系で放送された。『蒲田行進曲』全二回である。当時のつかは、すでに劇作家として確固たる地位を築いており、自身が書いた同名の人気舞台をドラマ化したものだった。ここで注目すべきは『ばあちゃんの星』の関係者が参加していること。まず題字を描いたのが、和田誠である。さらにTBSの宮田吉雄プロデューサーが、なぜか映画撮影所の幹部役で一場面だけ出演しており、落ち目の有名女優をいびっていた。

宮田にとって、つかは慶応大学の後輩に当たる。夫人の攝子さんに尋ねたところ、ご主人とつかは交流があったという。その宮田は、二〇〇四年に六十六歳で亡くなった。「宮田の葬式に、希林さんがわざわざ来て下さったんですよ。「主人がいろいろご迷惑をかけました」と私が頭を下げたら、「ええ、本当に迷惑しました」と言ってから、淋しそうに笑って」（攝子さん）。誰に対しても裏表がなく、いつも本音で生きた樹木らしい反応が清々しいが、その瞬間、『ばあちゃんの星』のことが脳裏をよぎったにちがいない。

（書き下ろし）

『プリズンホテル』～強烈なギャグが満載の人情喜劇

原作は『鉄道員《ぽっぽや》』の浅田次郎、演出はドラマ『ケイゾク』の堤幸彦。このヒットメーカーたちが初めて組んだ、話題のドラマである（テレビ朝日系にて全国放送中）。

舞台は、とある温泉街のホテル。社長（武田鉄矢）はやくざの親分で、従業員はすべて彼の子分である。社長は情が深く、人生に疲れた宿泊客の悩みを解決することに喜びを感じている。ある日、社長の姪で売れっ子の小説家（松本明子）が、ホテルへやって来た。彼女は幼いころ、母に捨てられたことで心に傷を負い、以来、家族の絆を信じない。いつもはやさしさを振りまきながら、一番つらいときに救いの手を伸ばしてくれなかった叔父の社長を憎み、ホテルの乗っ取りを狙っている。

テーマは家族愛。「寅さん」シリーズの山田洋次が撮れば、人情ドラマの名作になったかもしれない。だが演出陣は、情緒におぼれることなく、原作を飛び越え、ついでに〈ドラマの常識〉も蹴散らして、黒いユーモアへのめりこむ。

何といっても不気味なのが、心中したホテルの元支配人の一家が、無表情な幽霊として毎回登場すること。しかも、いつも画面がゆがんでいるので、怖さも倍増である。また奇妙なギャグも多く、極道たちが風呂に入れれば、股間に黒いモザイクがかかるし（これが異様にでかい！）、列車に乗れば、なぜかお遍路さんと自衛隊員（手にはバズーカ砲！）が隣に座っている。

ホテルで唯一の民間人である支配人に扮するのが、俳優の北村総一朗。ドラマ『踊る大捜査線』と同じく、いつも会話の輪から外れてしまうボケ役で、やくざ者の前では本音を隠して身を小さくする小市民を好演している。

北野武作品の常連である大杉漣は、腕っぷしが強くて、義理と人情に厚い社長の片腕を渋く演じる。コミカルな芝居もうまく、彼を慕う青年から指切りをせがまれたが、小指がないために、悔し泣きをしながら走り去るシーンには大笑いした。

彼らに限らず、登場人物はくせ者ぞろい。社長は古い人間で、未だにニック・ニューサが歌った「サチコ」と堀ちえみが好きだったり、やたらと死にたがる娘や珍味の苦手な殺し屋も出てくる。このあたりは、かつて日本テレビ『コラーッ！とんねるず』のコントの中で、狂気の人々を描きつづけた演出・堤幸彦の趣味だろう。

放送は土曜の夜八時。健全さが求められる時間帯にしては、はみだし者ばかり出るし、暴力と鮮血でいっぱいだし、室内シーンはいつも薄暗い。冒険的演出が災いして視聴率は低迷中だが、コメディー好きには一見を勧めたい。なぜなら〈幻のカルトドラマ〉として、いずれ必ず脚光を浴びる予感がするからだ。

（『週刊ＳＰＡ！』一九九九年六月二日号）

……以下、書き切れなかったことを少々

ちょうどこのドラマが始まった直後に、雑誌の取材のために演出の堤幸彦に会った。場所は江戸川橋スタジオという、テレビ番組の映像編集を行なう都内の施設である。約束の時間に訪ねると、堤が『プリズンホテル』の編集をしていたので、すぐ後ろでその様子をしばらく見学した。

その時に作業していたのが、元ヤクザの従業員三名がホテルの湯船に浸かっているシーン。全裸の彼らが立ち上がると、堤は、その股間を黒い三角形で隠してほしいと、隣に座っている編集マンに声をかけた。その直後に何かひらめいたらしく、小さく笑いながら、さらに頼んだ。「その股間の三角形さ、男が立ち上がってしゃべり出した瞬間に、ちょっとでかくしよう!」。興奮したせいで、男の局部が大きくなったというわけである。直しが終わると、堤が「これでいい! 面白い!」と、少年のように無邪気に喜んでいる。さらに男三人が会話する最中でも、彼らの股間を覆った三角形の大きさが微妙に変わるように、細工がほどこされた。登場人物が全裸になった瞬間、その局部が黒い物で隠される。このギャグは、大昔にドラマ『寺内貫太郎一家』で目撃したが、あの時に局部を覆ったのは黒い四角形で、サイズも変化しなかった。それに比べて『プリズンホテル』の方が明らかに笑いが足されていて、より面白いと感じた。

それまで堤が手がけたドラマをずっと見てきて、彼が「笑い」を心から愛していることは承知していたし、その部分にとても共感していた。今回、締め切りギリギリまで、より面白いギャグを追い求める彼の姿を目の当たりにして、感服すると同時に、「笑い」に注ぐ情熱の強さに圧倒されてしまった。

(書き下ろし)

『あとは寝るだけ』～全員が不幸なブラックコメディー

こんなに暗くて、陰惨でよいのだろうか。登場人物はみなそれぞれに不幸だし、しかも彼らが残酷な目に遭うさまを見ながら、つい笑ってしまう自分がいる……。大学生時代に夢中で見たその連続ドラマは、日本では珍しい「ブラックコメディー」を目指した野心作だった。一九八三年にテレビ朝日系で放送された『あとは寝るだけ』である。

主人公の洋次（堺正章）は人気のプロボウラーだったが今は落ちぶれて、清純派の歌手だった妻の小雪（樋口可南子）を使って、美人局《つつもたせ》という、法律に反する商売で稼いでいる。洋次は、父の英三郎（三木のり平）が客として引っかかったのをきっかけに帰郷。妻を亡くした英三郎が質屋を営む、実家で再び暮らし始める。英三郎は金持ちなのにどケチで、女好きで血も涙もなく、四人の従業員を安月給でこき使っている。さらに洋次まで彼らをいびり始めるが、四人が横暴に耐えているのには理由がある。英三郎が死んだら多額の遺産を手に入れようと、あの手この手で作戦を練っているのだ。そんな彼らが、英三郎と戦うために労働組合を作った。その名は「北関東逆境会」。全員が群馬や栃木の生まれだったことから、この名を付けたのである。

「どの家庭よりも、この人々は暗い。あんまり暗くて笑っちゃう」

この番組宣伝用のコピーにもあるように、「北関東逆境会」の面々は、いつも顔つきが曇っている。全員が生まれも育ちも幸薄い。お金もなく異性にもモテない。しかも今、置かれている環境も、それぞれに身を切るほどつらい。彼らの様子があまりにも悲惨で、あとはもう笑うしかない。このドラマは、不幸を笑いに、そして悲劇を喜劇に変えられるか、という挑戦だったのである。

主演は堺正章、演出はヒットメーカーの久世光彦

演出担当は久世光彦《てるひこ》。この人は、TBSの社員時代に『時間ですよ』『寺内貫太郎一家』などを作って高視聴率を叩き出した、当時のテレビ界を代表するヒットメーカーだ。その久世が、四十四歳で独立して制作会社のKANOXを設立。その三年後に手がけたのが『あとは寝るだけ』で、多忙の最中に全十三話を一人で演出するという力の入れようだった。

久世は二〇〇六年に天に召された。享年七十。生前にくり返し取材に応じてもらい、その談話をもとに『「時間ですよ」を作った男』という本にまとめて出版した。その取材の際に、『あとは寝るだけ』についても興味深い話を披露してくれた。

「あのドラマの成立過程を話すと、当時のぼくは、堺正章主演の連続ドラマを作りたいと思っていた。『時間ですよ』から十年、あいつと一緒にドラマを作っていなかったし。そこへ所属事務所の田辺昭知社長から「堺でドラマを」という依頼が来たので、すぐに乗ったわけだ。あのとき昭ちゃんは、堺に俳優としてもっと活躍してほしい、と考えていたみたいだな」

一九七〇年から放送されたホームドラマ『時間ですよ』は、TBS入社十年目だった久世にとって初のヒット作である。さらに、銭湯で働く浪人生に扮した堺正章にとっても、人気をつかむきっかけとなった。また堺は役者としてだけでなく、台本には書かれていないコント風の場面では毎回、共演の樹木希林とギャグを考えて、コメディアンとしての才能を開花させた。その後も多才ぶりを発揮して、歌にドラマに司会にバラエティーにと活躍。だが八〇年代に入ると、あいかわらず出演番組は多かったが、以前ほど世間の話題に上ることはなくなっていた。

久世は、番組宣伝のために書いた短文にこう記した。

「堺正章と樋口可南子は絶妙のいとしいコンビになってくれました。おかしくて、屈折していて切なくて「夫婦善哉」の83年版になってくれることでしょう。陰翳の多い堺正章を私はとても好きです。今までのように独演会ではなく、他の人々との関わりにおいておかしさを生もうと彼はいま必死です。いま一番揺れている女優の樋口可南子と屈折の王者・柄本明という得がたい相手役を得て、堺正章もこれで花が咲かなければ、という正念場だと思うのです」(『週刊テレビ番組』一九八三年四月二十九日号)

引用が長くなったが、久世の堺に注ぐ期待の大きさがが伝わってくるではないか。

堺主演のドラマを作ると決めた久世のもとに、ある男がやって来た。売れっ子脚本家の松原敏春が企画を売りこんできたのだ。劇団東京ヴォードヴィルショーのために自身で台本を書き演出もした、舞台『いつか見た男達』を連続ドラマにできないか、というのである。

「物語がとにかく暗くて、異常な世界だったな。でも、そこが松原の一番やりたいことだったし、ぼくも面白いと思った。何よりもぼくが好きでたまらなかったのが、舞台版の主人公でもあった北関東逆境会。そこに惚れたから、堺主演でドラマ化することにしたんです」（久世さん）

陰の主役「北関東逆境会」

久世が溺愛した「北関東逆境会」は、このドラマの陰の主役である、彼ら四人は毎回、必ず一人ずつ名乗りを上げて、おのれの悲惨な生い立ちを視聴者に語りかけた。

まずはリーダー格の貫一から。

「児玉貫一、三十三才。群馬県吾妻郡吾妻町出身。妾の子だって人間です。人に変わりがあるじゃなし、なぜこうもいわれない迫害を受けねばならぬのでしょうか。どなたか教えて下さい」

次は最年少の美也である。

「行沢美也、二十一才。栃木県足利市出身。父が自殺したからって、天涯孤独だからって、私だって青春です。恥ずかしいけど……処女です。父の仇、英三郎を討ち果たす日まで本当の春はめぐってきません。本当に信じて下さい。処女です」

こんどは留作の番である。

「留作、たぶん三十八才。出生地不詳。大雑把にいえば満州平野。中国残留孤児。五年前の秋、日本に密航して来ました。生き別れのパパは、群馬県安中の出と聞いています。この家の主人、英三郎はオレと顔がソックリだと思いませんか。オレは……オレは晴れて呼びたいんだ。パパァ!!」

トリを務めるのは、およねである。

「黒岩よね、六十三才。群馬県碓氷郡熊ノ平出身。死刑囚の妻だって人間です。私だって女です。残り少ない人生を幸多きバラ色にと願う心の、どこがいけないのでしょう。今一度、女の花を咲かせたいのです」

再び貫一が口を開く。

「私たち四人、揃って北関東ゆかりの者です。そして四人とも絵に描いたような逆境の身の上です。名付けて（四人で声を合わせて）北関東逆境会！」

彼らについて補足すると、貫一（柄本明）は英三郎が愛人に生ませた子で、洋次は腹違いの兄。英三郎の後釜を狙って、質屋の店主になることを夢見ており、さらに洋次の妻・小雪に惚れて、すきあらば口説いている。美也（戸川純）の父は英三郎から金を借りたが、容赦のない取り立てに疲れて首吊り自殺。その後、質草に取られた彼女は英三郎を憎み、復讐を企んでいる。貫一を愛しているが振り向いてくれず、いつも悶々としている。留作（石井愃一）は父を探しに来日したが、英三郎がその人ではないかと疑っている。そしておよね（三戸部スエ）は、獄中の夫には早く死刑になってもらい、妻を亡くした英三郎の後添えに収まって、左うちわの生活を送りたいと願っている。

ほかの登場人物も、不遇をかこう人ばかりである。

洋次の妻・小雪はいつもおしとやかだが、実はひどい酒乱で、飲むと暴れたり淫らになるが、本人は自覚がない。小雪の兄（寺田農）は元俳優で、経営していた会社がつぶれて失業し、妻も逃げてしまった。刑事の津村（高田純次）は親を知らない捨て子で、妻（森下愛子）の流産がきっかけで男性不能に。しかも妻が、同僚の刑事と浮気に走り、家を出てしまっている。

喜劇俳優・三木のり平の存在感

かように登場人物の誰ひとりとして、幸せな人がいない。しかも互いに毎回いがみ合い、足の引っ張り合いをくり返し、その中で飛び出すギャグの数々もひたすら陰気だった。

●貫一が、眠っている英三郎をおどかして心臓発作を起こそうと、大声を出す。だが英三郎は全く反応せず、目を開けてひと言、「どうした?」。

●兄の妻・小雪への恋心が募る貫一。思い余って眠っている留作のおなかに小雪の似顔絵を描き、口づけする。

●英三郎が寝室で絵を描いている。美也が天井裏に忍びこんで小さな穴を開け、そこから墨をたらして絵を汚す。英三郎は絵を移動するが、そこへまた墨が落ちてくる。

●美也が英三郎に語りかける。「後ろに霊が見えるわ」。英三郎が不安げに「誰?」と尋ねると、美也が陰気な声で「死神……」。

暗いギャグが詰まったこのドラマだが、憎まれ役の英三郎に扮した三木のり平も、数々の場面で笑わせてくれた。

三木のり平といえば、一九六〇年代の映画「社長」シリーズにおける怪演が強烈だが、『あとは寝るだけ』でも喜劇的演技が楽しめた。例えば……

夜中に神社へ来た美也。英三郎の名を書いたわら人形を木に押し当て、鬼の形相で「死ね!」と釘を打ちこむ。すると、眠っていた英三郎が激痛で目を覚ます。さらに、釘が打ちこまれるたびに布団の上でのたうち回るのだが、この場面における三木のり平の、手足を大げさに動かして苦しむ芝居が本当におかしかった。

それから相手に意地悪をする際の、楽しげな芝居も抜群だった。

英三郎はケチだが、従業員たちの労をねぎらうために、月に一度、必ず出前を取ってどんぶり物をふるまった。金がなくて、いつも腹ぺこの従業員たちは大喜びだ。ところが配達された親子どんのうち、一つだけ中身がからっぽ。英三郎は、ふたがしてあるどんぶりを並べ、どれがからっぽかを知らない従業員たちに一つずつ選ばせて、誰がハズレを引くか楽しむのだ。従業員がどれを選ぶか迷っているさまを見ながら、実に腹黒い笑みを浮かべるのり平。この芝居も絶品であった。

共演した柄本明は、著書『東京の俳優』に『あとは寝るだけ』の思い出を綴っている。

とある場面で柄本は「思わずビビっちゃったんです。のり平先生の姿があまりにも怖くて。すき焼きを食いながら座っているだけですよ。ただそれなのに、足がすくんでしまって（中略）僕はセリフが出なくなっちゃって」。なぜ足がすくんだのか。「のり平先生にかぎらず、名優と呼ばれる人たちはみんなそうなんです。「檻」があるのをわかって、「檻」から出たり入ったり、自由自在なんですね」。

柄本の言う「檻」とは、演じる役柄やセリフといった「決めごと」と思われるが、三木のり平は別の人物になりきりつつ、役柄を通して自身も見せてしまう。俗な言い方をすれば「存在感」

のある役者なのだ。それから演出の久世も、『あとは寝るだけ』から得た最大の収穫は、三木のり平の芝居を目の前で堪能できたことだと、私との対話の中で明かしていた。

番組タイトルと冒頭の「つかみ」

『あとは寝るだけ』という題名は見事だった。わずか七文字で、北関東逆境会の心情を言い当てているからだ。今日もつらいことばかりで、明日に希望を見出だすこともできず、夜が来ても〈あとは寝るだけ〉なのである。さらに深読みすれば、逆境会の女性陣（美也、およね）は色仕掛けで英三郎をたらしこもうとするわけだから、「寝る」から性的な意味も感じ取ることもできる。

実はこの番組名は、すぐに決まったわけではない。久世によると、当初の仮題は、このドラマの原案である戯曲の『いつか見た男達』だった。しかし、これでは迫力に乏しい。そこで売れっ子コピーライターの糸井重里にドラマの内容を説明して、番組名を考えてもらった。そして出てきた候補が十個あり、その中でひと際輝いて見えたのが『あとは寝るだけ』だった。『クソして寝ろ』も気に入ったが、公序良俗を重んじるテレビ界では問題になると思って、あきらめた。ちなみに糸井は、北関東逆境会と同じく群馬県の出身である。

なお、当初の仮題として『ああ、落ちこぼれ』もあったという。これが採用されなかったのは、「落ちこぼれ」がテレビ局関係者には不評だったのかも知れない。実は久世は、この前にサスペンス物のドラマを作った際、『ああ、落ちる』という題名を付けようとしたが却下され、『真夜中のヒーロー』という凡庸なものに落ちついた。高い視聴率を狙っているのに「落ちる」とは縁起が悪い、と判断されたのだ。昔からテレビ業界人は、ゲンをかつぐのが好きなのである。

『時間ですよ』以来、久世が手がける連続ドラマでは、毎回テーマソングが流れる前に、出演者が演じる寸劇が飛び出した。冒頭で視聴者の目を釘付けにするための「つかみ」である。その手法を『あとは寝るだけ』でも取り入れた。

質屋の店先で貫一、美也が掃除をしていると、ある男女が通りかかる。その姿を見た貫一、美也のいずれかが、嫉妬にかられて声を荒らげる。「あんたたち！ やったでしょ！」。すると、もう一人が羽がいじめにして制止するのだ。好きな人に振り向いてもらえず、性欲を持て余している二人ならではの寸劇である。なお、このくだりは台本に書かれておらず毎回、稽古の際に作られた。

「やったでしょ！」と指をさされたのは、少年と少女、母と息子、女の二人組、おじいさんと孫、巡回中の婦人警官と青年巡査など。さらに動物まで登場し、女とペットの小犬、それに二匹の犬にまで「やったでしょ！」と言い放ったのには大笑いした。ところが、通りかかった若いカップルが目の前でキスしたときには、二人とも興奮のあまり言葉を失い、次の瞬間、鼻血を流していた。

美也に扮した戸川純が書いた本『ピーポー＆メー』によると、最初に久世が考えた番組の「つかみ」は別のものだったらしい。「『もう俺の頭の中にあるんだ。みんな裸にする』と言う。ちらっとはいえ、毎週、ドラマの頭に裸が写るのかと。そんなの絶対にいやだ、いやだ、いやだと背筋がゾッとした」。久世はその三年前にドラマ『真夜中のヒーロー』を撮った際に、毎回その冒頭で、オリに閉じこめられた全裸の若い女（主演の岸本加世子）を映して、お茶の間に衝撃を与えた過去がある。当時のテレビ業界では、表現の規制をゆるめて、ドラマも夜九時以降の放送なら、限界はあったが、女性の裸を映せるようになっていた。その流れを受けて、『あとは寝るだけ』でも出演者を「みんな裸にする」と思い立ったのだろう。

だが、このアイデアは実現しなかった。理由はわからない。しかし放送では、劇中のどこかで、登場人物のほぼ全員が、男女を問わず何らかの形で自分の「裸」を見せている。当初のイメージとは変わってしまったが、久世は自分の思いを叶えたのである。

演出に苦心した理由

久世がドラマ作りにおいて特に大切にしたのが、役者たちとの稽古である。台本はあくまでも叩き台であり、テレビ局のリハーサル室で稽古する中で、セリフも動きもどんどん変わっていった。そして芝居が固まってしまえば、スタジオでの収録には時間をかけない。その際に重要となるのが、カメラマンとスイッチャーである。後者の役目は、複数いるカメラマンが映し出した映像のどれを使い、次にどの映像をつなぐかを決めること。久世の場合、その仕事を同じ人物に任せることが多かったが、そのスイッチャーは久世が撮りたい映像を理解しており、全幅の信頼を寄せていたからだ。

ところが『あとは寝るだけ』は事情が異なった。企画の発端は主演の堺正章が所属する芸能事務所で、その企画にテレビ朝日が乗った。そして久世は演出のみを請け負い、自身の会社KANOXは関わらなかった。そのために制作スタッフはいつもの顔ぶれではなく、初めて組む人ばかりだったのだ。

久世としては稽古に全力を注ぎつつ、スタジオ収録の際にも気を配らなくてはならない。その結果、いつも以上に疲れただろうし、望むような映像に仕上がらないいら立ちもあったはずだ。だが、普段とは制作条件がちがうことを承知して演出を引き受けた以上、泣きごとは言えない。夫人の朋子さんによると、久世は演出補、カメラや照明ほかの技術スタッフを自宅にしばしば集めていたという。そして演出の狙いを告げて、彼らにどんな映像を作ってほしいのか、講義をしたそうだ。厳しい状況にあっても、最善の結果を出そうと力を尽くしたのである。

放送開始と視聴率不振

そして一九八三年四月十四日の夜九時、ついに初回が全国に放送された。裏番組は強豪ばかりである。日本テレビはサスペンスものの「木曜ゴールデンドラマ」、TBSは歌番組の『ザ・ベストテン』、フジテレビは「プロ野球中継」、テレビ東京は「洋画劇場」。以前からテレビ朝日は連続ドラマをぶつけてきたが、いずれも惨敗に終わっていた。そして、今度はヒットメーカーの久世を招いて、得意のホームコメディーで勝負した。

だが結果を残せなかった。今回、関東地区の視聴率を調べたところ、平均視聴率は五・三パーセント。最高が第六話の六・九パーセントで、最終回は三・三パーセントまで落ちこんだ。確かに数字はきわめて低いが、実はその前に放送されたドラマの視聴率と大差はない。しかし、大いに期待したであろうテレビ朝日の幹部は、肩を落としたにちがいない。ちなみに久世がその次にテレビ朝日でドラマを撮ったのは、五年後のことである。

久世に酷な質問をぶつけたことがある。なぜ『あとは寝るだけ』は視聴率が取れなかったのか、と。返ってきた答えは、出演俳優に関することだった。

いわく、当時の堺正章は、連続ドラマの主演をやれる器ではなかった。だがその堺に賭けたのは自分なので、彼を責めることはできない。

いわく、俳優たちが芝居に入れこみすぎた。久世によると、役者は張り切りつつも、一方で「何でオレは、こんなことをしなくてはいけないのだ」というように、どこかで抵抗を感じながら芝居をした方が結果は良いらしい。だが、このベテラン演出家をもってしても、今回ばかりは、芝居にのめりこむ役者たちを制御できなかったということか。

新人女優の活躍（一）戸川純

視聴率は伸びなかったが、日本では珍しい種類のコメディーを目指した意欲を買いたいし、二人の新人女優が見せた演技にも目を見張らされた。

その一人が戸川純である。そのころサブカルチャー好きの若者から支持されていた歌手・俳優で、久世ドラマへの出演は、TBS『刑事ヨロシク』に次いで二度目だった。

久世は、ドラマ界ではほぼ新人の戸川に大きな期待を寄せて、出演を依頼した。「レギュラーで今は無名の、例えば戸川純、石井愃一、高田純次などが3ケ月後には第2の風間杜夫や平田満になってくれることでしょう」。雑誌『週刊テレビ番組』（一九八三年四月二十九日号）に番組宣伝を兼ねて寄稿した短文からも、戸川を高く評価していたことがわかる。ちなみに風間杜夫と平田満は、いずれも舞台俳優として頭角を現し、映画『蒲田行進曲』への主演がきっかけで、全国的な人気を手にして間がないころだった。

大抜擢だった戸川純だが、収録は泣きたいほどつらかったと、前に触れた著書で告白している。収録は「生傷だらけの、生傷どころか鼻に洗剤を入れられて鼻ちょうちんを膨らませて眠っている、というシーンをやらされたりして、三日間、どんなことをしてもその洗剤の匂いが取れなかったこともあるし、鼻に血糊を入れられて、下向いた時に鼻血に見える様にタラーっと落ちるシーンで、鼻の粘膜がずっと痛かったりとか」。このとき戸川は二十二歳。映画やテレビドラマは監督の物だから、言われたことは何でもやる、と腹をくくって撮影に臨んだ。だが、彼女が演じた美也は周りからいびられる役ということもあり、きつい要求が久世からしばしば言い渡された。

盗みを働いた美也（戸川純）が罰として縄で縛られ、地下室に閉じこめられる。そこへ貫一がやって来て、食事を与える。食べ物をあげるまでは台本に書かれた通りだが、その先を演出で付け足した。貫一は、持ってきたおかゆを美也の口に容赦なく流しこみ、最後は頭からかけてしまうのだ。戸川は演出家の期待に応えようと、苦しくても耐えに耐えてがんばった。

五年前に出版された先の著書には、『あとは寝るだけ』の収録現場で体験したことが詳しく記されており、戸川から見た久世光彦の印象と、その演出術の一端が生々しく伝わってくる。

その文章のおしまいで、彼女は打ち明けている。『あとは寝るだけ』の撮影があまりにも過酷なので、肉体も精神も疲れ果ててしまった。そして最終回の撮影が終わると、所属事務所に「久世さんとの仕事は二度といやだ」と宣言した。それが原因かはわからないが、その後、久世のドラマに出演することは二度となかった。だが年齢を重ねた今、久世が役者としての自分を買ってくれていたことに改めて気づき、当時は「いじめ」としか思えなかった演出も、あの人なりの可愛がり方だったのだ、と思えるようになったという。

「あの頃、わたしは十分、無理して限界を超えてやった。その後、妹の京子を起用したときに、わたしの何を見たのか、「やっぱり、姉ちゃん、才能あるよな」と言ってくれたそうだ」（前著より）。

久世は今でも「忘れられないひとり」。文章の最後を、戸川純はそう締めくくった。

新人女優の活躍（二）小泉今日子

もう一人、このドラマに出演した新人俳優が、デビュー二年目だったアイドルの小泉今日子である。演じたのは、純真な高校生の刈田なつみ。彼女は英三郎の隠し子ではないかとのうわさが広まり、英三郎も彼女を溺愛した。もし血縁者であれば、英三郎が死んだら全ての財産が彼女の手に渡る可能性もある。それを食い止めたい逆境会の面々は、なつみを追い出すべく、彼女に意地悪をくり返す。

小泉のドラマ出演は、これがほぼ初めて。芝居がつたないのは仕方ないが、声量が乏しく、声が前に出てこないのが気になった。のちにドラマや舞台で主役を務める俳優に成長するとは、この時点では想像すらできなかった。

とはいえ、彼女の演技に好感を抱いた点もある。新人俳優の多くは、覚えたセリフをいかに間違えずにしゃべるかだけに気を取られて、相手の芝居を見ていない。ところが小泉は、いつでもしっかりと共演者を見つめ、観察していたのだ。

その際に、相手の芝居に対して思わず驚いたり、小さく笑ったりする場面がたまにあった。だがそれは演技ではなく、小泉自身の素直な反応であり、本来なら演出家からNGを食らって当然の失敗である。しかし久世がそうしなかったのは、彼女に役者としての可能性を見出だしていたからだ。

小泉自身も『あとは寝るだけ』について「とにかく他の役者さんのお芝居を見るのが好きだった。柄本さんとか戸川さんとか。コメディーだから上手な人はみんな生き生きしてるの」と回想しているが（『月刊カドカワ』一九九三年二月号）、演じるだけでなく〈お芝居を見るのが好き〉であることも、良い役者になるための条件である。

戸川が奇異なキャラクターを演じたのに対して、小泉は、涙を誘うような情感あふれる場面にも挑んでいる。

自分を可愛がってくれた英三郎が今にも死にそうで、なつみは思わず泣きじゃくる。すると、英三郎が力のない声で島崎藤村の「初恋」をそらんじる。「まだあげそめし前髪の……それから何だっけ」。すかさずなつみがその先を暗唱し、それが終わった瞬間、英三郎は息を引き取る。実は英三郎とは血のつながりはなかったが、別の縁があったことを知ったなつみ。英三郎への思いが伝わる、すてきな場面である。ほかにも、洋次と心を通わせ、背中合わせになって一緒に「泣くな妹よ、妹よ泣くな～」と、ナツメロの「人生の並木路」を歌う場面も忘れがたい。この演出は劇中歌が大好きな久世ならではで、小泉も、歌を通してなつみの気持ちを上手に表現していた。

その後も、小泉は数多くの久世ドラマに出演。しかも、自身の成長に合わせて作品ごとに新たな課題を与えられており、それに取り組むことで俳優として大きくなっていった。

●『花嫁人形は眠らない』＝夢遊病者
●『夢カメラ「じゃんけんぽん」』＝双子を一人で演じ分ける
●『おかあさん・たぬき屋の人々』＝語りも担当

ここまではすべて学生役で、いずれの女の子もまだ知らぬ大人の世界を垣間見て、驚きや憧れを感じながら何かを発見していった。

●『艶歌・旅の終わりに』＝本作で初めて「働く女性」を演じる。
●『明日はアタシの風が吹く』＝久世ドラマ初主演。父を探す旅館の仲居。ドタバタ喜劇にも挑戦。
●『華岡青洲の妻』＝若き人妻。愛する夫をめぐって義母と張り合う
●『メロディ』＝離婚したばかりのシングルマザー

二〇〇三年に主演した『センセイの鞄』では、年老いた恩師（柄本明）と再会し、恋に落ちる

独身女性を好演した。このとき小泉は演じた役と同じ三十七歳で、このドラマは、それまで積み重ねてきた久世との共同作業の集大成であり、最高傑作である。それ以前にも二人で企画したものの頓挫した映像作品もいくつかあるが、久世が亡くなった今、二人の新作を見ることはもうできない。小泉主演、久世演出の舞台をぜひ客席で堪能したかったが、それもかなわぬ夢である。

衝撃が走った最終回

話を『あとは寝るだけ』に戻そう。

物語のおしまいで英三郎が亡くなり、誰が遺産をもらうのか、一同が再びもめ始める。ところが衝撃の事実がわかる。確かに英三郎は一代で財を成したが、あずき相場に手を出して財産を失い、しかも巨額の借金まで背負っていたのだ。遺産を狙っていた逆境会は落胆し、それぞれの新たな人生を求めて去っていった。貫一は、洋次と対決するが敗北。小雪への未練を断ち切って家を出ると、そのあとを美也が追った。

残されたのは、洋次と妻の小雪である。だが洋次は、当主として借金を返しながら質屋をつづけるという現実を受け止めきれず、やけを起こして小雪に八つ当たりし、彼女を追い出してしまう。後悔、先に立たず。一人ぼっちの洋次は、孤独をかみしめながら、去っていった者たちを探して家の中を歩き回り、さらにセットの外へ飛び出して、あてもなくさまよう。

ここで小林旭が歌った「さすらい」が流れ、カメラと照明が洋次を追う。そのスタッフの顔を見ると、なんと逆境会の面々ではないか。そこへ小雪の幻が現れ、放心している洋次が駆け寄って、彼女を抱きしめる。そして画面に「完」の文字が出たところで、物語は幕を下ろした。なんて意表をついた終わり方なんだろう。衝撃が強すぎて、しばらくその場から動けなかった。

洋次がセットから降りてスタジオ内を歩くくだりは、台本に書かれている。だが、この「脱ドラマ」とでも呼びたいオキテ破りの演出を、そのまま実行したことに驚き、そして感心した。このとき久世は四十七歳。ベテランなのに守りに入らず、果敢に攻めていたからである。なお最後に流れる曲は、台本では、小雪が歌手時代に歌った「あなたの背中」と指定されている。それを、歌詞にせつなさが詰まった小林旭の「さすらい」に変更したのも久世である（なおこの曲は、原案の舞台版でも使われた）。

久世が亡くなってしばらくしてから自宅を訪ねた際に、朋子夫人が、ある物を見せてくれた。『あとは寝るだけ』の全話の台本と、放送時に録画したビデオテープである。台本を開いて登場人物たちのセリフを目で追いながら、本放送を見たときに胸を貫いた興奮が、久しぶりによみがえってきた。

久世は自身が関わったテレビドラマの台本や映像を、ほとんど手元に残さなかった。ということは『あとは寝るだけ』は特別な存在であり、愛着もあったのだろう。演出家のように物を作ることを生業とする者は、いつも悩ましさを抱えている。個人的に思い入れの強い作品が、いつも好評だとは限らないし、反対に、やっつけ仕事で気楽に作ったものが、爆発的に売れたりするからである。

『あとは寝るだけ』は視聴率の面では大敗した。そのせいなのか再放送も商品化もなく、一度も日が当たることなく今日に至っている。久世は誇り高き人だったから、このドラマについて尋ねても口が重かった。だが、私が熱心に放送を見ていたことを知ると、どことなくうれしそうだった。その瞬間に、改めて確信した。久世にとってこのドラマは「愛すべき失敗作」だったのだ、と。

（書き下ろし）

第5章

人物編

杉田かおる
鳥の詩
片面 みかん
RD-4022
STEREO

藤山寛美
惚れて千両

萩本欽一 32才
コメディアン、映画監督
歌い手、作詩家、DJ
コント作家
シナリオーライター
演出家、作曲家、
'73は何を…？
見ててネ。
元旦

樹木希林 ～鋭い観察眼を持った「忘れがたい人」

去る九月に七十五歳で亡くなった樹木希林さんのことを思い出すと、今でもつらく、胸が苦しくなる。もちろん幼いころからその豊かな演技が好きだったが、十年前のある出来事がきっかけで、この女優が「忘れがたい人」になった。仕事で一回、プライベートで二回、食事や散歩やドライブをしながら、二人きりでじっくりと話をする機会に恵まれたのだ。

まず驚嘆したのは、その鋭い観察眼である。希林さんに誘われて東京の下町・三ノ輪で一緒に天丼を食べた際に、私の箸使いについて注意を受けた。自分では気づいていない癖だったから困惑したが、その指摘は正しかった。また自らの演技術については「人間の日常をよく見つめて、そこから芝居のアイデアを引っぱってくるのよ」と語り、出世作のドラマ『時間ですよ』（70～73年　TBS）や『寺内貫太郎一家』（74年　TBS）に毎週出演したときには、収録の合い間に演出の久世光彦と喫茶店に出かけては、店内でくつろぐ客たちを眺めながら、その人物の生活ぶりや人間関係を想像して楽しんだそうだ。

その優れた観察眼を活かして、その人の仕草やしゃべり方をすぐに真似できる才能にも、希林さんは恵まれていた。とりわけ日常の動作における手ぎわの良さは絶品で、特にドラマ『ムー』

（77年　TBS）で足袋を作る場面、映画『歩いても歩いても』（08年）で料理を作る場面には舌を巻いた。そして公開中の映画『日日是好日』（18年）では、主人公の大学生（黒木華と多部未華子）を指導する茶道の先生に扮したが、お茶をたてる所作が実に自然で無駄がなく、何十年も稽古を積み重ねてきた師匠にしか見えない。おそれ入るばかりである。

差別を嫌い、偏見に怒りつづけた人でもあった。たとえば、私が希林さんに取材し、文字に起こしたインタビュー原稿を印刷前に読んでもらったら、「性同一性障害」という単語から「障害」の二文字を削ってきた。LGBTQは尊重すべき個性と感じているからだ。また私との雑談のなかで、こう言い切ったことがあった。「黒人さんっていう言い方をする人がいるけど、あれは変よ。〝黒人〟でいいの」。「さん」という言い方に、異なる人種に対する余計な気づかいを感じ取ったのだろう。希林さんの知られざる素顔を見た思いがした。

テレビドラマでも、虐げられてきた人物をよく演じていた。『実録犯罪史シリーズ　金の戦争』（91年　フジテレビ）の殺人犯の母親、『ムー』の天涯孤独な家政婦は、どちらも強くて淋しい在日韓国人だった。そのときの芝居は、ひとりよがりな熱演を嫌い、稽古を積んだうえで、本番でさらりと演じることを信条とした役者にしては、どこか思いの強さが伝わる演技だった。さらに映画に目を向けると、『わが母の記』（12年）では家族との思い出が失われていく認知症の老女に、『あん』（15年）ではハンセン病に苦しめられてきた和菓子職人に扮した。とかく世間から冷たい視線を浴びがちな人物を演じることで、その人と誠実に向き合い、少しでも救いの手を差し伸べたかったにちがいない。また自身が仏教徒だったこともあって、チベットの高僧であるダライ・ラマが中国共産党から迫害されたときに、公に抗議声明を出したこともあった。

がんを患った六十歳ごろから、活動の場を映画に絞った。テレビドラマに比べて、時間をかけて役作りができるからだ。内容は家族の物語がほとんどで、演じた役柄は自身と同世代の母や妻だった。注目すべきは芝居の変化である。若いころに比べて喜怒哀楽を表面に出さず、さりげないひと言や仕草でその女性の秘めたる本心を表現するようになったのだ。なかでも是枝裕和監督と組んだ諸作はその演技手法が活かされ、『万引き家族』（18年）をカンヌ国際映画祭の最高賞に導いた。また『モリのいる場所』（18年）でも、なにげない言葉を投げかけることで、世渡りベタな画家の夫（山﨑努）を支えるひたむきな妻を好演した。

初対面のときに自己紹介をした際、希林さんから強烈なひと言が飛んできた。「あなたの書いた本、読んだけど、気持ち悪かったわあー」。「本」とは、私が今は亡き演出家の久世光彦さんに自身が撮ったテレビドラマについての話を聞き、単行本にまとめたものだ。同志だった希林さんとの逸話もたくさん出てきた。大昔の話が詳しく書かれていたので「気持ち悪い」という辛口の表現になったのだろう。少しうろたえたが、悪い気はしなかった。私も希林さんも東京の下町育ちで、実家は日銭を稼いで生計を立てる自営業。言葉はきついが他意はなく、人一倍、相手に気をつかうが、つかわれるのは照れ臭い。そんな彼女の気性に触れて、いっぺんに親しみを抱いてしまった。誰かと道を歩くときに、相手に親愛の情を感じたら、必ず近づいて腕を組んでくる人でもあった。私にも散歩の途中で腕をからめてくれた。あのときの柔らかな感触は、今も私の右腕にしっかりと残っている。

（『映画秘宝』二〇一八年十二月号）

西田敏行 ～若き日に演じた悪役

さんまは目黒、俳優・西田敏行は「悪役」にかぎる。『釣りバカ日誌』のハマちゃん、『池中玄太80キロ』の玄太、『西遊記』の猪八戒。当たり役はみなお人よしで、愛すべき人物だ。しかし、もっとも忘れがたいのは、西田に善人キャラが定着する前に演じた、小悪党である。笑顔はやさしく人なつっこいが、すごむと鬼より恐ろしい。その落差の大きさに、とてつもない衝撃を感じたのだ。

新人時代の西田は、舞台で実績を重ね、連続ドラマに脇役で出始めた。イケメンではないが、芝居がうまくて声もいい。しかも今よりずっと細身で、生気みなぎる瞳も魅力的だった。二十七歳のときにＴＢＳの「金曜ドラマ」にゲスト出演。この番組枠は、当時もっとも質の高い大人向けの作品を放送しており、ここに出られることが、一流俳優のあかしだった。西田が客演したのは一九七四年放送の『私という他人』。かつて交際していたヒロイン（当時の人気女優、三田佳子）

につきまとう、場末のクラブで演奏するサックス吹きに扮した。しかも欲情をむきだして、いやがるヒロインに襲いかかるという、最近の「いい人」というイメージとは全く逆の芝居を、このときの西田は披露したのである。

かつてご当人に取材した際、この作品について尋ねた。いわくTBSの看板番組に初めて出られる喜びと気負いのなかで、印象に残る芝居がしたくて、役作りに凝ったという。自身は福島生まれなのに、わざと語尾に「じゃ〜ん!」を付けて話すことで軽薄さを強調し、いつもニヤニヤヘラヘラすることで、本心が見えない不気味さを漂わせた。この芝居がドラマ関係者に注目され、一気に仕事が増えたという。以後、「笑いもとれる名優」の道を突き進んで今日にいたるが、茶の間の人気者になってから、ほとんど唯一、悪人を演じたドラマをご存じか。一九八二年放送の『淋しいのはお前だけじゃない』である。

西田の役柄は、冷酷な借金の取りたて屋。暴力もふるうが、静かな口調でおどすときの、なんと怖いこと。彼は借り主たちをだまして旅回りの一座を作り、自らも役者として舞台に立ちつつ、密かに売り上げ金をかすめとる。だが、実は自分も黒幕に利用されていたと知ると、座員と手を組み、一発大逆転を狙ってある「行動」に出る。現在DVDで手軽に観られる、西田の貴重な悪役である。

(『月刊てりとりぃ』第四号　二〇一〇年)

谷啓 ～夢想に遊んだ人

流行語にもなった「ガチョーン！」ではなかった。『釣りバカ日誌』で演じた当たり役、佐々木課長でもなかった。谷啓さんの訃報に接して、真っ先に心に浮かんだもの。それは谷さんが生涯で一度だけ書いた、ちょっと風変わりな小説本だった。

題名は『ふたつの月』。私小説のような短編が七つ収められている。いずれも日常のスケッチで、一読すると、作者の実体験をそのままつづったように思える。だが、よく読むと、あちこちにイメージの飛躍があり、まるで白日夢を見ているような心地よさが味わえる。

表題作では、少年が奇妙な風景に出くわす。ふと見上げた夕暮れの空に、なぜか二つ浮かんでいるお月様。夜中に目を覚ませば部屋の天井が波打っている。はじめは驚く少年だが、恐怖はすぐに喜びへと変わってしまう。子どもならではの、好奇心の強さが伝わる話である。

かたや物語に出てくる大人たちも、幼児のような無邪気さの持ち主で、みな想像力が豊か。呆れるほど気まぐれで、何かに熱中すると、徹底してのめりこむ。たとえば「遙かなる道」の主人公は、原稿を書こうと机に向かうが、飼い猫や庭の雑草が気になり、筆が進まない。また「コーヒー奇譚」の主人公は、世界で最もおいしいコーヒーを淹れるために全神経を集中。熱湯を注ぐあいだも、襲いくる尿意に耐えるが、さてその結末は？

夢と現実の交錯、読者の興味をはぐらかす展開、さりげない笑い、読みやすい文体。いずれもある作家の作風にそっくりだと感じた。五年前に、音楽雑誌の依頼で谷さんに取材した際、尋ねてみた。「『ふたつの月』は、雰囲気が内田百閒に似てますね」。すると、無類の照れ屋である谷さんは、はにかみながら小さくうなずいた。「ええ、前から百閒の小説が好きなので、ちょっと真似して書いてみたんだけど」

初耳であった。谷さんが、文豪・夏目漱石の弟子である、内田百閒のファンだったなんて。確かに二人には共通点がある。それは夢想奇想とたわむれ続けたことで、谷さんが趣味で多重録音した音楽コントの数々は、その極みだろう（音源の一部は現在ＣＤで聴ける）。小説や音楽を通して、空想の楽しさを教えてくれた谷啓さん。まれに見る一人遊びの達人は、あちらの世界でも、愉快な日々を送っているにちがいない。

（『月刊てりとりぃ』第八号　二〇一〇年）

石立鉄男　～ダサい青春のシンボル

なんてすごいんだ、この髪型は。生まれて初めて目にするアフロヘアーに、視線が釘づけになった。見た目だけではない。リアリズムに逆らうような、感情を大げさに見せる芝居も風変りだった。石立鉄男。三十五年前にテレビで出会ったときから、彼は異端の役者だった。

石立は一九四二年生まれ。新劇の名門「俳優座」の養成所で演技を学んだ正統派で、ナイーヴな好青年を演じて注目された。変化があったのは、二十七歳のときの単身渡米。帰国すると所属の文学座を退団し、以後、短かった髪を伸ばし、コミカルな芝居を見せるようになったのだ。

一九七一年に『おひかえあそばせ』で連ドラ初主演。以後、同じスタッフと組んで、人情ホームコメディーに連続主演、毛髪のアフロヘアー化も進んだ。その第三弾『パパと呼ばないで』では、死んだ姉の娘(杉田かおる、当時八歳)に対して石立が呼びかける、「チー坊!」が話題になった。いずれの作品も、ハッピーエンドが待っているお約束の世界。石立はそこが物足りなかったのだろう。ときどき意表を突いて、お茶の間を驚かせたのだ。第二弾『気になる嫁さん』では、素顔をさらして脱ドラマに挑戦。点火したマッチをいたずら半分で自らの髪に近づけると炎上、あわてて手で消す珍場面も飛びだした。第七弾『気まぐれ本格派』では、通りかかった長身プロレスラーのジャイアント馬場にぶつかりケンカを売るが、あえなく放り投げられてしまった。

石立が演じた人物には共通点があり、自ら家族に背をむけたり、不本意ながら他人と「疑似家族」を作った。気は強いが実はさみしがり。口が軽くてお調子者だが、ほれた女の前では、舞い上がって口説くこともできない。野暮で要領の悪い彼らは、私のように当時さえない日々を送っていた少年たちにとって、まるで自分を見ているようで、いとおしさが募った。そう、石立鉄男はダサい青春のシンボルだったのだ。
一九八〇年代に入ると主演ドラマは減ったが、脇役でもかならず場面をさらった。悪徳刑事に扮した『少女に何が起こったか』では、ヒロイン小泉今日子の正体を暴こうと付け回し、なぜか毎回夜十二時になると、ピアノを練習する彼女の前に現れ、激しくののしった。「おい！　薄ぎたねえシンデレラ！」。大映テレビお得意のくさいセリフだが、これを照れずに言い切ったところに、役者としての大きさを感じた。手あかにまみれた芝居を嫌い、誰にも真似できない演技を貫いた石立鉄男。世間にへつらうな、愚直なまでにわが道を行け。自らの生き方を通して、そう教えてくれた役者だった。

（『映画秘宝』二〇〇七年九月号）

藤山寛美 ～「アホ役者」と呼ばれた男

〈昭和の爆笑王〉と呼ばれる芸能人の一人に、「アホの寛ちゃん」の名で親しまれた、藤山寛美《かんび》がいる。この喜劇役者の偉大さを知ったのは三年前。きっかけは朝日新聞出版の編集者だった。彼女はまだ若いのに珍しく大の寛美ファンで、往年の主演舞台を数多く収めた、ＤＶＤボックスを貸してくれたのである。

一九九〇年に他界した寛美は、舞台ひと筋に生きた。私が生まれ育った東京でも、生前にテレビで公演の模様がたまに放送された。だが当時は、その人を好きになれなかった。どの演目もお涙ちょうだいの人情話で、芝居もあざとく見えたからだ。

だが残された映像でその演技を見直して、寛美のすごさ、特に彼の〈顔面芸〉に打ちのめされた。その最高傑作が『愚兄愚弟』で、その結末で長らく不仲だった弟と和解した寛美が、感激のあまり号泣する。ところが今、自分が涙をぬぐっているものが、使い古しの汚いタオルであると気づき、がく然とするのだが、その表情のなんと奇妙でおかしいこと。

その昔アニメ『天才バカボン』の中で、バカボンのパパが怒ったとたん、その顔が突如としてリアルな劇画調になったので驚いたが、寛美も一瞬にして顔つきを変えられる。しかもその落差が大きく、喜怒哀楽の感情が、これでもかと誇張されている。絵でいえば、その芸は写実をきわめた果てに生まれた、見事な抽象画なのだ。

寛美は〈アホ役者〉と呼ばれた。演じた役柄の多くが、頭のネジは少しゆるいが、その純真な心が周りの人々を幸せに導いたからだ。その代表作が『親バカ子バカ』で、〈七三分けのペッタリ髪〉というその外見は、自伝を読むと、ヒトラーとチャップリンをまねたとある。またこの演目では、旅館に泊まりに来た寛美と年老いた宿の主人との、ちぐはぐな会話も楽しい。寛美「テレホン貸して下さい、テレホン」。主人「え？　肩や腰に貼るやつですか」。少し考えてから「それはトクホン！」と突っこむ寛美の間合いが心地よく、お約束の笑いなのに、ＤＶＤで何度見ても、つい笑ってしまう。

松本人志は、舞台中継を収めたビデオテープをくり返し見た。萩本欽一は十八歳のときに弟子入りを試みた。志村けんは自身の座長公演で、その人の出し物を演じつづけている。多くの後輩芸人が今も慕うアホの寛ちゃん。その芸は古くて、新しい。

（『月刊てりとりぃ』第十五号　二〇一一年）

上野樹里 ～百面相と、死を予感する少女

なにはさておき、役者は「顔」である。美女か美男か、ではない。黙っていても、顔の表情ひとつで喜怒哀楽を表せるのが、私にとっての名優である。

活躍中の若手役者で特にすばらしい「顔」の持ち主が上野樹里だ。たぶん彼女は、顔の筋肉がやわらかいのだろう。驚くほど表情が豊かで、しかもその切り替えが早い。まるで百面相である。彼女の顔面演技がもっとも活きるのがコメディーで、映画『スウィングガールズ』、ドラマ『のだめカンタービレ』はその好例だろう。

だが、上野は「コメディーがうまい女優」という世評に収まる小物ではない。そのことを強烈に実感したのが、出世作『スウィングガールズ』の翌年に助演した、山田太一脚本の『やがて来

る日のために』という単発ドラマだ（フジテレビ・二〇〇五年）。上野が演じたのは、不治の病に侵された十八歳の少女。最大の見せ場は、訪問看護師の許しを得て、彼女が久しぶりに思い出の場所を訪ねるところである。

まず足を運んだのが、彼女がかつて通った中学校。渡り廊下の途中で、彼女はふと立ち止まり、さびた鉄柱をそっと手でなでる。ここで、かつて渡り廊下で何があったのか映像で見せるのが、テレビドラマの常識。しかしこの作品では、あえて回想シーンをはさまず、上野樹里の表情やしぐさだけで、彼女の心に去来する思いを表現した。つまりスタッフは、番組を見ている私たちの想像力にすべてを委ね、そしてその大役を、当時十九歳の上野は見事に演じきったのである。

このあと彼女は、校舎内を歩き、外へ出るとコンビニに立ち寄る。そして最後に、駅のホームに立って、すべりこむ列車を見つめる。乗客がホームに降りてドアが閉まり、列車が出ていく。彼女は寂しげな笑みを浮かべてから、かすかに天を仰ぎ、万感の思いを込めてつぶやく。

「ありがとう……」

私はこの場面をテレビで見ながら、あまりにもせつなくて、涙も出なかった。久しぶりに懐かしさを味わえた喜び。そして、たぶんもう二度と思い出の場所を訪ねることはできないという、悲しい予感。わずか数分の場面だが、上野はひと言も発することなく、間もなく命が消えようとしている少女の胸の内を、鮮やかなまでに想像させてくれたのだった。

のちに演出担当の堀川とんこうさんに聞いたところ、上野の出演場面は、制作スケジュールの都合により一日で撮ったとのこと。しかも彼女は一度もNGを出さず、ベテラン演出家の堀川を感心させた。

現在、上野はフジテレビ系の『素直になれなくて』に出演中だ。「ツイッターを使った恋愛もの」という流行便乗ドラマだが、彼女の繊細かつ大胆で、新鮮な発見にあふれた芝居は健在だ。さて今回は、どんな「顔」で楽しませてくれるだろうか。

（『月刊てりとりぃ』第二号　二〇一〇年）

市川森一　～夢見る力が悲しみを救う

去る十二月十日に亡くなった市川森一ほど、「夢」を大事にした脚本家はいない。『夢に吹く風』『夢の指環』など、自作のテレビドラマの題名にもよくその一字を使ったが、以前ご当人に取材した際、市川自身がかつては夢見る少年だったと明かしてくれた。

市川は一九四一年、長崎県生まれ。十歳で最愛の母を病で亡くし、漫画を描いたり、物語を考え空想することで淋しさをまぎらわせたという。市川少年にとって、夢とは甘く美しいものではなく、今にも折れそうな心を支えるものだったのだ。そうした体験は、のちに氏が書いた作品にも色濃く反映。二十五歳のときにドラマ『快獣ブースカ』で脚本家デビューすると、『ウルトラセブン』『コメットさん』『仮面ライダー』など立て続けに話題の特撮ドラマを手がけたが、その多くは、孤独を抱える登場人物の迷える魂を、異星人の主人公がその超能力で救おうとする話だった。いやおうなしに抱えてしまう、生きることの悲しみ。そしてその悲しみはどうすれば薄れるのか。それは、その後も市川ドラマを貫くテーマとなったが、人はみな罪深く、だからこそ救われなくてはいけないという慈悲深き人間観は、氏がキリスト教徒だったことと無縁ではないだろう。

三十代に入った市川は子ども向けドラマと訣別。大人を相手にした一時間ドラマを書き始める。ほどなくして氏の評価を高めたのが、企画から関わった日本テレビの『傷だらけの天使』(74年)と、全二十二話を一人で書き上げたＮＨＫの『新・坊っちゃん』(75年)である。いずれの作品も、主人公は純情でお調子者の青年で、萩原健一が演じた『傷だらけの天使』の探偵くずれは、遠く離れて暮らす息子との同居生活に憧れた。また柴俊夫が演じた『新・坊っちゃん』の新人教師は、時の政府が進める管理教育に異を唱え、試験廃止を訴えた。しかしその希望は現実の壁にぶつかり、あえなく砕かれてしまう。いわゆるハッピーエンドが少ない市川ドラマ。それは作者自身が、この世界は不条理に満ちていて、その中を生き抜くことの大変さをよく知っていたからに違いない。

その後、ＮＨＫの看板番組である大河ドラマを、『黄金の日日』『山河燃ゆ』『花の乱』と三度も担当。さらにテレビ界の先頭を走りながら、亡くなる前月に放送された遺作『蝶々さん』まで、数多くの作品を世に送った。

その中でも名作のほまれ高いのが、四十歳のときに書いた『淋しいのはお前だけじゃない』（TBS）である。

主人公は借金を抱えて苦しむ市井の人たちで、彼らは旅回りのシロウト劇団を結成。懸命に公演を続けながら、その売り上げを借金の返済に充てていく。そんな彼らにとって唯一の安らぎが、芝居を演じているときだけ、浮世のつらさを忘れられることだった。舞台に立てば特撮ヒーローのように変身できて、別の人生を生きられる「役者」。それを現実とフィクションをつなぐ道具として使った点が秀逸で、学生時代の三谷幸喜ほか、この作品に感動して脚本家を志した若者も多かった。

仕事でご一緒したのが縁で、市川に誘われて、氏が手がける新作ドラマの第一回スタッフ会議に出たことがある。会議は笑い声が絶えず、脚本に使えそうなアイデアも飛び出した。ところがその帰り道に、その作家は思わぬ言葉をもらした。「今日の会議はね、今回の作品は面白いものになるぞ！　とスタッフに思わせて、やる気にさせるのがぼくの役目。脚本の中身は、あとでゆっくり考えるんですよ」。その新作はのちに『私が愛したウルトラセブン』のタイトルで放送され、その副題を、市川は「夢見る力」と名付けた。かくありたいという理想の自分にしがみつかないと今、感じている淋しさ、むなしさに押しつぶされてしまう。そうした切実この上ない思いを抱えた人物を、「夢」という名の魔法でなぐさめ続けた作家らしい題名である。

（『映画秘宝』二〇一二年三月号）

佐々木守　〜主役は奇抜なシチュエーション

テレビ黄金時代を支えた名脚本家の佐々木守さんが、去る二月に六十九歳で亡くなった。子供のころ『ウルトラマン』『コメットさん』『柔道一直線』などの佐々木ドラマに熱中し、またこの十五年ほどはライター、編集者の立場で親しくお付き合いしたこともあり、訃報を聞いて寂しさで胸がつまった。

佐々木ドラマの魅力は、うねりの大きなストーリー、明快なキャラクター、ゆえなくしいたげられる者への共感にある。さらに佐々木は、日本では珍しい、シチュエーション・コメディーの名手でもあった。それを強く感じたのが、一九七〇年に放送されて三十パーセント強の視聴率を稼いだ二つの連続ドラマ、『お荷物小荷物』と『おくさまは18歳』である。

朝日放送制作の『お荷物小荷物』は佐々木のオリジナルで、物語の舞台は、男ばかり三代で切りもりする滝沢運送店。この一家は絵に描いたような男尊女卑で、怒ると日本刀を振りまわす家長の忠太郎じいさん（志村喬）には、誰も頭が上がらない。その滝沢家で、田の中菊（中山千夏）という若い女が、住みこみのお手伝いとして働きだした。彼女の姉は忠太郎の孫と恋仲になったが、妊娠するとボロ雑巾のように捨てられ、帰郷して男の子を産むと命を落とした。菊は滝沢家に復讐することを誓い、姉の子どもを認知させるべく、素性を隠して乗りこんできたのだ。

斬新だったのは、ヒロインが復讐のために、他人の家庭を乗っとる設定だ。そのころは、ほのぼのとしたホームドラマが全盛。なにげない日常から人情話を拾うのが特長で、いつも家庭は、心休まる場所として描かれた。『お荷物～』はそのパターンにひねりを加え、パロディーとして見せたのである。

その『お荷物～』に笑いを添えたのが、「脱ドラマ」と呼ばれたユニークな演出の数々。役者がいきなり会話を止めて、今しゃべったセリフについて、自分自身の意見を述べる。居間をとらえたカメラがいきなり横を向き、セットの裏で出番を待つ役者が映る。演じるキャラクター（フィクション）と役者の素顔（ノンフィクション）が絶妙に交ざったところが、とにかく新鮮であった。かつて作者自身に尋ねたら、この「脱ドラマ」は、ゴダール映画からヒントをもらったと教えてくれた。

『おくさまは18歳』はTBS＝大映テレビの手がけた学園コメディー。原作は本村三四子の同名マンガで、佐々木がほれこんだのは、その風変わりな状況設定だった。すなわち、同じ高校に通う青年教師（石立鉄男）と生徒（岡崎友紀）は新婚の夫婦だが、校長先生との約束で、二人はそのことを周りに隠しているという点だ。主人公の二人はいずれも異性にモテるので、いつも互いにヤキモチを焼く。毎回そこから夫婦のきずなにヒビが入り、「秘密」が暴かれそうになる。

そのたびに二人は右往左往するのだが、佐々木は、その様子を徹底してスラップスティックとして描いた。加えて、喜怒哀楽を大げさに見せる石立と岡崎のお芝居もどんどん白熱し、笑いをふくらませた。

時代の寵児となった佐々木は、一九七一年に十一本、翌七二年に十本と、驚異のハイペースで連続ドラマを企画し、脚本を量産。そのうち喜劇寄りの作品は、『お荷物〜』『おくさま〜』のように状況設定が異色で、やはり主人公の「秘密」をめぐってストーリーが展開した。たとえば『てるてる坊主』（71年）では、父親が異なる四人の兄弟が登場。それぞれが恋人とくっついたり離れたりしながら、最後にはカップルがすべて入れ替わるという、驚きの結末が用意されていた。『美人はいかが?』（71年）のヒロインは、わんぱくな男の子として育てられ、か弱く女々しい兄弟との対比で笑いを誘った。『ママはライバル』（72年）では、高校に通うヒロインの父親が再婚。ところが相手が自分の同級生だったことから、新しい「ママ」とのいがみ合いが始まる。『ニセモノご両親』（74年）は疑似家族もので、その種のドラマの先がけである。

佐々木ドラマには、いつも明るい笑いがあった。しかも、それは笑いのための笑いではなく、その後ろに作者のメッセージを忍ばせた。『お荷物〜』ではヒロインを沖縄出身として描くことで、そのころ本土復帰を二年後にひかえていた沖縄が、日本から受けてきた痛みを茶の間へ訴えた。また『おくさま〜』の教師や生徒は、いつも勉強もそっちのけで色恋に走ったが、それは受験戦争が激しくなる中で管理がきつくなっていた、当時の学校教育をあぶりだしていた。もっと目を向けるべき問題の数々。佐々木はそれをストレートに語らず、コメディーの形を借りることで、よりわかりやすく、より鮮烈に見せようとしたのだ。

ヒットメーカーの佐々木さんにも、ボツになった企画があったという。「ある家族が平和に暮らしているんだけど、実は全員が記憶喪失で、ふとしたことから過去が暴かれる、というドラマを考えたんですよ」。あまりに奇想天外な話なので、私は驚き、そして思わず吹き出した。脚本家・佐々木守。その発想力はあきれるほど豊かで、しかもきわめて喜劇的だった。

(『笑息筋』第二百十五号　二〇〇六年)

井上ひさし～『ひょっこりひょうたん島』の成功と挫折

その作家の個性のすべてはデビュー作にあり、とよく言われるが、劇作家、小説家の井上ひさしも例外ではない。風刺とパロディー、ユートピアへの憧れ、ミュージカルへの愛、民主主義と反権力。これらが全編に散りばめられたのが、出世作の『ひょっこりひょうたん島』である。

この作品は、一九六四年からNHKで五年間放送された人気テレビ人形劇。当時三十歳の放送作家だった井上は、児童文学者の山元護久と全話の脚本を書いた。火山の爆発で海の上を漂いはじめた「ひょうたん島」。そこで暮らす五人の子どもと四人の大人があてなき旅を続けるのだが、井上はこの島を、世界最小の国家とみなした。そして、そこに当時の日本の姿を重ねつつ、物語作りを通して理想郷を探し求めた。あえてコメディーにしたのは、時事ネタを笑いでくるむことで、表現について口うるさい、NHKの監視から逃れるためである。

全国の少年少女の心をとらえたのが、登場人物が劇中で口ずさむオリジナル曲の数々。「どこまで行っても明日がある」と大統領のドンガバチョが歌う「未来を信ずる歌」ほか、どの曲にも、自由への憧れが詰まっていた。また、井上が得意としたダジャレや語呂合わせを使った曲も多く、日本語の奥深さを教えてくれた。

放送を見ていた時は、幼すぎてわからなかった。だが二十年前に、筑摩書房から出た脚本集を読んで、井上がこの番組で貫いた信念に気づき、心がふるえた。

島民を食べてしまおうと思ったかどうかをめぐる裁判で、ドンガバチョが被告の酋長を、歌いながらこう弁護した。「宿題できていないとき、先生病気で死ねばよい、てなこと、きみは一度も思ったことはないかネ」。小さくうなずく傍聴席の子どもたち。「思っただけで罪ならば、誰もたいてい牢屋行き。みなさん、私はここに弁護する。思っただけでは、罪じゃない！」。世間の偉い人たちが無理やり頭から押さえつけても、想像力だけは縛れない。反骨の人、井上ひさしらしい、堂々たる作家宣言である。

だが『ひょうたん島』は、のちに放送を打ち切られた。真相は不明だが、ある回の内容が郵政省を怒らせて問題になったから、とも言われる。さぞや井上は無念だっただろう。しかし悔しさをバネにするように、活躍の場を小説や演劇へ移して、次々に名作を生みだしていくのだった。想像力の翼を思いきり広げながら。

（『月刊てりとりぃ』第三号　二〇一〇年）

松木ひろし ～目指したのは、しゃれた喜劇

わが国の脚本家には珍しく、八十七年の生涯を通して、映像作品や演劇で絶えず〈笑い〉を描きつづけた人だった。二〇一六年九月に亡くなった、松木ひろしである。

松木は、一九五〇年代末に開局直後のフジテレビでドラマ演出を経験し、脚本家に転じてからは、東宝映画のサラリーマン喜劇を多数執筆。なかでも田波靖男考案のあらすじを脚本化した『ニッポン無責任時代』（一九六二年）は、クレージー・キャッツの植木等を常識破りのヒーローとして描いた、痛快無比の名作となった。また一九六〇年代の後半には、『ドリフターズですよ！前進前進また前進』『コント55号　世紀の大弱点』など、その時代を代表するコメディアンの主演映画を手がけ、日本の映画史に多大な功績を残した。

若いころから喜劇を愛し、映画監督のエルンスト・ルビッチ、ルネ・クレール、ビリー・ワイルダーらが撮った作品を好んで観た。「言いたいことを裏から、斜めから見るフランス映画のエ

スプリのようなものが好きでした」とは当人の弁である（『週刊テレビ番組』一九八五年七月十九日号より）。大好きだった欧米の映画監督たちの影響なのか、この作家は、奇妙な状況に置かれた人物たちの混乱ぶりを描く〈シチュエーション・コメディー〉と、都会的でしゃれた会話を得意とした。またテレビドラマにもヒット作が多く、特に松木作品に主演したことで喜劇的才能を開花させたのが、『雑居時代』（一九七三年）の石立鉄男と、『池中玄太80キロ』（一九八〇年）の西田敏行である（いずれも日本テレビ）。

本人いわく「大人に見せる洒落た風刺コメディー。これが一番やりたかった世界です」（前述の雑誌より）。だが当時は、テレビは一家に一台という時代。家族みんなで楽しめるので視聴率を稼ぎやすいとの理由から、老若男女が登場する「ホームドラマ」ばかりを求められた。

物足りなさを感じながらも作品を量産したが、そのなかで一番思い入れのある自作が、日本テレビの『俺はご先祖さま』（一九八一年）だという。この時、松木は五十一歳で、企画、脚本さらに演出まで手がける力の入れようだった。

主人公は、雑誌社で働きながら作家を目指す、冴えないカメラマンの伴吉（石坂浩二）。ある日、彼の前に、銀色のボディースーツで全身を包んだ娘ミミが現れた。聞けば彼女は一二〇年後の世界から、大学の卒論を書くための資料を集めにやって来たといい、しかも自分は伴吉の子孫だという。彼女が見せた家系図には、今は独身の伴吉がいずれ結婚する相手の名は「ヨウコ」と書かれていた。

ここまでが初回で、二話以降は、ミミが未来に起きることを知っているために、伴吉が毎回いろんな騒動を巻きこまれるさまをコミカルに描いた。回を重ねるごとに、伴吉に好意を持つようになるミミ。だが自分の〈ご先祖さま〉と恋に落ちるわけにはいかず、ミミは苦悩する。そして最終回で、伴吉に好きな女性ができる。名前はヨウコ。のちに彼の妻となる人である。ところが彼女の顔も姿も、ミミにそっくり。伴吉への思いを断ち切れないミミがヨウコになりすまして、ほんのひと時だけ恋人気分を味わう場面が何とも切なかった。『俺はご先祖さま』は視聴率こそ伸び悩んだが、わが国のテレビドラマには珍しい、SFコメディーの野心作として、今も忘れることができない。

自分を語る著書を残さなかったこともあって、正当な評価を受けてきたとは言いがたい松木ひろし。この先、調査研究が進むことを切に願っている。

（『映画秘宝』二〇一六年十二月号に載った原稿に加筆した）

石橋冠 ～映像と音楽の幸福な出会い

俳優西田敏行の出世作ドラマ『池中玄太80キロ』。そして世界的な名チェロ奏者のパブロ・カザルス。両者の間には、実は深いつながりがあると知って驚いた。教えてくれたのは、先日お会いした石橋冠《かん》さんだ。氏は元日本テレビのドラマ演出家で、八十歳の今も現役バリバリ。その代表作が、四十三歳で撮った『池中玄太～』である。

「ぼくはドラマを撮る前に、必ず自分でイメージソングをいくつか決める。聴くと、ある映像が思い浮かぶ曲を。それを劇中で流すことも、そうでない場合もあるけど、その曲が演出する際のよりどころになる。『池中玄太～』で選曲したのが、カザルス演奏のスペイン民謡「鳥の歌」でした」

西田演じる報道カメラマンの趣味が、野生の丹頂鶴を撮ることだったり、「鳥の詩」というオリジナル曲を作って、カメラマンの娘を演じた杉田かおるに歌わせるなど、『池中玄太～』では、石橋さんの描いたイメージが随所で具体化された。

初期の二時間ドラマ『さよならも言わずに消えた！』（81年）では、音楽担当を付けず、劇中で流す曲を自ら選んだ。なかでも圧巻なのは、汚職事件に巻きこまれた主人公の女教師と刑事が何者かに銃撃されつづけ、必死で逃げまわる場面だ。

「そこにクラシックの有名曲アルビノーニのアダージョを流そうとひらめいた。その曲を演奏したレコードを探したら十五種類見つかり、撮り終えた映像に合わせて一曲ずつ流してみて結局、英国のバンドのものに決めました」

その曲名は、澄んだ女性の歌声が荘厳さをたたえた「コールド・イズ・ビーイング」。通好みのプログレバンド、ルネッサンスの演奏だが、なにしろ情報が集めにくい、インターネット出現以前の話である。石橋さんの音楽に対する博識ぶりに脱帽してしまった。

「幼いころは家庭内に流れていたクラシックが好きで、二十代はモダンジャズ、三十代はヨーロッパのロックに熱中。集めたLPは二千枚ほどで、特に愛聴してるのはピンクフロイドの『原子心母』かな」

自ら選んだイメージソングは、ドラマ作りでどう生かされるのか。「イメージを共有してほしいので、脚本家には曲を聴いてもらってから脚本を書いて頂いたり、俳優さんには撮影現場で本番前に聴いてもらったり。ぼくが目指す世界は、いつも音楽が与えてくれると思うから」。とかく劇中音楽が軽んじられるドラマ界にあって、音楽愛に満ちた石橋さんは稀有な存在だ。では音楽優先のドラマ作りを始めたきっかけは何か。

氏の半世紀を超える演出家人生を劇的に変えたのが、一九六六年の初公開時に観たフランス映画『男と女』だという。「とにかく刺激的な映画で、映像と音楽はかくも仲が良いかと、痛感させられました」。この映画が斬新なのは、監督のクロード・ルルーシュが、劇中に流すフランシス・レイらが作曲した音楽を、撮影前に何度も聴いて想像力を高めたこと。この「音楽優先」の映像作りは、石橋青年に多大なる影響を与えたのだった。

その三年後に石橋さんが演出した『愛の夜明け』は、本人いわく「『男と女』にオマージュを捧げた作品で、音楽を初めて坂田（晃一）くんに頼んだ。ただし、撮影や編集の面で技術的な制約が多い時代だったので仕上がりに満足できず、その三年後に再び坂田くんと組んで、オレ流の

『男と女』を撮った」。それが名作の誉れ高き『冬物語』である。夫を亡くした女（浅丘ルリ子）と、不治の病を得たカーレーサー（原田芳雄）による愛と別れが描かれ、映像も音楽も気絶するほど美しく、そして叙情的であった。

その後も坂田晃一のつむぐ流麗甘美な旋律は、石橋ドラマに不可欠なものとなり、中でも『池中玄太80キロ』の主題歌、西田敏行の「もしもピアノが弾けたなら」のレコードは飛ぶように売れた。

「ぼくの出世作『2丁目3番地』で赤い鳥が歌った「目覚めた時には晴れていた」。あれも大好きな曲だがレコード発売されなかったので、のちに撮ったドラマの主題歌として、同じ曲を伝書鳩というグループに歌ってもらい、レコード発売しました」

今まで組んだ脚本家で、特に音楽優先のドラマ作りを面白がったのが、倉本聰と市川森一だという。

「倉本さんが書いた『昨日、悲別で』では、ミュージカル『キャッツ』の主題歌「メモリー」と、かぐや姫の「22歳の別れ」を撮影前にイメージソングとして選んだが、倉本さんの希望で「22歳〜」を毎回エンディングテーマとして流しました」

石橋さんが写真を見せてくれた。そこには富山県の別宅にある、音楽を聴くために作った部屋が写っており、ＢＯＳＥのスピーカーと大量のＬＰが目に飛びこんだ。最高にくつろげる場所だという。「作曲家では特にニーノ・ロータが好き。未知の音楽を聴くと風景が頭に浮かぶことがあり、それをノートに書き留めた時期もある」。音楽が映像を連れてきたり、逆に映像が音楽を誘発したり。両者には、不思議で幸福な関係があることを、石橋ドラマはいつも教えてくれる。次回作の放送を楽しみに待ちたい。

（『月刊てりとりぃ』第七十三、七十四号　二〇一六年）

鴨下信一　〜追いつづけたテレビの可能性

テレビ黄金時代を支えた演出家が、また一人世を去った。TBSの社員として数々の人気ドラマを手がけた鴨下信一である。なかでも家庭崩壊を描いた『岸辺のアルバム』（77年）、ほろ苦い青春群像劇の『ふぞろいの林檎たち』（83年）は代表作で、臨場感あふれるドキュメンタリー調の映像感覚が際立っていた。

鴨下には計三回取材させてもらったが、氏は博覧強記の人であり、ジャンルへの偏見がなく、晩年には数多くの著書を執筆した。そのなかには昭和の名優たちを論じた『昭和芸能史傑物列伝』もあるが、とりわけ映画への愛着は強く、堺正章主演の映画『喜劇・昨日の敵は今日も敵』（71年）では脚色、ビデオ『クレージーキャッツデラックス』（84年）では変名で構成を担当。監督では職人肌の森一生を敬愛し、日本の喜劇映画では、トニー谷主演の『家庭の事情・馬ッ鹿じゃなかろうかの巻』(54年)を絶賛していた。一軒家の真ん中になぜか線路があり、そこを毎日電車が通るという、超ナンセンスな作品である。また〈わが人生最高の十冊〉の一冊として、双葉十三郎の『ぼくの採点表・西洋シネマ体系』を選び、実現はしなかったが、映画『汚れた英雄』(82年)の監督を頼まれたこともあったそうだ。

映画から学んだ伝統的な演出術は、庶民の人情を描いた「日曜劇場」シリーズの数々や、名作を新たな解釈で撮った『忠臣蔵』(88年)や『源氏物語』(91年)といった大作で活かされた。そのいっぽうで実験精神も盛んで、『美しい橋』(77年)ではスタジオ内に巨大な鉄橋を作り、橋の上を舞台にして幸薄い少女(山口百恵)と青年の悲恋を描いた。その後も、ホイ三兄弟、ソフィア・ローレンほか来日中の映画スターが喫茶店の客として登場した『熱愛一家Love』(79年)、パソコンの使い方をストーリーに組みこんだ『空と海をこえて』(89年)などでも、大胆不敵な手法で楽しませてくれた。

また異業種の人たちを積極的に呼んで、テレビドラマを活性化。最も数が多いのは夏木マリ、石野真子らの歌手で、ほかには漫談家の泉ピン子、ギタリストのChar、司会者の大橋巨泉らも鴨下作品で俳優に初めて挑んだ。さらに無類の新しもの好きを発揮して、新人俳優を次々に起用。なかでもデビュー直後の薬師丸ひろ子が、『装いの街』(79年)でドラマ初主演を果たしたことは大きな話題となり、のちに映画館でも上映された。

十年ほど前に、鴨下から興味深い話を聞いた。いわく「連続ドラマの低迷と再現ドラマの流行は無関係ではない。ぼくも再現ドラマを撮りたい」「ジャニーズ事務所の新人アイドルに毎朝、テレビで体操をやらせたら話題になりますよ」。テレビというメディアの可能性を追いつづけ、そこで無邪気に遊んだ人らしい発言である。鴨下信一、享年八十五。スポーツ中継を除くすべてのジャンルの番組を演出した、テレビ界きっての異才だった。

（『映画秘宝』二〇二一年五月号）

向田邦子 ～よく働き、よく遊んだ人

早いもので、今年で没後四十年になる。去る一月には都内で回顧展が開かれ、小説家の西加奈子、映画監督の中野量太ら活躍中のクリエイターが、その人が残した作品から受けた影響を熱っぽく語った。また、生前に書いたエッセイや小説は今も手軽に購入でき、新たな読者を増やしている。搭乗した旅客機の墜落により、わずか五十一歳で亡くなった脚本家、小説家の向田邦子。彼女はなぜ今も、幅広い世代の心をとらえるのだろうか。

向田の名前を初めて意識したのは、彼女が全話の脚本を書いたホームドラマ『寺内貫太郎一家』である（74年）。とりわけ目を奪われたのが、今は亡き樹木希林が演じた寺内きん。この老婆は、当時の人気歌手だった沢田研二が大好きで、彼のポスターの前に立つと、毎回「ジュリ～ッ！」

となまめかしく身をよじった。その頃は中学生だったので理解できなかったが、この場面は、女はいくら年齢を重ねても、恋心を失わないことを教えてくれた。

その後の向田は、男たちには計り知れない「女」の不思議や秘密を、より官能的かつ鮮烈にテレビドラマで描き始める。

『冬の運動会』(77年)では、二十七歳の女が、気になる年下男から巨大なあめ玉をもらい、それを口の中で転がしながら熱く見つめ合った。四姉妹の間で嫉妬が渦巻く『阿修羅のごとく』(79年)では、淋しさの表現として自慰シーンを描いた。また『幸福』(80年)には、洋裁業を営む二十代の女が、夏の暑い日に自宅で一人、下着姿でひざの裏に汗をかきながらミシンを踏む場面がある。この時彼女は、好きな男を密かに思い浮かべており、そのことが身体をさらに火照らせているのである。その頃場末の映画館でよく観たロマンポルノよりも、何百倍も興奮させられる描写だった。

これらの連続ドラマは、当時の少年少女たちに強烈な印象を与えた。たとえば向田ドラマを「セリフと表情と間合いだけで艶っぽさを表現した」と絶賛するのは、女優の小泉今日子である。また爆笑問題の太田光は、著書『向田邦子の陽射し』のなかで、「人の悪さ、醜さを、その鋭い刃で切るように向田さんは表現する。しかし決して〈切り捨てる〉わけではない」と、作者の人間に注ぐ愛情の深さを高く評価している。

「言わぬが花」の美学

では向田の素顔とは、いかなるものだったのか。同業の倉本聰は、向田とは「賢姉愚弟の間柄。半分裏返った早口のソプラノで年中、叱られた」と回想し、『寺内貫太郎一家』を演出した故・久世光彦《くぜてるひこ》は、鴨下信一は「並外れた記憶力の持ち主」と評する。また同ドラマを企画演出した故・久世光彦は、著書『触れもせで』において「駆け出しのころに書いた脚本は欠陥が多かったが、いつも必ず光るシーンがあった」と、早くから脚本家としての才能を感じていたと記している。

二冊ある対話集を読むと、向田は頭の回転が早く、話を引き出す名人で、辛らつだが誰にも愛される人柄だったことがわかる。さらに目を引くのは、話題が自らの恋愛体験や結婚観に及ぶと、決まって答えをはぐらかすこと。彼女は「言わぬが花」の美学を貫いた人で、それは手がけた脚本にも強く感じられた。登場人物は本当に大切なことほど言葉にはせず、その思いを心の奥に秘めておくのだ。そのおかげで視聴者は、セリフの行間から、その人物の本心を想像する楽しみを知った。

実は若き日の向田は、悲運の恋に身を焦がしていた。それは九歳下の末妹である向田和子が著者『向田邦子の恋文』で初めて明かしたもので、相手は妻のある、病を得て療養している映画カメラマン。向田は彼を献身的に支えたが、男はほどなくして自ら命を絶ってしまう。この恋で味わった幸せと痛みは、後に書かれた脚本や小説に、少なからず影響を及ぼしたはずだ。
とある集まりでたまたま隣に座ったのが、妹でエッセイストの向田和子さんだった。初対面だったが声をかけ、雑談のなかで亡き姉について尋ねた。答えは「邦子はよく働き、よく遊んだ人」。旅行、料理、おしゃれ、音楽鑑賞と、仕事が猛烈に忙しい最中でも趣味に没頭し、人生を味わい尽くしたという。もう会うことが叶わない向田が身近に感じられた。
五十歳で初めて短編小説を書くと、いきなり直木賞をもらう快挙を成しとげた（後に『思い出トランプ』として書籍化）。だが、さらなる活躍が期待された一九八一年八月、向田は飛行機事故で命を落とした。昨年に還暦を迎えた私は、彼女が書いた脚本や小説を久しぶりに読み直した。すると「女」のずるさ、いじらしさ、かわいらしさが、より実感を伴って胸に迫ってきた。それは作中の彼女と、彼女が愛する男とのやりとりにおいて、より際立って感じられた。

向田作品に魅了されるのは、酸いも甘いもかみ分けた大人が多いようだ。特に女の人は共感を抱くと同時に、自らの心の奥底を覗くような怖さを感じるらしい。そして男性陣には、それらの作品が、「女」を知るための最良の手引きとなるはずだ。そこには世の女性たちが普段は隠している真の姿が、愛情を込めて描かれているからである。

（『昭和40年男』二〇二一年四月号）

久世光彦 〜いかにして「笑い」を生み出したか

十一歳のときにテレビで『時間ですよ』を観て、夢中になった。銭湯の若き従業員たちが毎回くり広げるコントのような場面が、とにかくおかしかったのである。演出家の名は久世光彦といった。そして私は、三十歳でフリーライター稼業を始めると、無謀なことに、一面識もないこのベテラン演出家に頼みこんで、ご自宅で取材させてもらった。さらに、そこから得た証言を文中にはさみながら原稿にまとめ、二〇〇七年に双葉社から出版してもらった。書名は『「時間ですよ」を作った男』という。

くり返し行なった取材では、主に「笑い」について対話を重ねたが、久世はよく同じ言葉を口にした。「客を泣かせるのはたやすいが、笑わせるのは本当に難しい。考え抜いたギャグが受けないと、死にたくなりますよ」。そう、久世は心から冗談やユーモアを愛した人であり、生涯を通じて演出した一三〇本余りのテレビドラマには、思わずくすっと笑ってしまう場面が必ずあったのだ。

「笑い」を作るという点で、久世がとりわけ精力を注いだ連続ドラマが、一九七〇年に始まった『時間ですよ』だろう。放送中は全国の老若男女に親しまれ、氏の出世作となった番組である。

出演者のなかで最も笑いを振りまいたのが、つぶれかけた銭湯で働く従業員たち、通称トリオ・ザ・銭湯で毎回、息の合ったギャグを披露した。その顔ぶれは堺正章、悠木千帆こと現在の樹木希林、そして、浅田美代子ほか新人アイドルの女の子の計三人。久世はストーリーがそこで中断する危険をわかった上で、あえて彼らだけの場面を毎回いくつか物語にはさみこんで、切れ味のある笑いを日本中のお茶の間に届けた。

トリオが演じた無数のギャグやコントは、久世いわく、毎週「宿題」と称して堺や樹木に考えさせて、そこから面白いものを選んで手を加えたそうだが、特に愛着がある場面として、第六十七回の「バケツ運び」を挙げた。

銭湯で働く浪人生（堺正章）が、意を決して女友だちに求愛しようとする。すると二人の前を、金属製のバケツを両手にいくつも持ったお手伝い（浅田美代子）が、ガチャガチャと音を立てながら小走りで通り過ぎ、隣の部屋に入るやいなや再び出てきて、音を立てながら前を走り過ぎる。浪人生は告白をさえぎられて面白くない。このやりとりが三度反復されたあとで、再び浪人生が告白しようとする。だが今度はお手伝いが現れないので、彼はそちらが気になってしまい、思わず「来ないね」とつぶやいてしまう。「美代子は堺が好きだから、わざと前を通って邪魔するわけね。このギャグで一番重要なのは、美代子が何回、前を通り過ぎれば、堺は彼女を意識するか、ということだった。リハーサルのときに、通りすぎる回数を変えて何度も演じてもらい、ベストは三回とわかったんですよ」（久世）。

お茶の間スラップスティック

この場面を発売中のＤＶＤで観なおすと、浅田に心を乱される堺の表情がごく自然で、何回も稽古を重ねたとは思えない。「どんなギャグでも、演じる役者が練習の跡を見せないことが大事。さもその場の思いつきでやったように感じさせないと」。どんなにそのギャグが秀逸でも、演じる役者に力量がないと面白さが損われてしまう。役者をどう導くかは演出家の腕にかかっているわけだ。その後に手がけたホームドラマでも、七十年代の作品にはいつも樹木希林がレギュラー出演し、彼女から「笑い」のアイデアを頂くことも多かったという。その樹木も卓越した芝居で何回も私たちを大いに笑わせてくれた。

先ほどの「バケツ運び」のように、久世は視聴者が共感できる笑い、つまり自分がその場にいたら、きっと劇中の人物と同じ行動をとってしまうだろう、と感じさせるギャグを特に好んだ。さらに偏愛したのが、スラップスティックな笑いである。スラップスティックは日本では「ドタバタ」と訳され、その原点はチャールズ・チャップリンやバスター・キートンなどが主演した、一九二〇年代の無声映画にある。その特徴は、彼らコメディアンたちが身の危険もかえりみずに、跳んだり、激突したり、転んだりしながら観客を驚かせ、笑わせた点にある。久世ドラマでいえば、『時間ですよ』に出たときの堺正章は「動きの人」で、天才的な身のこなしと、指の先まで美しく見せる細やかさが圧巻だった。

また『寺内貫太郎一家』に主演した小林亜星は、演技が未経験のために、感情の動きを言葉ではなく肉体を使って表現した。たとえば、毎回あった息子との派手な親子げんかでは、百キロの巨体で大暴れして毎回、六畳間の障子を破り、たんすを倒したのだ。こうした世にもまれなる「お茶の間スラップスティック」は、番組一の名物となった。

のちに久世は、いかりや長介が率いたザ・ドリフターズが主演して毎週、高視聴率を稼いでいたバラエティー番組『8時だョ！全員集合』を、自ら志願して三本演出した。その理由を当人に尋ねると「ドリフはドタバタひと筋だったから、あのコントがどうやって作られるのか知りたかった」という。喜劇への飽くなき好奇心がうかがえる逸話ではないか。

もっとうどん粉を降らせてくれ

ではこの演出家は、いかにしてギャグを考え、それを役者に演じさせるのか。その現場をこの目で見たくなり、氏が手がけた舞台の稽古を見学させてもらった。

一九九九年の『寺内貫太郎一家』では、法事の最中に僧侶がお経を読んでいると、目の前にある大きな仏壇が倒れてくるが、正座している僧侶の鼻の先で止まるギャグがあった。この場面のリハーサルでは、僧侶が仏壇を両手で受け止めようとしたが、久世はその場で演出を変えた。倒れてくる仏壇に対して、僧侶が少しのけぞってから全身が固まってしまい、その眼前で仏壇が止まるようにしたのだ。「両手で受け止めるのは当たり前すぎますからね。だって危険が迫ったり驚いたときに、自分でも思いもよらない反応をすることってあるでしょ?」。心の底からびっくりした際、僧侶のように身動きがとれなくなった経験は、きっと誰にでもあるだろう。単に笑いを誘発するだけではなく、そこから誰もが共感を抱くような、人間の真実もあぶりだす。これがこの演出家が目指したギャグであり、コメディーなのである。

これも同じ芝居の稽古中の出来事だった。ドラマ版の代名詞である親子げんかの場面で、カミナリ親父の貫太郎と息子がつかみ合ったまま、台所の戸棚にぶつかった。そしてその衝撃で、棚に置かれた容器に入ったうどん粉が二人の頭上から降りかかって、全身が真っ白になった。ここで久世は、スタッフに強い口調で命じた。「うどん粉が少ないぞ! もっとたくさん降らせてほしいんだ。量が多ければ多いほどいい」。スラップスティックな笑いに不可欠なのは「過剰」と「過激」である。壁を突き破るなら、壁はより派手に壊れた方がいい。頭から粉をかぶるなら、粉は多い方が笑いが倍増する。そのことを久世はよく心得ているのだ。もっとも演じる役者にすれば、この演出に抵抗を感じる人もいるだろう。なにしろ全身が粉まみれのままで、舞台上で芝居を続けなくてはいけないのだから。それを承知の上で、久世は「もっとうどん粉を!」と要求したのである。コメディー作りに賭ける情熱と覚悟が、肌を刺すほど強烈に伝わってきた瞬間だった。

『時間ですよ』で世界新記録

同じ演出でも、テレビドラマと舞台では何がちがうのか。「ドラマとちがって、舞台は一度幕が開いたら、演出家は何もできない。すべてを役者に任せるしかないんですよ」と、久世はかすかにため息をついた。それから舞台はテレビドラマと異なり、観客の反応がじかに返ってくる。「そう、それが舞台ならではの醍醐味だし、演出家としても、観客がこちらの狙い通りに反応してくれると、何物にもかえがたい快感がありますよ」。

これも久世が何度も口にした言葉だった。「役者が笑い以外の芝居もちゃんとやらないと、肝心の笑いが引き立たない」。二〇〇一年の舞台『冬の運動会』の稽古中に、その信念を思い出させることがあった。

葬式の場面で、故人の親友らしき女たちが大勢やって来て、悲しげに泣きながら祭壇にひざまづいた。ところが女たちは、隣りの部屋に用意された料理を見つけたとたん、「まあ、すごいごちそう！」と喜びの声を上げると、料理に駆け寄った。ここで久世が女たちに注意した。「もっと大げさに泣いてくれ。でないと、次の「すごいごちそう！」との落差が生まれないから、客が笑ってくれない。もっとオーバーに、大声で泣いて下さい。大丈夫、オレが責任を持つから」。これを聞いた女たちは納得し、本番では、より大げさに泣いて見せた。満場の客席が笑いに包まれたのは言うまでもない。

何を見て「面白い」と感じるか、つい笑ってしまうかは個人差が大きい。だから観客のすべてを同じ場面で爆笑させることは、不可能に等しい。となればコメディーを作る演出家は、まずは自らの感性を信じて、おのれが面白いと思うことを劇中で描くしかない。久世が手がけたテレビドラマにも舞台にも、似たような味わいのギャグがしばしば飛び出したのは、そのためである。「考え抜いたギャグが受けないと、死にたくなりますよ」。そう明かした久世と会話を続けるなかで、極上のコメディーを生み出すことのつらさと、それが実現したときに得られる喜びの大きさに思いを巡らせた。

もし久世が七十歳で急逝しなければ、再び『時間ですよ』を撮る予定だった。「主演はもちろんこれまでと同じく森光子さんで、特別ゲストが森繁久彌さん。これは間違いなくギネスの新記録だよ。二人の年齢を足すと、出演俳優が世界で最も高齢のドラマだから」。興奮ぎみにそう話す久世の脳内では、愉快な空想が広がっていたにちがいない。その二人にどんなギャグをやってもらおうか。あれがいいかな、これはどうだろう……。コメディー作りに全力を傾けてきた演出家の目がきらきらと輝き始めたのを、私は見逃さなかった。

（高志の国文学館企画展「あの日、青い空から　久世光彦の人間主義」図録　二〇一五年）

萩本欽一 ～コント55号と『欽ドン』のはざまで

かつて土曜の夜八時になると、毎週「戦争」が起きていた。人気絶頂のＴＢＳ『8時だョ！全員集合』にフジテレビが新番組をぶつけ、激戦をくり返した末、ついに視聴率を上回ったのである。「新番組」のタイトルは『萩本欽一ショー・欽ちゃんのドンとやってみよう！』、通称『欽ドン』。当時三十四歳だったコメディアンの萩本欽一が、初めて自身で企画主演したバラエティー番組である。

萩本は、一九六〇年代の半ばに、お笑いコンビ「コント55号」として世に出た。彼らはあっという間にテレビの人気者となったが、わずか数年で勢いが衰え、ほどなくして相棒の坂上二郎は俳優、歌手に転じた。一方の萩本は、『欽ドン』の大ヒット以後、各局で番組を作るといずれも大当たりし、およそ十年間にわたって「視聴率王」としてテレビ界に君臨した。55号がテレビに登場したとき、八歳の私は萩本のおかしさに魅了され、今日に至るまでその仕事を追ってきた。55号の活動停滞から『欽ドン』の誕生までに、実は五年の時間が流れており、その間に萩本の姿をテレビで目にすることも減っていた。では、萩本はその間に何をしていたのか。当人は、熱狂に包まれた55号時代や『欽ドン』から始まった快進撃については、数ある著書や雑誌インタビューでくり返し語っているが、その期間には詳しく触れていないのだ。過去に四度ほど萩本に取材した中で明かしてくれた秘話を交えつつ、知られざる五年間をたどってみたい。

コント55号、その笑いの秘密

コント55号とは、コメディアンの萩本欽一と、二〇一一年に亡くなった坂上二郎の二人組で、一九六六年に東京の下町、浅草で結成された。このコンビはテレビの演芸番組へ出演するたびに評判を呼び、瞬く間に売れっ子芸能人の仲間入りを果たした。坂上は妻帯者だったが、独身の萩本は十代の女の子からアイドル的な人気があり、どこへ行っても黄色い歓声を浴びた。

彼らが世に出るきっかけが、二人で演じたコントの数々である。どのコントでも、萩本は坂上に向かって理不尽なツッコミをくり返し浴びせ、ときには手で頭をこづいたり、背中に飛びげりをお見舞いした。なぜぼくは、こんなひどい仕打ちを受けなくてはいけないのか……。困惑を隠せない坂上は、半ば本当にうろたえ、全身から冷や汗を流した。その面白さを活字で伝えるのは難しいが、私が特に好きだったコントを紹介したい。

たまたま道で通りかかった坂上を、萩本は「自分の恋人の父親」と思い込む。なぜなら父親は毎日、その時刻にその場所を通ると、恋人から聞いていたからだ。当然ながら坂上は「人違いですよ」と否定するが、萩本の思い込みはどんどん強まっていく。

この理不尽な状況から逃れるには、とりあえず萩本の言いなりになるしかない。そう考えた坂上は、萩本の妄想に付き合うが、萩本のいびりは激しさを増していく。「お父さん、あんまりうれしそうじゃないですね。娘の恋人に初めて会ったんだから、もっと楽しそうにしましょうよ」「今、笑ったけど、腹の底では、ぼくのこと疑っているでしょ?」。坂上は「そんなことないですよ」と首を振るが、萩本の攻撃はさらに過激になり、腕をねじあげるなど、肉体的にも苦痛も与え始める。


お人好しの坂上が、萩本の常軌を逸した「思い込み」に巻き込まれて、ひどい目に遭う。55号のコントによくあった展開だが、さっそく当事者である萩本さんに、55号が演じたコントの特徴を尋ねてみよう。

「「欽ちゃん」でいいですよ、「萩本さん」だと堅苦しいから。55号のコントですか。ぼくと二郎さんの関係は、ツッコミとボケではないのね。一般的にボケは「面白い人」「風変わりな人」だけど、二郎さんは、あくまでも「ごく普通の人」として、まず登場するわけ。そのごく平凡な男が、見ず知らずのぼくと関わることで、おかしな方向へ持っていかれてしまう」

コントの後半で、坂上が、これからポストへ投函するという葉書を見せる。差し出し人の名前は「坂上二郎」。すると、萩本は急に正気を取り戻し、「すみません、人違いでした」と謝ると、何事もなかったように立ち去ってしまう。

「コントを演じる前に決めていたのは、ぼくらの役柄と、ネタを終わらせるオチのひと言だけ。そこまでは作家が考えてくれたのね。今あなたが紹介してくれたコントでいえば、「人違いでした」がオチ。そこへたどり着くまでは、いつも出たとこ勝負のアドリブでした」

「出たとこ勝負」とは言え、決めごともあったのでは？

「ええ、ルールはありました。たとえばぼくのお願いに対して、二郎さんが「どういうことですか？」と聞き返したり、「そんなこと、できませんよ」と拒否しては、絶対にダメ。ぼくが無理難題を命じても、二郎さんは必ずやってみるわけね。でも二郎さんは深く考えずにやるから、いつも失敗する。そこをぼくが「そうじゃないだろ！」と突っ込み、さらに別のことを二郎さんにやらせる。そのくり返しが55号のコントの基本でした」

萩本欽一、本名同じ。一九四一年、東京の下町・浅草の稲荷町に生まれる。一家の暮らしは豊かだったが、のちに父が経営する会社が倒産。高校を卒業すると、食べていくために、浅草の東洋劇場に役者見習いとして入社した。なお劇場の先輩には渥美清、後輩にはビートたけしがいる。

東洋劇場は踊り子のストリップが一番の目玉で、幕間にやるコントに、萩本ほかの無名コメディアンが出ていた。コントには台本はあったが、笑いが足りないと、稽古中に演出家が命じた。「そのやりとり、本番でアドリブを入れよう！」と。

「そうなると、ぼくらコメディアンは張り切るわけですよ。いかにして客から笑いをとるか、仲間たちと競争するわけ。そこでアドリブが磨かれたし、それも含めて、ぼくの笑いの基本はすべて浅草の劇場で学びました」

得意のアドリブを駆使して、「同じコントは絶対にやらない」を信条に仕事に打ち込み、テレビ、ラジオ、映画、マスコミの取材、地方公演と多忙を極めた55号。だが結成三年目あたりから、所属事務所に頼んで自分たちで仕事を選ぶようにした。55号を取り巻く熱狂から距離を置き始めた萩本は、ほどなくして「ある行動」に出るのであった。

単独出演とアドリブ禁止

コント55号として多忙な日々を過ごす中で、萩本は、ある番組に自らの意志で初めて単独で出演している。一九六九年放送の日本テレビ『巨泉×前武　ゲバゲバ90分！』である。その内容は斬新奇抜で、毎回九〇分の放送時間内に、なんと百個あまりもの短くてナンセンスなギャグやコントが、止めどもなく飛び出した。企画演出の井原高忠には以前に番組に呼んでもらったことがあり、萩本は井原を「すぐれ者」と呼んで尊敬していた。

「そう、だから『ゲバゲバ』にも喜んで出演させてもらいました。ただ、一人でギャグを演じるのは戸惑いもあったし、スタジオ収録だから、お客さんの反応が返ってこないのは不安ではあったけど。舞台育ちのぼくとしてはね」

萩本が演じたギャグを思い出してみよう。

●ビリヤードに興じる萩本。キューで球を突くと、なぜか先端が球に刺さってしまう。その球を萩本はおいしそうに食べてしまう。

●両手にバチを握った萩本。巨大な和太鼓を思いきり叩くと皮がやぶれ、勢い余って、体ごと中へ飛び込んでしまう。

完全主義者の井原プロデューサーは特に台本作りに力を入れ、文字で読むだけで笑ってしまうギャグを放送作家たちに求めた。さらに出演タレントにも要求を出した。本番での即興芝居を禁じたのである。萩本は生まれて初めて、台本に書かれた通りにギャグを演じた。

「本当は、オチの後でアドリブをやりたかったですね。そこから二〇分くれたら、もっと面白くする自信があったから。でも、あえてそこは我慢したんですよ。これが『ゲバゲバ』の笑いだ、と割り切って」

他人が考えたギャグを演じさせられたのは、映画も同じであった。55号は一九六八年から五年の間に、東宝で四本、松竹で八本もの映画に主演したが、その多くは萩本にとって気持ちのよい撮影ではなかったという。

「せっかく映画に主演させてもらうわけだから、少しでも面白い作品にしたかったんですよ。

それで、もらった台本を自分たちで直そうとすると、監督が不愉快そうな顔をするわけ。勝手なことをするなって。コメディアンは俳優よりも下に見られている感じがして、ものすごく悔しかったな。もう我慢できなくて、こちらの思いを監督にぶつけたこともありました」

自分でギャグ映画を撮る

55号ブームが過熱し、殺人的なスケジュールをこなす中で、ついに萩本は倒れ、一週間入院した。一九六八年十一月のことである。それほどの多忙にもかかわらず、このころ萩本は、身銭を切って六〇分の短編映画を撮っている。

題名は『手』。のちに東京・銀座の並木座で、一ケ月間だけ上映されて連日、満員になった。萩本が演じたのは、仕事に行き詰まった独身のデザイナーで、ある日、彼の部屋に正体不明の「手」が現れて、望みを何でも叶えてくれるようになるのだが……。

この映画では、萩本が制作・原作・構成・脚本・演出・主演のすべてを自分でこなしている。共演者はほんの数名。身内は弟子のコント0《ゼロ》番地（車だん吉、いわたがん太）のみで、相棒の坂上二郎は出てこない。作品に他人の意見が入っていない分だけ、等身大の萩本が、無防備なほどあらわになっているのが興味深い。

「55号が最も忙しいときに撮ったから、大変ではあったけど、誰にも邪魔されずに自分の好きな世界に浸れたので、気分は良かったな。当時はマンション住まいだったけど、映画を撮るために、わざわざ都内に一軒家を買ってね。夜遅く仕事から帰ると、部屋にこもって一人で撮ったんですよ。「手」との同居生活をギャグをいっぱい入れて」

●デザイナーが「腹が減ったなあー」とつぶやくと、すかさずハンバーグが出てくる。「手」が作ったのだ。からしを塗って食べると、口から火を噴くほど辛い。「水！　水！」。すると「手」はホースを持ってきて放水開始。デザイナーの顔がびしょ濡れになってしまう。

実は最初は趣味で撮っていたが、撮った映像を見た人から、一本の映画として仕上げた方がよいと勧められた。そこで屋外での撮影も行なって、完成させた。協力者は数名いたが、特に頼りにしたのがスポーツニッポン所属の映像ディレクター、福田晃だった。制作費は萩本が用立て、総額で八百万円ほどかかったという。

物語の半ばあたりで、謎の「手」は、スランプのデザイナーに代わってイラストを描くようになり、作品は得意先から高く評価される。それを良いことにデザイナーが仕事を怠けるようになると、「手」はある日、突然姿を消してしまう。デザイナーは気落ちし、映画の最後で道路に倒れこんで、立ち上がることができない。誰かに助けてほしい、救ってほしい。そう願うデザイナーの姿に、仕事に忙殺されて心身ともに疲れていた、当時の萩本が重なって見える。

「『手』は自分のために作った映画だったし、たとえひと時であれ、映画を作っているときは苦しい現実から逃れられた。手に注目したきっかけはね、あるとき自分の指で何気なく遊んでいたら、人が歩いているように見えたの。人さし指と中指を交互に動かしたら。そうやって指だけで感情を表現できるのが面白いなって。相手役は人間じゃなくても、映画は撮れると思ったのね。「手」を演じたのは誰かって？　弟子の車だん吉ですよ」

『手』の特長は、うねりのあるストーリーで観客を引きこむのではなく、短いギャグをいくつも並べることで、場面ごとに細かく笑いをとろうとしたことだ。55号時代の萩本は即興コントを得意としたが、時間をかけて作る「映画」にも強い関心を持っていたとは意外である。

「少年のころから映画、特にアメリカの喜劇映画が好きだったから、いつか手間ひまかけてコメディー映画を作りたいと思っていたんです。だから『手』のあとで、もう一本撮ったんだけど」

睡眠不足の青年

『手』が劇場公開された一九七〇年に、今度は大手映画会社の松竹と組んで、二本目の映画を撮った。『俺は眠《ね》たかった!!』である。

萩本が演じた会社員の青年はいつも睡眠不足で、ある晩、眠いを目をこすりながら路上を歩いていたら、通りかかった自動車が彼を避けようとして事故を起こし、運転していた夫婦が死んでしまう。青年は罪の意識から、さらに不眠になってしまう。

「この映画も『手』と同じで、そのときの自分を主人公に重ねていましたね。なにしろ、とにかく仕事が忙しくて、いつも寝不足でしたもの。ストーリーはギャグの邪魔をするので、『手』のようにあえてストーリーは単純にしておいて、そこへギャグを足していきました。たとえば字幕を使ったりとか。映画館で外国の作品を見ると、必ず字幕が出るじゃない？　だったら、字幕でも笑いの感情が伝えられるのではないか、と思ってさ」

●ある場面が終わると、画面に「アンケート」の文字が浮かび、さらに字幕が出る。「ここまで御覧になって、あなたはどう感じましたか？　(1)面白かった。(2)やや面白かった。(3)まるでつまらなかった。……ぼくは(1)。(3)の人は、くすぐっちゃうから」。

●映画の途中で突然、画面に「休憩」の文字が現れ、さらに萩本が登場して観客に語りかける。「この時間は、女性だけトイレに行く時間にしましょう。すみません、場内を明るくして下さい。はい、明るくなりましたね」。ここで本当に映画館の照明がつく。さらにつづけて「では女性の方、トイレに行って下さい。大丈夫、映画は先に進みませんから」。萩本がタバコを吸いながらしばし一服し、再び観客に話しかける。「トイレに行った方を待っていられません。さっそく後半戦に行きましょう！」。すると再び場内が暗くなって、映画のつづきが始まる。

吉永小百合が特別出演

『手』と同じく『俺は眠たかった!!』も、萩本が一人で制作、原作、脚本、監督、主演を務めたワンマン映画。ただし今回は共演者の数が多く、坂上二郎をはじめ、前田武彦、青島幸男ほか萩本と縁の深いタレントたちが華を添えている。

萩本が書いた準備台本を読むと、物語のおしまい近くで、なんと当時のフランスの人気女優、ブリジッド・バルドーが特別出演することになっている。東京タワーの展望台からバルドーの名前を叫ぶ男。すると、パリに住むバルドーがなぜか驚いてベッドから落ち、フランス語でひと言、「うるさいわねえ！　アタシは眠たいのよ」と怒るのである。

「え!?　おれ、そんなこと書いてた？　仕事で疲れていたんだろうね。妄想をそのまま文字にしたんだな、きっと」

もちろんバルドーの出演は叶わなかったが、完成作品には、吉永小百合が一シーンだけ登場する。当代きっての美人女優の出演は、どのように実現したのか。

「ぼくは前から小百合さんのファンで、仕事でご一緒したこともあったのね。ところが、小百合さんの事務所に「ぼくの映画に出てくれませんか」と頼んだら、断られてしまって。でも小百合さん、その話を聞いて、自分から映画に出てくれたんですよ」

萩本が演じた青年には愛しい女性がおり毎日、東京タワーの展望台にのぼっては、募る思いを吐き出すように、「ミチコ〜！」と彼女の名前を叫んでいた。ある日、いつものように「ミチコ！〜」と叫ぶと、隣に見知らぬ老人が近づく。そして「オレにも好きな女がいるんだよ」と言うなり、外に向かって叫ぶ。「サユリ〜！」。するとマンションの窓が開いて、吉永小百合が顔を出す。それから「誰か私の名前を呼んだ？」という表情で周りを見渡してから、窓を閉めてしまう。

「小百合さん、粋なことを考えてくれてね。ぼくが映画のロケで、たまたまあるマンションを撮ってたら、たまたまそこが小百合さんの自宅で、しかも窓を開けて顔を出したところを、たまたま撮られてしまった。そういうことにすれば何も問題ないですよって」

吉永との交流はその後もつづいた。二〇一〇年には、萩本がアマチュアの野球チーム、茨城ゴールデンゴールズの監督を勇退する最後の試合で、労をねぎらう吉永からの手紙が、試合後に場内で読み上げられた。

映画のおしまいで、会社員は車を運転中に極度の眠気に襲われ、あやまって崖から落ちて死んでしまう。『手』の主人公は、自分の身代わりとして働いてくれる「手」を失って絶望したが、今回の主人公にも「死」という悲しい結末が訪れる。萩本が撮った二本の映画に共通するのは、ギャグが「もう一人の主役」として強烈な存在感を放っていること、そして、当時の萩本が抱えていたであろう、自らの未来に対する漠然とした不安が伝わってくることだ。

喜劇王チャップリンに会いたい！

萩本が映画を撮ることに関心を抱くようになったのは、彼の芸風に多大な影響を与えた英国生まれのコメディアンの存在がある。

「売れる前はお金がなかったから、浅草で三本立ての映画をよく観ました。特に好きだったのが、ディーン・マーチンとジェリー・ルイスが主演した喜劇映画のシリーズね。二人がコンビ別れしてからも、ジェリー・ルイスの主演映画はよく観たし、55号時代のぼくは、彼の真似ばかりしてましたよ。髪形、やたらとくねくね手足を動かすところ、それからカメラに向かって変な顔をするとか」

確かに55号として売れ始めたころの雑誌記事を読むと、「好きなコメディアンは？」との質問に、必ず「ジェリー・ルイス」と答えている。彼が主演した映画やその芸風に感化された日本のコメディアンは多く、志村けん、谷啓、ザ・ぼんちのおさむなどが、そのことを公言している。

一方、萩本といえば「チャップリン好き」という印象が強い。私が十二歳のときに萩本にファンレターを書いて送ったら、翌七十三年の元日に年賀状が届いた。その絵柄も、チャップリンを思わせる放浪紳士の萩本を描いたイラストだった（作者は弟子の車だん吉）。

「もちろんチャップリンは尊敬してますよ。特に主演映画の『黄金狂時代』は大好きだし。それと、ぼくにとって「笑いの教科書」である、浅草軽演劇の基礎をつくったエノケンさん（喜劇役者の榎本健一）も、チャップリンさんを尊敬していたから。55号時代は記者にジェリー・ルイスの話をしても、彼のことを知らない人が多くてね。でも、いくら説明しても理解してもらえないから、ある時から、二番目に好きだったチャップリンと答えるようになったんです」

実はルイスもチャップリンを敬愛し、彼の真似をして、多くの主演映画を自ら監督している。それからルイスはのちに慈善活動にも力を入れ、大規模なテレビのチャリティー番組で何年も司会を務めた。

「へえー、そうなんだ、初めて知りましたよ。気が付かないうちに、ぼくもジェリー・ルイスと同じことをやってたんだな。のちに日本テレビの『24時間テレビ』やニッポン放送の『ミュージックソン』で、何年もパーソナリティーをやったわけだから」

奇しくもジェリー・ルイスは、萩本と同じくチャップリンに感化されたわけだが、そのチャップリンは今も「喜劇王」と讃えられ、世界中に大勢のファンがいる。だが、55号が時の人になっていたころはすでに八十代で、静かに余生を送っていた。萩本は、その当人に会いに行くことを決意。その様子を撮影するべく、フジテレビのスタッフと共に、スイスで暮らすチャップリンの大豪邸を訪れた。

だが、事前に取材を申しこんでいない。そこで萩本は、当人が車で外出する際に声をかけようと、自宅の門前で待ちつづける。しかし喜劇王は現れず、時は無情に流れていく。そして三日目。ついに断念した萩本は、玄関のベルを押して執事に来てもらった。今まで何度も「チャップリンに会わせてほしい」とお願いしては断られてきた、因縁の相手である。悔しいが帰国することにしたので、土産として持参した日本人形をご主人様に渡してくれないか。そう執事に頼んだのだが……。

「執事は頑固に押し返すばかりだ。「ノー・ノー!」。ぼくは、ここで頭に来た。「そうかい、いいよ、キミのようなわからず屋を雇っているチャップリンなんてもう尊敬しないよ」。こうタンカを切ってしまった。カンニン袋の緒が切れてしまったのだ」（『月刊ペン』一九七一年五月号に載った萩本のエッセイより）

怒った萩本はきびすを返すと豪邸を後にして、門を出た。その瞬間ふと振り返った。なんと、玄関先にチャップリンが立っているではないか。そして彼は、遠くから声をかけた。「カム・イン!（家に入りなさい）」。こうして萩本は、憧れの喜劇王に対面することができたのだった。

そのときの様子は『拝啓チャップリン様・コント55号只今参上』の題名で、一九七一年二月にフジテレビ系で全国放送された。のちに日本テレビの『進め!電波少年』で話題を呼んだ「アポなし取材」の先駆けである。

番組名からもわかるように、実はこの旅には、相棒の坂上二郎も同行していた。だが、自分の思いを貫こうとする萩本が予定を変えて何日も粘るために、日本で仕事があった坂上は半ば愛想を尽かし、先に帰国している。このころになると55号としての活動は減るばかりで、今から思えば、萩本も坂上もそれぞれの進むべき道を探していたのだ。

二人のコントは、もう見られないのか……。十歳の私は子供心に淋しさを感じ、少し暗い気分になっていた。と同時に、一人で歩き始めた萩本はこれからどこへ向かうのか、楽しみになっていた。

皇居一周マラソンに挑戦

映画監督を体験した萩本の興味は、新たなものに向けられた。テレビ番組である。映画を撮ったときと同じように、画面に出るだけでなく、企画や構成などの裏方としても番組作りに深く関わったのだ。また、同じころに若者たちを集めて「パジャマ党」という放送作家集団を結成。自身で番組を作る際に、彼らと一緒にアイデアを考えた。

なぜ、あえてテレビの裏方になったのか?

「55号としてテレビに出ていた当時、この演出家、このプロデューサーは、どういうつもりで番組を作っているのか、と疑問や不満を感じることがよくあったんですよ。だったら、自分がテレビを作る側になってみれば何かわかるだろう、と考えたわけ」

ちょうどそのころ、仕事で知り合った若いスタッフが、ある番組制作会社に入社した。名は加納一行という。彼によると、その会社は協賛金さえ払えば、誰でもテレビ番組を作らせてくれるとのこと。興味津々の萩本はすぐに手を上げ、その会社の一員となった。

「その会社」とはテレビマンユニオンのことで、元ＴＢＳの有志たちが一九七〇年に作った、わが国初の独立系のテレビ番組制作会社である。

同社は「テレビでしかできない表現」を一貫して追求。テレビドラマは一時間が当たり前だった一九七〇年代に、大型の三時間ドラマを作ったり、子ども向けの『オズの魔法使い』では、３Ｄ（立体映像）を世界で初めて連続ドラマに取り入れるなど、テレビの世界に絶えず新風を吹きこんだ。またタレントでは、萩本につづいて俳優時代の伊丹十三もスタッフとして加わり、個性あふれる番組をいくつも企画演出。その後は映画界に進出して、『お葬式』『マルサの女』などの話題作を監督している。

萩本がテレビマンユニオンで最初に関わった番組、それが平日の深夜に放送された『ナイトＵＰ《アップ》』（ＴＢＳ）である。

「『ナイトＵＰ』では、いろんな実験をやらせてもらいました。皇居一周マラソンもやりましたよ。しかも素人のぼくが走ってさ。番組の放送時間が四〇分なので、必死に五キロ走って、どうにか時間内にゴールできました。今もそうだけど、当時もマラソンのテレビ中継って数字（視聴率）が高かったのね。だったら、みんなに顔を知られているタレントのぼくが走ればどうなるかなと思ったら、案の定、それまでの『ナイトＵＰ』で一番数字が良かったんだって」

萩本は当時のタレントの中でも、とりわけ「数字」に敏感だった。しかも、自分が出ている番組だけでなく裏番組の視聴率まで把握し、ほかの人気番組についても、視聴率が高い理由を自分なりに調べてみた。

たとえば、ＴＢＳのホームドラマ『時間ですよ』の収録現場を覗いたときのこと。主演の森光子がほかの出演者と同じ部屋で過ごし、みんなと談笑していた。萩本は学んだ。タレントは大物になるとテレビ局から個室を与えられるが、共演者たちと仲良くする時間を作った方が、番組作りにも良い影響があるのだと。ほかには、ＮＨＫの教育テレビ（現在のＥテレ）も熱心に見た。そもそもこのチャンネルで流れる番組は、視聴率を狙って作られてはいない。だから、それらの番組を研究することで、どうやると視聴率が取れないかがわかる、と考えたのだ。

当時の視聴者は、見たい番組を選ぶ際に、新聞のテレビ欄に載る情報を頼りにすることが多かった。そこで、コント55号主演の単発番組をＴＢＳで作ったときに、題名を工夫した。放送されるのは元日である。そこで「昔のお正月の新聞を持って来てみたら、何だか、やたら「爆笑」「勢揃い」とかって漢字が多いのよ。だから何でもいいから、カタカナのタイトルにしていこうって」（「テレビマンユニオンニュース」一九七五年十二月号）。その結果、付けた番組名が、『トンヒラコッペドビダブジョ』。この意味不明のタイトルを見てＴＢＳの編成部は仰天したが、そのまま新聞のテレビ欄に載せた。そして放送したところ、萩本の読み通り、高い視聴率をはじき出したのである。

そうした番組作りの実験を萩本が始めるきっかけとなった『ナイトＵＰ』。そのころはまだ子供だったので見たことがなく、ビデオテープも残っていないが、テレビマンユニオンの協力を得て、放送記録の一部がわかった。

●「黙ってみてくれ！」一九七〇年九月十一日放送。初登板の回で、主演と構成を担当。演出は加納一行。

●「(題名不明)」七一年一月八日放送。主演と構成を担当

●「野菊のごとき俺なりき」同年三月二十六日放送。主演と構成。共演は加賀まりこ、渥美マリ

●「続・野菊のごとき俺なりき」同年四月二日。主演のみ。構成は岩城未知男

「黙ってみてくれ！」は、公開直前だった主演映画『俺は眠たかった!!』の宣伝を兼ねた出演で、回転イスや灰皿を使って一人コントを演じたり、歌うのが苦手な萩本が、珍しくジャズを歌ったりした。また「野菊のごとき～」では萩本の半生が紹介され、美女たちにモテすぎて困ってしまうという、萩本自身のかなわぬ夢（？）がコント仕立てで描かれている。

旅番組で人探し

その後、今も放送されている紀行番組『遠くへ行きたい』（読売りテレビ）にも出演し、そのうちの三本は自身で演出も手がけた。

●「ひとさがし阿波の鳴門」一九七一年十月三日放送／演出も兼務
●「ボク以外の三人のボクとの旅」七二年二月六日放送
●「雪ダ祭りダ蒸気機関車」同年二月二十日放送／演出も兼務
●「奥の細道」同年五月十四日放送
●「欽ちゃんのバカうけ夢のハネムーン」七六年四月四日放送／演出も兼務

初参加の「ひとさがし〜」の訪問先は徳島。結婚を決めた一般人の女性が、幼いころ世話になった家政婦を萩本といっしょに探した。演出も兼ねた萩本は、映画を撮ったときと同じく、ギャグにこだわった。番組の冒頭で〈徳島名物〉というテーマの自作ギャグを、立てつづけに演じたのである。

●「徳島名物といえば……」。タキシード姿で田んぼを歩く萩本、上着を投げ捨てる。そして、マッチで煙草に点火すると、燃えさしを川に投げ捨てる。さらに一万円札を川へ捨てるが、札には糸が付けてあり、「捨てちゃいけない、このお札」と、慌てて札をたぐり寄せる。

萩本に同行した、撮影担当の佐藤利明さんに話を聞いた。

「人探しというテーマは、確か萩本さんが持ってきた話ですね。欽ちゃんが一人でギャグをやる場面は、もちろん彼の発案でしたが、ぼくはその様子を撮りながら、なぜここでギャグをやるのか、その理由がわかりませんでした」

佐藤は、テレビマンユニオンのメンバーから〈師匠〉と尊敬された名カメラマン。出演タレントや演出家に対して、その番組を作る理由や目的を絶えず自覚するように求めた。「ひとさがし～」の撮影現場に身を置いた佐藤は、萩本と対話する中で、彼がこの番組で何をしたいのかが見えなかったのだろう。

「『遠くへ行きたい』で裏方もやってみてわかったけど、テレビのディレクターって、ほとんどやることがないのね。撮影にしろ音声にしろ編集にしろ、それぞれ専門のスタッフがいるから。『遠くへ行きたい』でいえば、カメラマンの佐藤（利明）さんみたいな、その道の大ベテランがいるし。ぼくは映画を撮ったときみたいに、もっと作品全体に関わりたかったけど、テレビではそれはできない、と悟ったわけ。もし十分な時間をくれたら不可能ではないけど、テレビの世界にはそんな余裕はないし。毎週放送しないといけないからね」

二度目の参加から笑いの要素が減り、ドキュメンタリー番組ならではの醍醐味が増した。旅先で起こった予期せぬ出来事を、カメラがとらえたのである。「雪ダ祭りダ〜」で萩本といっしょに演出を務めた、大貫昇さんの証言。

「長野の飯田を訪れたのですが、地元のお祭りに立ち寄ったら、村の人たちがものすごい興奮状態で、萩本さんが勧められるままに、酒を飲まされてしまった。その様子も番組で流しましたが、欽ちゃんは下戸だから、あとで大変だったんじゃないかな」

先が読めない笑い

さらに萩本は、『私がつくった番組』（テレビ東京）の第十回でも、主演と構成を手がけた。ここで徹底してこだわったのが〈テレビ〉である。三〇分という放送時間の中で、メロドラマ、スポーツ中継、料理番組、音楽番組ほか、あらゆる種類のテレビ番組を、ギャグを交ぜながら自分で演じて見せたのだ（一九七二年七月放送の「萩本欽一のモダンタイムス」）。

●料理番組では講師の萩本が、メインディッシュのとんかつではなく、どういうわけかその脇に添えられたキャベツの千切りの作り方を、ていねいに説明。また映画の時間では、解説者の萩本が「今回は、映画と音楽の関係について考えてみましょう」と言い出し、ある映画の勇壮なアクション場面に、まるで不似合いな音楽を流してしまう。

「これは舞台でも同じだけど、流す音楽を変えると、不思議なことに芝居全体のムードががらりと変わるんですよ」

テレビマンユニオンとの付き合いはその後も続き、同社が演出を任された長野オリンピックの閉会式では、タキシード姿でシルクハットをかぶった萩本が司会を務めた。

売れっ子タレントが、自ら進んで番組のスタッフになること自体珍しいが、テレビマンユニオンでの裏方経験から得たものとは？

「いろいろと勉強になりました。特に『ナイトＵＰ』のマラソンの回がそう。放送後に、いろんな人から言われたんですよ。「欽ちゃん、マラソン中継見たよ。面白かったね」って。ぼくはそのとき痛感したのね。ぼくは55号で一生懸命コントを演じながら、舞台で身に付けた自分の芸を見せてきたけど、マラソンを走っただけでこんなに話題になるのか、こんなに大勢の人が番組を見てくれるのかって。このころからですね、テレビって何なんだ？　どうすれば、より多くの人に番組を見てもらえるだろう、と考えるようになったのは。ちょうどそのころ大事件が起きたんですよ、あの、あさま山荘事件が」

時は一九七二年二月。過激派の連合赤軍が人質をとってあさま山荘に立てこもり、周りを囲む機動隊とのにらみ合いがつづいた。その模様は各テレビ局が生中継し、とりわけNHKは、およそ十時間にわたって、緊迫した現場の様子を全国のお茶の間へ届けた。十二歳だった私は、学校から帰ると、真っ先にテレビにかじりついた。萩本も番組収録の合間に、楽屋でテレビを食い入るように見つめた。そして、ある疑問が浮かんだ。映像としては山荘を映しつづけるだけなのに、なぜこれほど多くの人たちを、テレビ画面に釘付けにできるのか。

「あのときは、いつ機動隊は山荘へ突入するのか、次の瞬間に何が起きるか、誰にもわからなかった。そういう先が読めないスリル、一瞬たりとも目が離せない緊張感が、視聴者の心をとらえたんじゃないかな。それって、ぼくの「皇居一周マラソン」と同じだなと思いました。だって放送時間内にゴールできるどうかは、ぼく自身もわからなかったわけだから。そう感じたのは、ぼくの中にも〈先が読めないのは楽しい〉という感覚があるからじゃない？ なにしろ本番中のハプニングほど、コメディアンの血が騒ぐことはないもの」

「いつも客の先回りをしなければならないためには、死ぬほど笑わせることは並大抵ではない」（『シナリオ』一九七一年五月号）

実はあさま山荘事件の一年近くも前に、すでに萩本は雑誌にこう書いており、「客の先回り」をすることは、コメディアンの彼にとって重大なテーマだったのだ。

同じタレントでも、生放送の本番中に予想外のことが起きた場合、萩本のように器用に立ち回ってその場を収め、みんなを笑わせることができる人は、そう多くはいない。本番中にハプニングが起きると、コメディアンの血が騒ぐ。そう言い切れる萩本には、やはり類まれなる才能があるのだ。

視聴者の予想を裏切る。先の展開を読ませない。次の瞬間に何が起きるかわからないようにする……。その感覚をテレビ番組に取り入れ、そしてそれを「笑い」に結び付けるには、どうすればいいのか。テレビ番組をスタッフの立場から見つめ直した萩本は、試行錯誤を始めた。解決の糸口を与えてくれたもの、それは「笑いの素人たち」である。

司会者に初挑戦

個人でもタレント活動を始めた萩本に、大きな転機となるテレビの仕事が舞い込んだ。一九七一年に放送が始まった、日本テレビ『スター誕生!』への出演依頼である。この番組はプロ歌手を目指す若者たちが歌を披露し、その場で高名な音楽家たちが審査するもので、山口百恵、ピンクレディー、中森明菜、小泉今日子ほか、あまたのアイドル歌手を世に送ったことで知られる。

このオーディション番組で萩本が任されたのが、司会者である。経験がない萩本は迷ったが、番組の企画会議から参加させてもらうことを条件に、出演を引き受けた。単なるタレントではなく、スタッフとしても番組作りに関わりたかった萩本。テレビマンユニオンで演出した経験が、ここで活かされたのである。

萩本にとって『スター誕生！』が「転機」となった最大の理由は、司会者という立場を通して、プロ歌手をめざす少年少女たちと会話するようになったことだ。つまり、「笑いの素人」である一般人と触れ合うことで、多くを学んだのである。

また、翌七二年からやはり司会進行を任された『オールスター家族対抗歌合戦』（フジテレビ）でも、毎回登場した芸能人の家族と接して新鮮な発見があった。特に記憶に残っているのが、コント太平洋という後輩芸人コンビの父親だという。

「お父さんが本番中に感激して言うわけ。「いやー、ＮＨＫに出られて、こんなに幸せなことはありません！　ＮＨＫに出られて、よかった！」って。フジテレビの番組に出てるのに、「ＮＨＫ」を連発するのよ。ぼくもみんなも大笑いしてね。お父さんの故郷では、当時フジテレビが放送されてなくて、テレビはＮＨＫしか映らなかったらしい。つまり、あのお父さんは、みんなを笑わせようとして「ＮＨＫ」と言ったわけじゃないのね。そこが素人と芸人との一番の違いなんですよ。言葉にできないくらいの衝撃がありましたね」

素人は面白い！

なぜ素人と接した際に、それほどの「衝撃」を感じたのだろうか。

「芸人はそれぞれ「笑いの方程式」を持っていて、こうすればお客さんから笑いが取れるという、技を身に付けてる。でもその方程式って、テレビで何度も使っていると、お客さんにパターンを覚えられ、先を読まれてしまう。55号もそうでしたよ。オチがわかってしまうと、見ている方もしらけちゃうでしょう?」

萩本いわく、突き詰めれば、コントの型は三つしかないという。さらに、無名時代に浅草のストリップ劇場でコント台本を書いていた劇作家の井上ひさしも、同じことを書き残している。「三つ」という数が正しいかどうかはともかく、コントという演劇は、二人か三人で演じられることもあって、登場人物たちの関係や物語の展開が、おのずと決まってしまうのだろう。

だが一般人はコントも演じられないし、「笑いの方程式」も持っていない。

「そう、だから素人って、ぼくらプロのコメディアンの目から見ると、しゃべりにしろ動きにしろ、ものすごく新鮮なわけ。ぼくが発想できないことを思い付くし。素人にはかなわない、と思いましたよ。笑いの技術はないけど、その人の人柄そのものが面白いというか。そこでぼくは、芸能人ではなく、素人さんを相手しながら番組を作ろうと決めたんですね」

いつも視聴者の立場になって物を考え、視聴者の感性を信じる萩本欽一。このあたりの感覚が、彼がのちにヒット番組を量産する上で、重要な役目を果たすことになる。

ちょうどそのころ、ラジオのニッポン放送で、平日の夜九時台で新しい番組を始めた。『欽ちゃんのドンといってみよう!』、通称「欽ドン」である。ラジオを聴いている人たちに、「母と子の会話」「ああ、カン違い」といったテーマに沿ってネタを考えてもらい、それをハガキに書いて送ってもらう。そしてそれを萩本が読み上げ、面白いネタには賞を贈るという番組だった。

投稿ハガキはラジオ番組に欠かせないものだが、『欽ドン』が目新しかったのは、ネタを「笑い」に絞った点である。リスナーの多くは学生だったが、彼らが考えるネタには、恋愛や受験の悩みなど生活感あふれるものが目立った。中学生の私も萩本が読み上げるネタに笑いながら、同時に共感を抱くことが多かったし、自分で考えたネタを送ったりもした。

『欽ドン』~ラジオからテレビへ

『欽ドン』に手応えを感じた萩本は、これをテレビ番組にしようと決め、自腹を切って試作版を作る。そして各テレビ局へ売り込んだところ、フジテレビが買ってくれた。一九七四年九月、ついに『欽ドン』のテレビ版が放送された。『欽ちゃんのドンと行ってみよう！ドバドバ60分』である。その題名は、尊敬する井原高忠プロデューサーが企画した『ゲバゲバ90分！』にあやかったものだった。

この単発番組は、視聴率こそ振るわなかったが社内では好評で、萩本の良き理解者である、フジテレビの常田久仁子プロデューサーの尽力もあって、土曜の夜に毎週放送されることが決まった。

このテレビ版『欽ドン』は、萩本の主演であると同時に、彼が企画構成も手がけた初のテレビ番組である。画面に映るタレントから、あえて裏方に回ってテレビの作り方を学んだ萩本が初めてゼロから生み出した、記念すべき番組でもある。のちに、多くのお笑い芸人が自らの名前をタイトルに冠したバラエティー番組を作るようになるが、『欽ドン』はその元祖と呼んでいいだろう。

「55号のコントはいつもアドリブ勝負だったし、のちに自分で撮った二本の映画も、ふと思い付いたギャグを、迷わずにどんどん撮っていった。つまり、瞬発力を大事にしたわけね。でも自分で番組を作ると決めてからは、「ひらめき」をすぐ形にしないで、もっと時間をかけて考えるようにしたんです」

『欽ドン』から笑いの作り方を意識的に変えたとは、とても興味深い。

「番組のアイデアを思い付くと、まずノートに書き込むのね。でも、所詮「ひらめき」は誰もが思い付くものだから、そこで一旦ノートを閉じてしまう。そして少し間を空けてから、ノートに書いた言葉を見直す。すると、その言葉からまた発想することがあるから、それを書き留める。それをくり返すことでアイデアが深まるし、より具体的になっていくんです」

『欽ドン』は、「一般人が主役」という点でも画期的だった。萩本が町へ飛び出し、通りかかった人々にマイクを向ける。そして視聴者が考えたコントを読んで、反応を見るのである。一般人とのやりとりは珍妙かつ面白いものばかりだった。例えば……

萩本「さっそく葉書を読むことにしましょう。（通りかかったおじさんを捕まえて）病院での会話！　看護婦「先生、大変です！　手術した患者の切り口が、また開いてしまいました！」。そしたら医者が飛んできて「やっぱりセロテープじゃダメだな。今度はホチキスにしよう」。するとおじさんはニコリともせず、真顔で言った。「セロテープの方がいいですよ」。萩本は言葉を失い、頭をかきながら「いやー、まいっちゃったなー、こりゃあー」。

確かに素人の中には、プロのお笑い芸人にはない面白さを持った人物もいるが、その人をカメラで映しただけでは番組にならない。では番組を作る上で、萩本はどんな役割を果たしたのか。

「ぼくは『欽ドン』のときから、自分でお客さんを笑わせることよりも、まず「笑い」が生まれそうな材料や場所を考えるようになりました。面白いことが起きそうな状況を作り、その中に素人さんを放りこむ。それが一番の仕事になったんですね。面白いことを起こす上で最も効果的な方法が、素人さんに失敗させることでした」

その発想の原点は、若いころに萩本が体験した「生コマーシャル事件」だったという。浅草でコメディアン修業に励んでいた萩本に、テレビ局から声がかかり、公開番組の収録会場で、仁丹のコマーシャルを任された。渡された原稿は二ページ。ところが本番で舞い上がってしまい、何度やってもセリフをつっかえる。さらにディレクターが動きまで足したので、萩本はさらに混乱。結局十九回もNGを出してしまった。

「何かを間違えたときというのが、その人にツッコミを入れるチャンスだし、その瞬間に笑いが生まれやすい。だから素人さんと話すときも、いかに緊張させて失敗させるかを考えました。たとえば同時に三つのことをやってもらうと、誰でも必ず間違えるわけね」

「とんがった笑い」と「丸い笑い」

55号としてコントを演じていたときの萩本と、『欽ドン』に出演しているときの萩本を比べると、そこには決定的な変化があった。突っこむときは相手に言葉をぶつけるだけで、決して叩かないのである。

「一人でテレビに出るようになって気づいたんですよ。55号は「とんがった笑い」をやっていたって。ぼくらの演じたコントは乱暴でしたよ。舞台を走り回ったり、二郎さんをこづいたり蹴飛ばしたり。だから女性のタレントさん、特に女優さんは55号との共演を嫌がった。いわゆるワースト番組にも出て、いろんな所から批判されたし」

確かに萩本欽一は、単独でテレビに出演するようになって芸風が変わった。そのことに落胆したファンも多かった。だが、のちに登場したお笑い芸人たちの多くも、人気をつかむきっかけになった漫才やコントは「とんがった笑い」なのに、売れると方向転換して、万人受けを狙うようになった。テレビは不特定多数が見るものだから、とかく毒気や過激さは視聴者に嫌われやすい。その世界で生き残るためには、芸風を変えることも止むを得ないのではないか。

「もちろん55号のコントは今も大好きだし、ああいう「とんがった笑い」は、現在のぼくの中にもありますよ。でも、自分一人でテレビを作り始めたときに、55号の笑いをつづけていたら、より多くの人に番組を見てもらえないなと。そこで、もっと「丸い笑い」をやろうと思ったわけね。誰も傷つけない笑い、家族みんなで見ても安心して笑ってもらえる番組をやりたいなって」

「丸い笑い」を目指したのには、ほかにも理由があるという。当時は、今みたいに「笑い」が市民権を得ていかなかった。同じテレビ番組へ出ても、コメディアンや芸人は、歌手や俳優よりもギャラが安かった。毎年マスコミが発表していた長者番付の上位に、コメディアンの名前が載ることもなかった。では「笑い」の地位を上げるには、どうすればいいのか。

「全国のあらゆる世代に見てもらえるようなテレビ番組を作るしかない。そうぼくは思ったんですよ」

目指す番組を作るために、何を具体的に変えたのか。

「まず変えたのは、ツッコミの言葉を丸くしたこと。ぼくは元々ツッコミで、浅草の軽演劇では、突っこむときに、短くて切れのある言い方をするんです。「バカ!」とか「コラッ!」とか。でも、それだと女性の視聴者には「乱暴」と聞こえることに気付いたわけ。そこで言い方を変えたんですよ、「コラッ! なのね」とか。つまり「コラッ!」はぼく自身の芸で、「なのね」はテレビ用の言い方」

私と対話する萩本は、自分のことをたまに「おれ」と言った。テレビに出ると必ず「ぼく」「あたし」と言っていたので、意表をつかれたが、それもわざと言い方を変えていたのだ。ほかにも共演する女性タレントを誰にするか決める際に、女性の視聴者が不快に感じないような人を選んだという。

萩本が語る番組作りの秘密を聞いていて、あることを実感した。『欽ドン』以降の萩本は、もはやタレントではなく、いつも番組全体を見渡しているプロデューサーなのだと。そして番組に足りないもの、余計なものに絶えず気を配り、必要に応じて番組の見せ方を変えていったのだと。「テレビ番組」を丸ごと自らの手で作りたいという願望。自分の番組を少し引いたところから眺める冷静な観察眼。それらはコント55号からあえて離れて、一人で映画監督、テレビ演出家、司会者、役者などを経験した、あの五年間に育んだものであることは間違いない。萩本は「コメディアン」としての自分だけでは物足りなくなり、異なる立場からテレビ番組に関わる道を選んだ。今でこそ番組の企画から参加するお笑い芸人は珍しくないが、その道を最初に切り開いたのが萩本欽一だったのだ。

誰かの役に立つテレビ

その後も萩本は「丸い笑い」に徹した番組を続々と世に送り、いずれも大ヒットを記録。果して、十年余りの長きにわたってテレビ界の頂点に立ちつづけた。だが四十六歳のときに、最も視聴者の数が多い、ゴールデンタイムで放送していたレギュラー番組をすべて終わらせ、以後テレビ出演の機会を減らしていった。一九八七年のことである。

テレビでやりたいことは全てやり尽くして、満足したのか。あるいは、まだ試したいことはあるが、作り手が世代交代していくテレビ業界にあって、信頼できるスタッフを新たに見つけるのが難しくなったのか。いずれにせよ、コメディアン萩本欽一は、テレビの最前線から自ら退いた。その後は映画制作、舞台演出、野球チームの監督、予備校や大学に通って勉強、地方局での番組制作と、新たな経験を積んでいった。

二〇一〇年十一月、萩本が司会を務める『ワースト脱出大作戦』というテレビ番組の収録を、取材を兼ねて、都内にあるNHKのスタジオで見学した。番組の内容は、苦境にあえぐ一般人からの相談に対して、ゲストの有名人たちが助言し、相談者がそのアイデアを実行してみて結果がどうなったかを報告するというものだ。

収録が終わって着替えを済ませた萩本と、玄関へつづく廊下を、雑談しながら歩いた。すると突然、会話をやめて、小声で、ある言葉をくり返しつぶやき始めたではないか。

「誰かの役に立つテレビ、誰かの役に立つテレビ……」

おそらく『ワースト脱出大作戦』に触発されて、口から出たものなのだろう。新しいアイデアがひらめきそうなのか、萩本の表情は、まるで哲学者のように深く深く何かを考えているように見える。かつて「視聴率王」と呼ばれた男は、今でも、前例がない発想でテレビ番組を作りたいと願っているのだ。私は声をかけるのをためらい、黙ったまま廊下を歩きつづけた。

昨今のテレビ番組は、インターネットなどを通じて世間から怒られるのを恐れるあまり、表現の可能性をどんどん手放しているように見える。もし現役のテレビ制作者で「とんがった笑い」が作りたいのにあきらめている人がいたら、萩本が編み出した「丸い笑い」を研究してはどうか。番組を見ている人を誰も不愉快にせず、しかも高い視聴率が取れる。そんな画期的なバラエティ番組が生まれるヒントが見つかるかも知れない。

今回、萩本のコメディアン人生を振り返ってみて、彼ほど「テレビとは何か」という命題と真剣に取り組み、そこから得た気付きを実践したタレントはいない、と感じ入った。地上波テレビが「娯楽の王様」だった昭和の時代にあって、番組作りを通して、テレビの可能性を引き出しつづけた萩本欽一。近年は、自身で番組を作って動画投稿サイトから配信するなど、八十二歳の今も創作意欲は衰えていない。テレビというメディアが滅びない限り、これからも出番はありそうである。

（書き下ろし）

あとがきに代えて

本書に載った原稿は、かなり前に書いたものが多い。また字数に限りがあって書き切れなかったこともあるので、一部の原稿について補足しておきたい。

〈第一章〉

『8時だョ！全員集合』歌う階段、宙を飛ぶ車

執筆当時は映像を見返すことが難しかった『8時だョ！全員集合』だが、その後、続々とDVD化されたことで、山田満郎さん考案のセットや仕掛けが、手軽に楽しめるようになった。なお、これまでに同番組のDVDボックスが五種類発売され、それぞれに収められた「コント解説書」は、すべて筆者が書かせてもらった。それから原稿を載せてもらった『笑息筋』は、大衆演劇研究家の原健太郎さんが発行していた同人誌である。

『8時だョ！全員集合』トランペットと「ちょっとだけよ」

岡本章生さんのトランペット演奏を味わうなら、一九七〇年発売の初ソロアルバム『ブルージーンズと皮ジャンパー』で決まりである（発売は日本ビクター。乞うCD化！）。なお寄稿先の『月刊てりとりぃ』は、アンソロジストの濱田高志さんが主宰するフリーペーパーだ。

『8時だョ！全員集合』コントのオチは何の音？

『ワンダープーランド』の録音を担当した行方洋一が書いた本によると、ジャケット画を描いた和田誠も、「黄色いサクランボ」の作者である浜口庫之助も、このアルバムの企画を面白がっていたそう。また佐藤清彦の著書『おなら考』には、発案者である作曲家の和田則彦の証言が載っており、それによると、氏はまず自分のおならを録音することから始め、その後、ほかの人にも声をかけてコレクションを増やしたそう。オーディオ評論家としても知られた人だけに、「音響」としてのおならに、強い興味を持っていたようだ。

『8時だよ！全員集合』居眠りブーさん

文中で紹介したドリフターズを描いたイラスト画は、その後『高木ブー画集』の書名で、二種類が一般発売された。

『8時だョ！全員集合』和製ブルース・リー参上！

その後のすわ親治さんだが、ドリフターズを率いたいかりや長介からの誘いに応じて、氏が主演する二時間ドラマや舞台『ありがとうサボテン先生』などに出演。また沢田研二の主演舞台に客演したのが縁で、近年は、沢田のコンサートにコーラスとして参加している。

『私がつくった番組』

筆者が佐藤輝さんに行なった長いインタビューは、『モーレツ!アナーキーテレビ伝説』というムック本に載っている。

『THE MANZAI』

『シャボン玉ホリデー』で放送作家としての第一歩を踏み出した、大岩賞介さんに先日会った。加藤修さんはご自身より少しあとに番組に参加したそうで、彼が書くコントは面白く才能を感じたが、いつも物静かで、存在感は薄かったという。その後は公務員になったと記憶しており、のちに彼がツービートの漫才を考えたことは知らず、とても驚いていた。なお、筆者がビートたけしに行なった取材の様子は、『週刊昭和』の第三十六号に載った。

〈第二章〉

『池中玄太80キロ』

主演の西田敏行が劇中で歌った「もしもピアノが弾けたなら」の作詞は、売れっ子の阿久悠。演出の石橋冠さんは、氏がまだ放送作家だったころから交流があり、それまでにもいくつかのドラマでテーマ曲の歌詞を書いてもらっている。

『木枯し紋次郎』

監督の市川崑は、のちに同じ中村敦夫の主演で『帰って来た木枯し紋次郎』（フジテレビ）という単発ドラマを撮ったが、ここでも残酷な描写はなかった。

『こんな男でよかったら』

主演の渥美清が亡くなった後に、追悼の意味で同ドラマのＶＨＳテープが発売された。収録されたのは初回と最終回で、ビデオ映像が残っているのは、この二本だけだという。

『淋しいのはお前だけじゃない』

同ドラマのＤＶＤボックスが二〇〇二年に発売され、おまけ映像として、市川森一、高橋一郎両氏の対談を収録。ドラマの成り立ちや撮影の裏話が詳しく語られた。

『同棲時代』

ＴＢＳは、『同棲時代』を難攻不落のＮＨＫ大河ドラマにぶつけたが、視聴率は十一パーセントで期待を下回った。また脚本の山田太一は、原作のあるドラマは書かないことを信条としたが、ほとんど唯一の例外がこの作品だ。なお沢田研二の親友だった、今は亡き萩原健一が友情出演している。

『悪魔のようなあいつ』

作詞の阿久悠も作曲の井上忠夫も、「反逆のブルース」以前に、にしきのあきらに作品を提供した経験がある。

『時計屋の男』

その後、太田光はオムニバス映画に参加してごく短い映画を撮ったが、長編を監督する話は今も聞こえてこない。その一方で小説執筆に力を入れ、短編『博士とロボット』、三作目の長編『笑って人類！』には、『時計屋の男』と同じく人造人間が登場する。『デジドラ　ワンシーン』は全十七回（最終回は総集編）。一回十分、計七回で完結し、俳優の坂上忍、仲村トオルも脚本を書き、監督も務めた。

『巣立つ日まで』

数年前から田中由美子さんは「昭和歌謡バラエティ」と題した舞台に連続出演し、芝居だけでなく、第二部の歌謡ショーでは歌声も披露し、「巣立つ日まで」のテーマ曲も歌っている。

『刑事ヨロシク』

サブタイトルは「刑事コロンダ」「暮らしの手錠」など毎回ダジャレだったが、考案したのは小野プロデューサーである。

中華料理店の出前持ちに扮したのが、たけし軍団の松尾憲造（現・松尾伴内）。当人から聞いた話によると、ビートたけしの付き人として収録現場に来ていたところ、その陰気なたたずまいを演出の久世光彦が気に入り、毎回出演することになったという。

『3年B組金八先生』

放送開始は一九七九年で、人気に応えて長く続いたが、連続ドラマとしては〇七年の第八シリーズを最後に、ピリオドを打った。

『渡る世間は鬼ばかり』

執筆当時は「最終シリーズ」と宣伝されていたが、その後も休止期間をはさみながら、二〇一九年まで放送された。

『あぶない刑事《デカ》』

その後、好評を受けて続編シリーズや映画版がいくつも作られたが、二〇一六年公開の映画『さらば　あぶない刑事』をもって完結した。

〈第三章〉

『ウルトラマン』

諸般の事情から、成田亨さんによる『ウルトラマン』と同シリーズのデザイン画は、長らく目にする機会が限られていた。だが、二〇一四年に本格的な画集が発売され、その仕事にようやく光が当てられた。

『ルパン三世』

この雑誌記事がきっかけとなって、「主題歌その3」に関する日本音楽著作権協会の登録が、「歌唱者・よしろう広石」と訂正された。また、アルバム『ルパン三世　リバース』、および、よしろうさんのシングルCD「黄昏のビギン」がのちに発売され、よしろうさんが歌い直した「主題歌その3」も収録された。

『ゲゲゲの鬼太郎』

文中で触れたアニメ版『鬼太郎』のエピソードは、第五シリーズの第四十八話「戦う！ゲゲゲハウス」。

『怪奇大作戦』

「京都買います」のロケ先で撮られた写真は、今まで目にしたことがなかったが、のちに『実相寺昭雄　才気の伽藍』という本に掲載（著者は樋口尚文）。撮影場所は京都の平等院で、出演の斉藤チヤ子と岸田森、監督の実相寺が一緒に写っている。

『アサヒ黒生CM』

テレビCMの第二弾で流れた外国曲「タミー」が、一九八四年にレコード発売された。歌は、米国の歌手デビー・レイノルズ。そのジャケットには、CMに登場したゴジラ似の怪獣の親子が写っているが、今回は©東宝という表記がない。

『宇宙ライダーエンゼル』

日本では、なぜか再放送のたびに番組名が変更された。一九六三年の初放送が『キャプテンゼロ』で、六年後のテレビ東京版では『ＥＢＩ宇宙挺身隊』となり、さらに数年後の再放送で『宇宙ライダーエンゼル』と改められた。担当する声優の顔ぶれも、再放送のたびに異なっている。

『オズの魔法使い』

カカシ役に扮した高見のっぽさんに取材した際、重延プロデューサーから最初に頼まれたのは、ブリキマン役だったと聞いた。しかし、『オズの魔法使い』の映画版でカカシを演じたレイ・ボルジャーが大好きだったので、無理を言って役を変えてもらったそうだ。

〈第四章〉

『岸辺のアルバム』

テーマ曲を歌ったジャニス・イアンが、二〇二二年末で歌手を引退すると公表した。

『おやこどん』

演出の小泉守さんは、のちに木皿泉脚本の連続ドラマ『野ブタ。をプロデュース』『セクシーボイスアンドロボ』『Q10』（全て日本テレビ）で、共同プロデューサーを歴任。また三宅川さんは、二〇一九年にドラマ『離婚なふたり』（テレビ朝日）を制作した際に、主演した小林聡美と久しぶりに再会し、『おやこどん』の思い出を語り合ったそうだ。

『ムー一族』

小林信彦の著書『天才伝説　横山やすし』に、「怪奇趣味のディレクター」として登場するのが、若き日の宮田吉雄さん。放送作家時代の小林と同じバラエティー番組『ミニミニバンバン』に関わっており、宮田の特異な映像感覚について小林は、「彼は時代よりいくらか先を行っていたのかもしれない」と書いている。

宮田さんとは氏がプロデューサー、私がインタビュー担当という関係で、『向田邦子　ドラマの小箱』というテレビ番組を作った（二〇〇二年にTBSチャンネルで放送　全十一回）。取材が終わったあとで宮田さんから声をかけられ、車で最寄りの駅まで送ってもらった。そこは宮田さんにとって、土地勘のある場所である。ところがなぜか道に迷ってしまい（まだカーナビはなかった）、ふと顔を見ると、ものすごく焦っている。冗談かと思ったら本当に困っており、その不安がこちらにも伝染した。その後、正しい道へ出るまで、宮田さんの隣に座って落ち着かない時間を過ごしたのも、懐かしい思い出である。

『お坊っチャマにはわかるまい!』

生放送の回の脚本を書いた鈴木亜絵美は、当時二十七歳の番組スタッフで、のちに脚本家、作家に転身した。

『プリズンホテル』

堤幸彦さんはその後、映画を撮ることが増えたが、二〇二三年の一月から放送されたTBS『Get Ready!』で、久しぶりに地上波の連続ドラマを演出した。

〈第五章〉

樹木希林

私が希林さんに行なったインタビューは、『ムー一族』のDVDボックスに封入されたブックレットに掲載されている。

佐々木守

佐々木さんの著書『故郷は地球　子ども番組シナリオ集』は小生の企画構成で、その巻末には、氏が自作ドラマを振り返った長い対談を載せた。

萩本欽一

小生が萩本さんに取材したときの模様は『週刊昭和』第三十二号、『ｄａｎｋａｉパンチ』二〇〇七年十二月号などに載っている。

幼いころから音楽や映画も大好きだが、それらに比べてテレビ番組は、一部のアニメや特撮ヒーローものを除くと、時代を超えて生き残るものは、限りなく少ない。その理由は様々あるのだろうが、やはりテレビ番組は、放送された瞬間に消え去るものであり、それを見た人たちの記憶の中でのみ、生き続けるのだろう。テレビ番組とは、いわばその時代を鮮やかに彩る、打ち上げ花火なのである。一瞬で消えてしまうからこそ、愛しさが募る。二度と目にすることはないから、忘れることができない。そうした思いが、私に、テレビ番組にまつわる文章を書かせ続けているようだ。

番組関係者への取材は、初めて知る裏話を先方が明かしてくれることも多く、しばしば好奇心をかき立てられる。その一方で、会いたくてもすでに故人であったり、所在が不明であったり、取材を断られることも多い。そのたびに「昭和は遠くなりにけり」との思いを、一人で静かにかみしめている。

本書に収めた原稿のために話を聞かせてもらったみなさんの中にも、その後に亡くなった方がいる。山田満郎さん、堀川とんこうさん、成田亨さん、宮沢章夫さん、高橋茂人さんである。ご冥福をお祈りすると共に、改めて御礼を申し上げたい。また論創社の森下雄二郎さんには、前作『テレビ開放区　幻の「ぎんざＮＯＷ！」伝説』に続いて、お世話になった。ありがとうございました。

今回、書名に「昭和編」と入れたが、それに続く「平成編」も、いずれ機会を見つけて世に出せればと思う。たかがテレビ、されどテレビ。語りたいことは、まだまだ尽きそうにない。

二〇二三年十月

加藤　義彦

各章の扉に載せた図版は左記の通りです。

第1章

●『好きさブラックデビル』シングルレコード
（歌＝オレたち昔・アイドル族／ポリスター／1982年）

●『ワンダープーランド』LPレコード（東芝EMI／1978年）

●『元祖デマンドの種』DVD（ソフト・オン・デマンド／2004年）

第2章

●『寺内貫太郎一家／悪魔のようなあいつ』LPレコード
（演奏＝井上堯之バンド／ポリドール／1975年）

●『木枯し紋次郎　オリジナル・サウンド・トラック』CD（キング／2003年）

●『こんな男でよかったら』VHSテープ（VAP／1997年）

第3章

●『成田亨作品集』単行本（羽鳥書店／2014年）

●『トワイライト・タイム』シングルレコード
（演奏＝ミンツ／キング／1983年）

●『オズの魔法使い』LPレコード
（歌＝シェリー、高見映ほか／ビクター／1975年）

第4章

●『スチュワーデス物語』文庫本（著者＝深田祐介／新潮社／1984年）

●『チロルの挽歌』VHSテープ（JVD／2001年）

●『でも、何かが違う』シングルレコード
（歌＝鈴木ヒロミツ／東芝EMI／1975年）

第5章

●『鳥の詩』シングルレコード（歌＝杉田かおる／ラジオシティ／1981年）

●『藤山寛美　惚れて千両』写真集
（著者＝豆村ひとみ・森西康光／竹書房／1989年）

●萩本欽一から著者に届いた年賀状（1973年）

加藤 義彦　かとう・よしひこ

文筆家。１９６０年、都内浅草生まれ。テレビ番組については新旧を問わず精通し、雑誌を中心に寄稿を続けている。主な著書は、単著『「時間ですよ」を作った男　久世光彦のドラマ世界』（双葉社）、『テレビ開放区　幻の「ぎんざＮＯＷ！」伝説』（論創社）、共著『作曲家・渡辺岳夫の肖像』（ブルース・インターアクションズ）、『コミックバンド全員集合！』（ミュージック・マガジン）など。また、山田満郎著『８時だョ！全員集合の作り方』（双葉社）では企画構成を、居作昌果著『８時だョ！全員集合伝説』、田村隆著『「ゲバゲバ」「みごろ！たべごろ！」「全員集合」ぼくの書いた笑テレビ』（共に双葉社）、『故郷は地球～佐々木守子ども番組シナリオ集』（三一書房）では企画編集をそれぞれ手がけた。

発掘テレビ秘話　昭和編

2023年11月30日発行　第1刷

著　者　加藤義彦
発行者　森下紀夫
発行所　論創社

〒101-0051 東京都千代田区神田神保町 2-23 北井ビル
tel. 03-3264-5254　fax. 03-3264-5232
https://www.ronso.co.jp/

装幀／菅原和男
印刷・製本／精文堂印刷　組版／ケイデザイン

Printed in Japan
ISBN 978-4-8460-2336-2